LARGE MODELS AND
GENERAL ARTIFICIAL INTELLIGENCE
TECHNOLOGY

“大模型与
通用人工智能技术”
丛书

LARGE LANGUAGE MODEL FUNDAMENTALS,
ARCHITECTURES AND DEVELOPMENT PRACTICE

大模型基础、架构与开发实战

王振丽 编著

化学工业出版社
·北京·

内容简介

本书系统阐述了大模型基础与架构的相关知识，全面覆盖大模型开发、训练、优化和部署的核心技术要点。全书共分为 12 章，从大模型的基本概念与发展背景、深度学习技术栈到模型的预训练与微调，再到 DeepSeek 的混合专家模型系统和多模态大模型开发，深入讲解了大模型的理论与实践。内容涵盖从数据预处理、网络模型构建到高性能计算和模型优化的完整开发流程，为读者提供了关于大模型的全景式指导。

本书详细讲解了深度学习框架的选择与应用、分布式训练技术、数据管理与存储优化以及硬件加速方案，帮助读者在复杂的大模型开发环境中快速入门并掌握核心技术。此外，针对模型的输入输出解析、性能评估与解释、模型优化策略等关键环节，书中提供了丰富的理论讲解与实际案例，帮助读者全面理解大模型的开发过程与优化路径。

无论您是人工智能领域的技术开发者、科研人员，还是对大模型技术感兴趣的初学者，抑或是相关专业的在校学生，本书都将为您提供从基础到前沿的全方位指导，助您掌握大模型开发的核心技能与实践方法。

图书在版编目（CIP）数据

大模型基础、架构与开发实战 / 王振丽编著. 北京 ：化学工业出版社，2025. 11. --（“大模型与通用人工智能技术”丛书）. -- ISBN 978-7-122-49132-9

Ⅰ. TP18

中国国家版本馆 CIP 数据核字第 2025L7M073 号

责任编辑：耍利娜
文字编辑：吴开亮
责任校对：刘曦阳
装帧设计：王晓宇

出版发行：化学工业出版社
（北京市东城区青年湖南街 13 号　邮政编码 100011）
印　　装：三河市双峰印刷装订有限公司
787mm×1092mm　1/16　印张 18¾　字数 475 千字
2026 年 3 月北京第 1 版第 1 次印刷

购书咨询：010-64518888　　售后服务：010-64518899
网　　址：http://www.cip.com.cn
凡购买本书，如有缺损质量问题，本社销售中心负责调换。

定　　价：99.00元

Preface 前言

人工智能（artificial intelligence, AI）作为 21 世纪最具变革性的技术之一，正在深刻影响各行各业。从自动驾驶、医疗诊断到智能客服、语言翻译，AI 技术不仅提高了生产效率，也改变了我们的生活方式。随着算法、算力和数据的不断进步，人工智能从单点应用逐步发展为多领域协同的智能生态系统。特别是在大模型的加持下，AI 具备了更强的认知和生成能力，为自然语言处理、图像生成以及多模态任务带来了突破性的进展。人工智能的迅猛发展不仅推动了技术创新，也为社会经济发展创造了前所未有的机遇。

随着深度学习技术的快速发展，大模型成为推动人工智能进步的核心引擎，其在自然语言处理、计算机视觉和多模态交互等领域展现出强大的泛化与生成能力。然而，大模型的开发涉及复杂的技术栈，包括数据处理、模型训练、性能优化和部署维护等诸多环节，对开发者和研究人员提出了更高的要求。本书系统阐述了大模型从基础理论到工程实现的完整技术路径，通过深入剖析核心概念与实践方法，帮助读者全面掌握大模型的构建与优化技能，为大模型技术的应用与创新提供权威指导。

本书特色

本书旨在为读者提供全面而深入的大模型技术解析与实践指导。随着深度学习和人工智能的快速发展，大模型已经成为推动行业变革和技术创新的重要引擎。本书的突出特色如下：

- 系统全面的内容结构：从大模型基础理论到架构设计、模型训练与优化、部署与应用等，全面覆盖大模型开发的核心环节。
- 理论与实战结合：通过翔实的理论分析与丰富的实战案例，引导读者将知识应用于实际项目开发中。
- 多模态与前沿技术聚焦：深入讲解多模态大模型、动态模型调整与预训练技术，紧跟行业技术发展趋势。
- 主流工具与平台支持：涵盖 LangChain、ChatGLM、LLaMA、DeepSeek 等大模型开发工具的使用，降低大模型开发门槛。

• 性能优化与加速方案：特别强调 GPU 加速、分布式计算与模型优化策略，帮助开发者高效完成大模型训练与部署。

• 案例驱动的学习路径：包含从基础到高级的实战项目，如图像语言化、智能问答、模型微调等，为读者提供动手实践的机会。

• 多层次读者适用：无论是初学者、开发者还是研究人员，都能通过循序渐进的内容获得系统的知识与技能提升。

• 实践导向的写作风格：语言通俗易懂，注重实践细节，提供详细的代码示例与解决方案。

本书在编写过程中得到了出版社各位专业编辑的悉心指导与大力支持。他们以严谨、耐心和高效的工作作风，确保了本书能够在有限的时间内顺利出版。对此，深表感谢。

同时，也衷心感谢家人在整个写作期间给予的巨大支持与理解。他们的陪伴与鼓励是我坚持完成本书的重要动力。

由于个人水平有限，书中难免存在纰漏与不足之处，恳请广大读者不吝赐教，提出宝贵的意见与建议，以便在后续版本中不断完善与改进。

编著者

Contents 目录

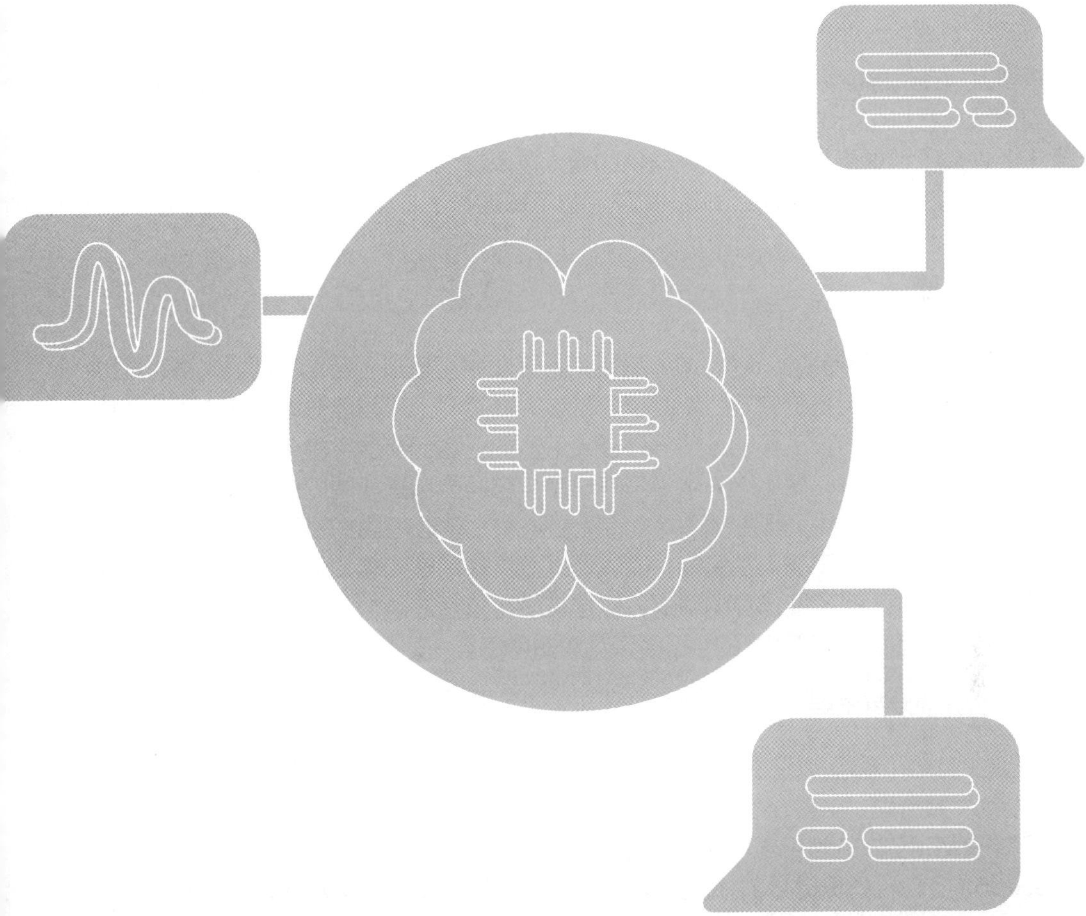

第1章

大模型基础

大模型是指在机器学习和人工智能领域中，具有大量参数和复杂结构的神经网络模型。这些模型通常有数以亿计的参数，可以用来处理更复杂、更多样化的任务和数据。大模型的出现主要得益于计算能力的提升、数据集的增大以及算法的不断优化。本章将讲解大模型的基础知识，为读者进行本书后面知识的学习打下基础。

1.1 人工智能

人工智能（artificial intelligence，AI）是研究、开发用于模拟、延伸和扩展人类智能的理论、方法、技术及应用系统的一门新的技术科学。通常将人工智能分为弱人工智能和强人工智能。电影情节里的人工智能大部分是强人工智能，它们能像人类一样思考如何处理问题，甚至能在一定程度上做出比人类更好的决定；它们能自适应周围的环境，解决一些程序中没有设计的突发事件。具备这些能力的就是强人工智能。但是在目前的现实世界中，大部分人工智能只是实现了弱人工智能，能够让机器具备观察和感知的能力，在经过一定的训练后能计算一些人类不能计算的事情，但是其没有自适应能力，也就是不会处理突发的情况，只能处理程序中已经写好的、已经预测到的事情。

1.1.1 人工智能的发展历程

人工智能的发展历程可以追溯到 20 世纪 50 年代，经历了几个阶段的演进和突破。以下是人工智能的发展历程，这里介绍主要阶段和里程碑事件。

① 早期探索阶段（20 世纪 50—60 年代）

• 1950 年，艾伦 · 图灵提出了“图灵测试”，探讨了机器是否能够表现出人类智能。

• 1956 年，达特茅斯会议召开，标志着人工智能领域的正式创立。

• 1960 年，人工智能研究集在符号逻辑和专家系统上，尝试模拟人类思维过程。

② 知识表达与专家系统阶段（20 世纪 70—80 年代）

• 1970 年，人工智能研究注重知识表示和推理，发展了产生式规则、语义网络等知识表示方法。

• 1980 年，专家系统盛行，利用专家知识来解决特定领域的问题，但受限于知识获取和推理效率。

③ 知识与数据驱动的发展（20 世纪 90 年代至 21 世纪最初 10 年）

• 1990 年，机器学习开始兴起，尤其是基于统计方法的方法，如神经网络和支持向量机。

• 2000 年，数据驱动方法得到更广泛应用，机器学习技术在图像识别、语音识别等领域取得突破。

④ 深度学习与大数据时代（2010 年至今）

• 2010 年，深度学习技术崛起，尤其是卷积神经网络（CNN）和循环神经网络（RNN）等，在图像、语音和自然语言处理领域表现出色。

• 2012，AlexNet 在 ImageNet 图像分类竞赛中获胜，标志着深度学习的广泛应用。

• 2016，AlphaGo 击败围棋世界冠军李世石，展示了强化学习在复杂决策领域的能力。

• 2019，OpenAI 发布了 GPT-2 模型，引发了关于大语言模型的讨论。

• 2020 年，大模型和深度学习在多个领域取得突破，包括自然语言处理、计算机视觉、医疗诊断等。

未来，人工智能的发展趋势可能涵盖更高级的自主决策、更强大的学习能力、更广泛的应用领域，同时也需要关注伦理、隐私和社会影响等问题。

1.1.2　人工智能的研究领域

人工智能的研究领域主要有五层，具体如图 1-1 所示。

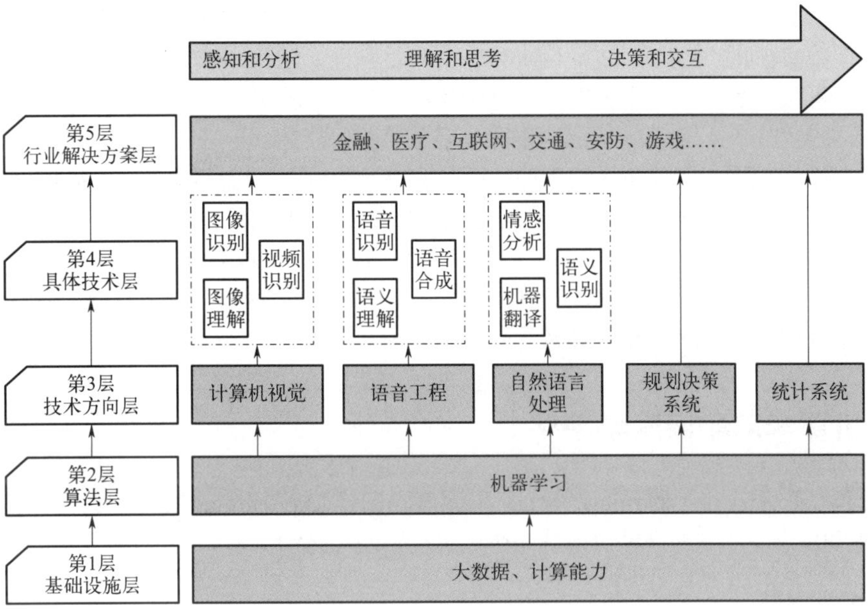

图 1-1　人工智能的研究领域

在图 1-1 所示的分层中，从下至上具体说明如下：

• 第 1 层：基础设施层，包含大数据和计算能力（硬件配置）两部分，数据量越大，人工智能的能力越强。

• 第 2 层：算法层，例如，卷积神经网络、LSTM 序列学习、Q-Learning、深度学习等都是机器学习的算法。

• 第 3 层：技术方向层，如计算机视觉、语音工程和自然语言处理等。另外还有规划决策系统，如 Reinforcement Learning（增强学习），或类似于大数据分析的统计系统，这些都能在机器学习算法上产生。

• 第 4 层：具体技术层，如图像识别、语音识别、语义理解、视频识别、机器翻译等。

• 第 5 层：行业解决方案层，例如，人工智能在金融、医疗、互联网、安防、交通和游戏等领域的应用。

1.1.3　人工智能对人们生活的影响

人工智能对人们生活的影响是多方面的，它已经在许多领域引起了深远的变革，主要包括以下方面：

• 自动化和生产效率提升：人工智能技术可以实现许多重复性、烦琐的任务的自动化，从而提高生产效率。例如，在制造业中，机器人可以执行装配、搬运等任务，提高了生产线的效率和精度。

• 医疗和生命科学：人工智能在医疗诊断、药物研发和基因组学等领域有着重要的应用。它可以帮助医生更准确地诊断疾病，提高医疗决策的质量，同时加速新药的发现和疾病治疗方法的研究。

• 金融和商业：人工智能在金融领域可以用于风险评估、欺诈检测、投资分析等。它可以分析大量的数据，帮助做出更明智的金融决策，并提供个性化的客户服务。

• 智能交通系统：人工智能可以用于交通流量管理、车辆自动驾驶、交通预测等。其应用于自动驾驶技术，有望减少交通事故，提高交通效率，同时改善出行体验。

• 教育：人工智能可以个性化地定制教育内容，帮助学生更好地理解和吸收知识。人工智能还可以为教师提供智能辅助，帮助他们更好地管理课堂和评估学生的表现。

• 娱乐和创意领域：人工智能可以用于游戏开发、音乐生成、艺术创作等，可以模仿和创造出各种类型的娱乐内容，拓展娱乐和创意领域的可能性。

• 自然语言处理和沟通：大语言模型可以使得计算机更好地理解和生成人类语言，促进人与机器之间的自然沟通，有助于翻译、文本生成、语音识别等领域的进步。

然而，人工智能的发展也带来了一些挑战和问题，如就业变革、隐私和安全问题、伦理问题等。因此，在推动人工智能发展的同时，也需要仔细考虑和解决这些问题，确保人工智能技术对人们生活的积极影响最大化。

1.2 机器学习和深度学习

机器学习（machine learning，ML）和深度学习（deep learning，DL）都是人工智能领域中的重要概念。本节将详细讲解这两个概念的知识和区别。

1.2.1 机器学习

机器学习是一门多领域交叉学科，涉及概率论、统计学、逼近论、凸分析、算法复杂度理论等多门学科。机器学习专门研究计算机怎样模拟或实现人类的学习行为，以获取新的知识或技能，重新组织已有的知识结构，使之不断改善自身的性能。

机器学习是一类算法的总称，这些算法企图从大量历史数据中挖掘出其中隐含的规律，并用于预测或者分类。更具体地说，机器学习可以看作是寻找一个函数，输入是样本数据，输出是期望的结果，只是这个函数过于复杂，以至于不太方便形式化表达。需要注意的是，机器学习的目标是使学到的函数很好地适用于“新样本”，而不仅仅是在训练样本上表现很好。学到的函数适用于新样本的能力，称为泛化（generalization）能力。

机器学习有一个显著的特点，也是机器学习最基本的做法，就是使用一个算法从大量的数据中解析并得到有用的信息，并从中学习，然后对之后真实世界中会发生的事情进行预测或做出判断。机器学习需要海量的数据来进行训练，并从这些数据中得到有用的信息，然后反馈到真实世界的用户中。

我们可以用一个简单的例子来说明机器学习。在网上购物的时候，平台会向我们推送商品信息，这些推荐的商品往往是我们自己很感兴趣的东西，这个过程就是通过机器学习完成的。其实，此类推送行为是平台根据我们以前的购物订单和经常浏览的商品记录得出的结论。

1.2.2 深度学习

前面介绍的机器学习是一种实现人工智能的方法，而深度学习是一种实现机器学习的技术。深度学习本来并不是一种独立的学习方法，其本身也会用到有监督和无监督的学习方法来训练深度神经网络。但由于近几年该领域发展迅猛，一些特有的学习手段（如残差网络）相继被提出，因此越来越多的人将其单独看作一种学习的方法。

假设我们需要识别某张照片拍摄的对象是狗还是猫，如果是传统机器学习的方法，会首先定义一些特征，如有没有胡须，以及耳朵、鼻子、嘴巴的模样等。总之，要确定相应的“面部特征”作为机器学习的特征，以此来对对象进行分类识别。深度学习的方法则更进一步，它会自动地找出这个分类问题所需要的重要特征，而传统机器学习则需要我们人工地给出特征。那么，深度学习是如何做到这一点的呢？继续以猫狗识别的例子进行说明，按照以下步骤：

① 确定有哪些边和角，这与识别出猫和狗关系最大。

② 根据上一步找出的很多小元素（边、角等）构建层级网络，找出它们之间的各种组合。

③ 在构建层级网络之后，就可以确定哪些组合可以识别出猫和狗。

注意：深度学习的结构可以大致理解成包含多个隐藏层的神经网络结构，深度学习的“深”这个字指的就是隐藏层的深度。

1.2.3　机器学习和深度学习的区别

机器学习和深度学习相互关联，两者之间存在一些区别，其中主要区别如下。

① 应用范畴方面的区别：

• 机器学习是一个更宽泛的概念，涵盖了多种算法和技术，用于让计算机系统通过数据和经验改善性能。机器学习不仅包括传统的统计方法，还包括基于模型的方法、基于实例的方法等。

• 深度学习是机器学习的一个特定分支，它基于多层次的神经网络结构，通过学习多层次的抽象表示来提取数据的复杂特征。深度学习关注于利用神经网络进行数据表示学习和模式识别。

② 网络结构方面的区别：

• 机器学习方法包括各种算法，如决策树、支持向量机、线性回归等，它们可以应用于各种任务，不一定需要多层神经网络结构。

• 深度学习方法主要基于多层神经网络结构，涉及多个层次的抽象表示。深度学习的关键是使用多层次的非线性变换来捕捉数据的复杂特征。

③ 特征学习方面的区别：

• 传统机器学习方法通常需要手工设计和选择特征，然后使用这些特征来进行训练和预测。

• 深度学习的一个重要优势是它可以自动学习数据的特征表示，减少了对特征工程的依赖，从而能够处理更复杂的数据和任务。

④ 适用场景方面的区别：

• 机器学习广泛应用于各个领域，包括图像处理、自然语言处理、推荐系统等，使用不同的算法来解决不同的问题。

• 深度学习主要在大规模数据和高度复杂的问题上表现出色，特别适用于图像识别、语音识别、自然语言处理等领域。

⑤ 计算资源需求方面的区别：

• 传统机器学习方法通常在较小的数据集上进行训练和预测，计算资源需求相对较低。

• 深度学习方法通常需要大量的数据和更多的计算资源，例如，训练一个大型深度神经网络可能需要使用多个 GPU。

⑥ 解决问题方面的区别：在解决问题时，传统机器学习算法通常先把问题分成几块，一个个地解决好之后，再重新组合起来。但是深度学习则是一次性地、端到端地解决。假设存在一个任务：识别出某图片中有哪些物体，并找出它们的位置。传统机器学习的做法是把问题分为两步：发现物体和识别物体。首先，使用物体边缘检测算法来识别图像中可能的物体位置，然后将这些区域用矩形框标记出来。而深度学习不同，它会直接在图片中把对

应的物体识别出来，同时还能标明对应物体的名字。这样就可以做到实时的物体识别，例如，YOLO net 可以在视频中实时识别物体。

总之，机器学习是一个更广泛的概念，包括多种算法和技术，而深度学习是机器学习的一个分支，侧重于基于多层神经网络的数据表示学习。深度学习在处理复杂数据和任务时表现出色，但需要更多的计算资源和数据来训练和部署。

注意：人工智能、机器学习、深度学习三者的关系在于，机器学习是实现人工智能的方法，深度学习是机器学习的一种算法，是一种实现机器学习的技术和学习方法。

1.3 大模型介绍

大模型是近年来人工智能领域的一个热门发展方向，通过引入更多的参数和复杂性，其在处理更复杂任务时取得了显著的进展，但也引发了一些伦理、可解释性和环境等方面的问题。以 GPT 为例，它是一个非常著名的大语言模型产品，其中 GPT-3.5 大模型具有约 6600 亿个参数，GPT-4 大模型具有约 100 万亿个参数，这使得它在各种自然语言处理任务中表现出色，可以生成流畅的文本、回答问题、编写代码等。然而，由于大模型需要大量的计算资源和数据来训练和部署，因此其可能会面临成本高昂、能源消耗大等问题。

1.3.1 大模型的作用

大模型在机器学习和人工智能领域中具有重要作用，能够处理更复杂、更多样化的任务，并在各种应用领域取得显著的进展。大模型的主要作用如下：

• 提高性能和准确性：大模型通常具有更多的参数和复杂性，能够学习更多的数据特征和模式，这使得它们在许多任务中能够达到更高的性能和准确性，如图像识别、语音识别、自然语言处理等。

• 自然语言处理：大语言模型能够更好地理解和生成自然语言，可以用于文本生成、翻译、问答系统等任务。它们在生成流畅、准确的文本方面表现出色。

• 复杂决策：大模型在强化学习领域可以用于处理更复杂的决策问题，如自动驾驶、金融交易、游戏策划等。它们能够通过学习大量数据来制定更智能的决策。

• 个性化和推荐：大模型可以分析大量用户数据，为个人用户提供更准确的推荐和定制化体验，这一点在广告推荐、社交媒体内容过滤等方面具有重要作用。

• 医疗和生命科学：大模型能够处理大规模的医疗数据，提供更准确的疾病诊断、风险预测等，其在药物研发、基因组学研究等领域也有应用。

•创意和艺术：大模型可以用于音乐生成、艺术创作等领域，拓展创意和艺术的可能性，并能够模仿和创造各种类型的创意内容。

• 科学研究：大模型在科学研究中可以用于处理复杂的数据分析和模拟，如天文学、生物学等领域。

• 快速迭代和实验：大模型可以通过大量数据进行训练，从而能够更快地进行实验和迭代，加速研究和开发过程。

注意：使用大模型也面临一些挑战，包括计算资源需求、能源消耗、模型的可解释性和对隐私的影响等。因此，在使用大模型的同时，也需要综合考虑这些问题。

1.3.2 数据

数据是指收集到的事实，观察、测量或记录的信息的集合。在计算机科学和信息技术领域，数据通常以数字、文字、图像、声音等形式存在，可以用来描述某个对象、现象或事件的各种特征和属性。

根据现实项目的需求，可以将数据划分为不同类型：

• 定性数据（qualitative data）：这种数据用于描述特性或属性，通常是非数值的。例如，颜色、性别、品牌等。

• 定量数据（quantitative data）：这种数据以数值形式表示，用于表示数量或度量。例如，温度、年龄、价格等。

• 连续数据（continuous data）：连续数据是一种定量数据，它可以在一定范围内取任何值。例如，身高、体重等。

• 离散数据（discrete data）：离散数据是一种定量数据，它只能取特定的、不连续的值。例如，家庭成员人数、汽车数量等。

• 结构化数据（structured data）：这种数据以表格、数据库或类似结构存储，每个数据字段都有明确定义的含义。例如，数据库中的表格、电子表格中的数据等。

• 非结构化数据（unstructured data）：这种数据没有固定的格式，通常包含文本、图像、音频和视频等。例如，社交媒体的帖子、照片、录音等。

• 时序数据（time series data）：时序数据是按照时间顺序排列的数据，用于分析和预测时间上的变化。例如，股票价格、气温变化等。

在机器学习和人工智能中，数据是训练模型的关键要素。模型使用数据来学习模式、规律和关系，从而在未见过的数据上进行预测和推断。高质量、多样性的数据对于训练出性能良好的模型非常重要，同时数据的隐私和安全问题也需要得到妥善处理。

1.3.3　数据和大模型的关系

数据和大模型在机器学习和人工智能领域中密切相关，它们之间的关系可以从如下角度来理解。

• 数据驱动的训练：数据是训练模型的基础，机器学习模型通过观察和学习数据中的模式和关系来提高性能。更多的数据通常能够帮助模型更好地学习任务的规律。

• 训练大模型需要大数据：大模型通常需要大量的数据来训练，因为这些模型具有大量的参数，需要足够的样本来调整参数，以便能够泛化到未见过的数据。

• 泛化能力：丰富的数据有助于提高模型的泛化能力，即在新数据上的表现。大模型通过在大数据上训练，可以学习到更广泛的特征和模式，从而在不同数据上表现更好。

• 过拟合和欠拟合：模型在训练数据上表现得很好，但在测试数据上表现不佳时，可能出现过拟合。数据量不足可能导致模型过拟合，而有足够的数据可以尽量避免这个问题。相反，欠拟合是模型没有捕捉到数据中的模式，可能是因为模型太简单或数据太少。

• 预训练和微调：大模型训练通常有预训练和微调两个阶段。预训练阶段在大规模数据上进行，使模型学习通用的语言或特征表示。随后，在特定任务的数据上进行微调，使模型适应具体任务。

• 数据质量与模型效果：数据的质量对模型效果有重要影响。低质量的数据可能引入噪声，影响模型的性能。同时，数据的多样性也很重要，因为模型需要能够应对各种情况。

总之，数据和大模型之间的关系是相互依存的。大模型需要大量数据来进行训练和调整，而高质量、多样性的数据能够帮助大模型更好地学习任务的规律并提高性能。同时，大模型的出现也促进了人们对数据隐私、安全性和伦理等问题的关注。

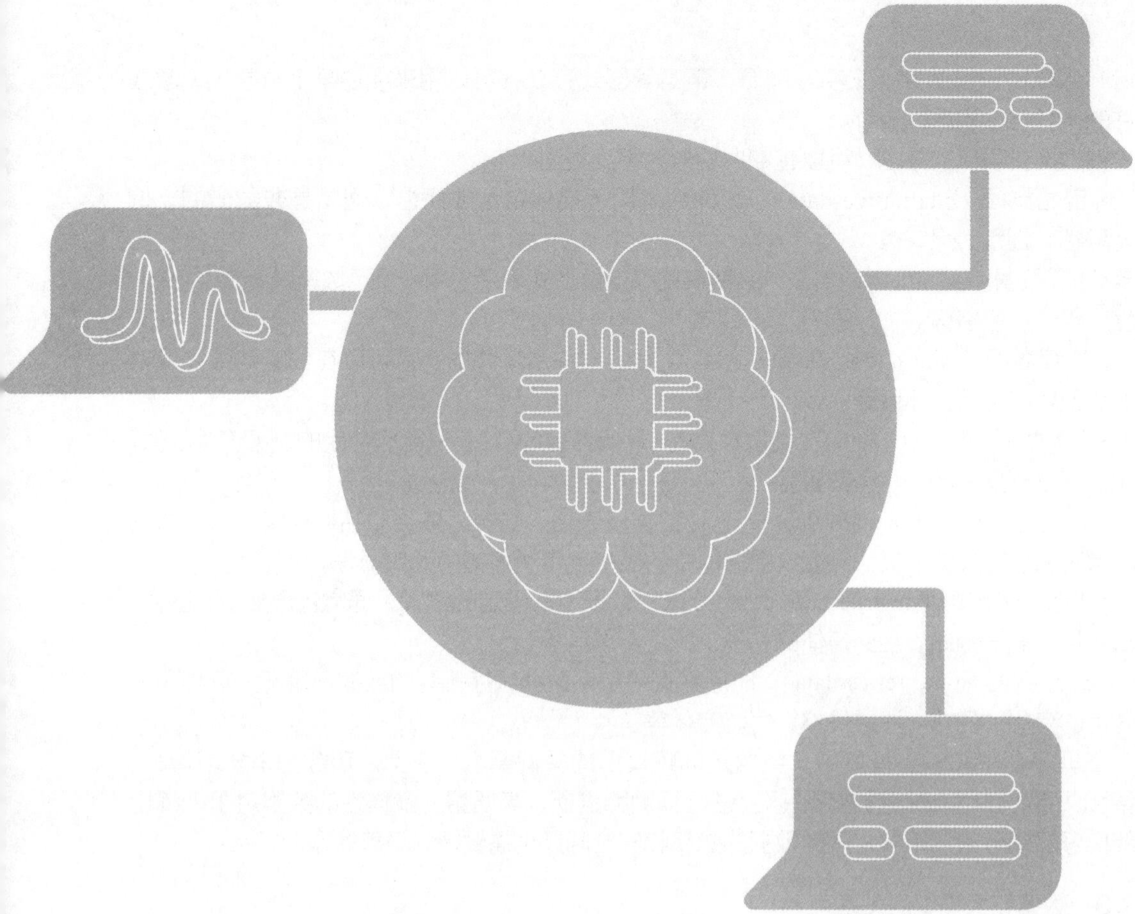

第 2 章

大模型开发技术栈

大模型开发技术栈就像打造一座“智慧工厂”，软件是机器人的“大脑程序”，硬件是驱动它们的“强劲引擎”。从深度学习框架和编程工具到高性能 GPU 和数据中心，软件与硬件相辅相成，保障了大模型的高效运行。比如，像搭积木一样用 PyTorch 设计网络结构，再用 NVIDIA H200 这种“超级引擎”加速训练，最后用云计算的弹性资源轻松部署，让智能随时触手可及。

2.1　深度学习框架

深度学习框架是构建和训练神经网络的核心工具，提供了高效的计算和丰富的功能库。目前主流框架包括 TensorFlow、PyTorch 和 JAX 等，它们分别在大规模分布式训练、灵活性以及前沿研究中占据重要地位。这些框架的选择通常依据项目需求，如性能优化、生态系统支持和社区资源的丰富程度。

① TensorFlow：TensorFlow 由 Google 开发，是一个功能强大的开源深度学习框架，支持从研究到生产的全流程开发。它具有强大的分布式训练能力、丰富的生态系统（如 TensorFlow Serving、TensorFlow Lite）以及对多种硬件的良好支持（如 GPU、TPU）。TensorFlow 2.x 版本引入了更直观的 Keras 接口，提升了易用性。

② PyTorch：PyTorch 由 Meta（原 Facebook）开发，以动态计算图和灵活性著称，深受研究人员和开发者的喜爱。它支持即时调试和快速原型开发，广泛应用于学术研究和工业实践。此外，PyTorch 的生态系统（如 TorchServe、TorchVision）以及社区支持不断壮大，使其在多个领域成为首选。

③ JAX：JAX 是 Google 推出的一个新兴框架，专注于高性能数值计算，尤其适合研究和优化领域。它利用 XLA 编译器实现高效的硬件加速（如 GPU、TPU），支持自动微分和函数变换。JAX 以其简洁的 API 和对函数式编程的支持，在科学计算和前沿研究中逐渐获得关注。

④ 其他框架：除了上述框架，还有诸如 MXNet（亚马逊支持）、Caffe（适合视觉任务）、Theano（早期的重要框架，现已停止维护）等。虽然它们在某些特定领域仍有使用，但影响力已被 TensorFlow 和 PyTorch 等主流框架超越。

上述深度学习框架各有特色，用户应根据具体需求（如硬件支持、编程灵活性、社区生态）选择最适合的工具。深度学习框架的性能与扩展性是衡量其适用场景的重要指标，主要涉及计算效率、分布式训练能力、硬件支持以及社区生态等方面。主流深度学习框架的对比如表 2-1 所示。

表 2-1　主流深度学习框架的对比

框架	性能优势	扩展性优势	适用场景
TensorFlow	静态图优化，支持 XLA，分布式训练能力强大	生态丰富，支持生产部署、边缘计算	工业级应用、大规模分布式训练
PyTorch	动态图灵活，TorchScript 优化	开发灵活，支持研究与生产整合	学术研究、快速原型开发
JAX	XLA 编译器性能极致	数值计算性能卓越，适合前沿研究	高性能计算、优化任务
MXNet	GPU 性能较优，分布式训练能力较强	AWS 支持，适合云计算环境	云端训练与推理
Caffe	高效视觉任务推理	领域专注，扩展性弱	计算机视觉领域的轻量级应用

2.2 分布式计算与并行训练

分布式计算与并行训练是提高大规模深度学习模型计算效率的关键技术。通过将计算任务划分为多个部分并分配到多个设备（如 GPU 或 TPU）上运行，可以显著加速训练过程并支持更大规模的模型和数据集。常用方法包括数据并行、模型并行以及混合并行技术，它们可在分布式框架（如 Horovod、DeepSpeed）和优化算法的支持下实现高效协作。

2.2.1 数据并行与模型并行的原理

随着深度学习模型规模和数据量的持续增长，单一计算设备的性能和内存资源往往难以满足大规模训练需求。为了提升效率并突破硬件瓶颈，数据并行和模型并行成为分布式训练的两大核心技术。它们通过分解任务和协同计算，大幅提升训练速度并支持更复杂的模型架构。

（1）数据并行（data parallelism）

数据并行是一种将训练数据划分为多个小批次（子集），并将这些小批次分配到不同计算设备（如 GPU）上独立进行训练的技术。每个设备都会加载完整的模型副本，使用分配到的数据进行前向传播和反向传播计算，然后通过通信机制（如梯度同步）汇总所有设备的梯度，更新模型参数。

实现数据并行的核心流程如下:

① 将训练数据划分为多个子集（mini-batches）。

② 每个计算设备处理一个子集，独立计算损失和梯度。

③ 使用通信技术（如 AllReduce）同步梯度并更新全局模型参数。

数据并行适用于数据量较大、模型参数较少的场景，如图像分类任务。

（2）模型并行（model parallelism）

模型并行是将模型的结构或参数分割成多个部分，并分配到不同的计算设备上计算的一种方法。每个设备只负责一部分模型的前向传播和反向传播，并通过通信机制传递中间计算结果。

实现模型并行核心流程如下:

① 将模型的参数或操作划分为不同部分（如层级划分、张量切分）。

② 每个计算设备执行分配的模型部分的计算，并将结果传递给下一个设备。

③ 在训练过程中通过设备间的通信，完成模型的整体计算和参数更新。

模型并行适用于模型参数规模极大、单个设备无法容纳的场景，例如，GPT-3、Megatron-LM 等超大规模语言模型。

2.2.2 分布式训练框架

随着深度学习模型参数和数据规模的爆炸式增长，单设备的计算能力难以满足训练需求。分布式训练框架通过协调多设备协同工作，可有效提升计算效率并支持更大规模模型的训练。在现实应用中，主流分布式训练框架及其特点如下。

（1）Horovod

Horovod 是由 Uber 开发的分布式深度学习训练框架，主要基于 MPI（message passing interface）进行多 GPU、多节点的训练优化。Horovod 的核心特点如下:

• 提供简单易用的 API，与 TensorFlow、PyTorch 等框架无缝集成。

• 支持 AllReduce 操作，高效同步梯度，极大地减少通信开销。

• 良好的可扩展性，适合数据并行场景。

在实际应用中，Horovod 适合多 GPU、多节点的数据并行训练任务，尤其在推荐系统和图像分类中表现优异。

（2）DeepSpeed

DeepSpeed 是由微软开发的分布式训练库，专注于高效训练超大规模模型。DeepSpeed 的核心特点如下：

• 提供 ZeRO（zero redundancy optimizer）技术，极大地降低内存用量，支持训练千亿至万亿个参数的模型。

• 支持混合并行（数据并行、模型并行、流水线并行），提升训练灵活性。

• 集成先进的优化功能，如梯度压缩、混合精度训练等。

在实际应用中，DeepSpeed 适合超大规模模型（如 GPT-3）的训练和推理场景。

（3）Megatron-LM

Megatron-LM 是由 NVIDIA 开发的分布式训练框架，专为大规模语言模型的训练设计。Megatron-LM 的核心特点如下：

• 提供优化的模型并行方法，支持数百亿至上万亿个参数的模型。

•集成 NVIDIA 深度学习优化库（cuDNN、NCCL），实现高效的 GPU 通信和内存管理。

• 支持流水线并行和张量切分，减少设备间通信开销。

在实际应用中，Megatron-LM 被广泛应用于超大规模自然语言处理任务，如生成式语言模型和多模态任务。

（4）分布式训练框架对比

上述三种分布式训练框架的对比如表 2-2 所示。

表 2-2　三种分布式训练框架对比

框架	优势	局限性	适用场景
Horovod	简单易用，支持多框架，通信高效	模型并行支持较弱	数据并行任务
DeepSpeed	内存优化功能强大，支持混合并行	对资源依赖度高，配置复杂	超大规模模型训练
Megatron-LM	针对语言模型优化，性能卓越	限于 NVIDIA GPU 生态	超大规模语言模型训练

2.2.3　混合精度训练与内存优化

随着模型的规模和计算需求不断增长，训练过程中对计算资源和内存的需求也逐渐增大。混合精度训练和内存优化技术成为提高训练效率、加速模型训练并降低资源消耗的关键手段。通过合理调整计算精度和优化内存使用，深度学习模型训练不仅能减少内存占用，还能提高计算速度，这在大规模模型训练中至关重要。

（1）混合精度训练（mixed precision training）

混合精度训练是一种结合低精度和高精度计算的技术，通常使用 16 位浮点数（FP16）进行大部分计算，而保留部分操作（如梯度累积和模型更新）使用 32 位浮点数（FP32）。这一方法可以显著加速训练过程并减少内存占用，同时保持模型精度。

① 核心原理

• 低精度计算：通过使用 16 位浮点数表示权重和激活，降低内存占用和提高计算速度，因为低精度计算能在现代 GPU 中更高效地执行。

• 高精度计算：部分关键步骤（如参数更新）仍然使用 32 位浮点数，以保持训练过程的数值稳定性，避免精度损失导致的性能下降。

② 优势

• 减少内存占用：使用 FP16 减少了每个张量占用的内存，从而能在相同硬件下训练更大的模型。

• 加速训练：低精度计算通常比高精度计算更快，尤其在支持 FP16 运算的硬件（如 NVIDIA 的 Volta 和 Ampere 架构 GPU）上，训练速度提升可达 2 倍以上。

• 降低带宽需求：由于内存占用减少，数据传输带宽的需求也相应降低，从而提升计算效率。

③ 常用技术

• NVIDIA 的 Tensor Cores：专为 16 位精度进行了优化，显著提高了训练速度。

• 自动混合精度（AMP）：如 PyTorch 中的 torch.cuda.amp 和 TensorFlow 中的 tf.keras.mixed_precision，自动处理计算中不同精度的选择和梯度缩放等步骤。

（2）内存优化（memory optimization）

内存优化技术主要解决深度学习模型训练过程中内存使用过多的问题。对于超大规模模型，尤其是在使用多 GPU 训练时，内存的高效利用至关重要。通过优化内存管理和减少不必要的内存开销，能够有效支持大规模模型的训练。

① 核心原理

• 梯度累积：将多次小批次的梯度进行累积，以减少显存占用。这意味着每次更新时使用较大的批量数据，但不需要每次都保存完整的计算图。

• 模型压缩与稀疏化：减少模型中的冗余参数，通过剪枝或稀疏化方法减少内存占用。

• 延迟计算（checkpointing）：通过存储部分计算结果，在反向传播时重新计算部分中间层，以减少内存占用。

• 混合精度训练中的内存优化：结合 16 位和 32 位计算不仅可加速训练，也能显著减少内存需求。

② 优势

• 显存利用最大化：通过有效的内存管理，可以在有限的硬件资源下训练更大规模的模型。

• 降低硬件成本：内存优化可以在现有硬件基础上提升性能，减少对昂贵硬件（如更多 GPU）的依赖。

•支持大规模模型训练：在超大规模模型的训练中，内存优化技术可以使训练更加稳定，避免内存溢出。

③ 常用技术

• TensorFlow 的分布式训练优化：通过细粒度的内存管理减少显存开销。

• PyTorch 的内存管理工具：如 torch.utils.checkpoint，可以动态调整计算图的存储方式，减少内存消耗。

2.2.4 分布式训练的网络架构与通信优化

在深度学习模型训练中，尤其是大规模模型训练中，网络通信开销往往成为限制训练速度和效率的关键因素。分布式训练利用多个设备共同工作来加速训练，但设备间的通信瓶颈需要有效解决。为了充分发挥分布式训练的优势，设计高效的网络架构和优化通信策略至关重要。下面介绍在分布式训练中常见的网络架构和通信优化方法。

（1）分布式训练的网络架构

在分布式训练中，多个计算节点（如 GPU 或 TPU）需要进行频繁的数据交换和梯度同步。网络架构的设计决定了通信的效率，主要包括以下几种常见的架构模型：

• 全连接网络（fully connected network）：每个训练节点都与其他节点相连接，适用于小规模集群。全连接网络简单直观，但当节点数增多时，通信开销和带宽需求迅速增加。

• 环形网络（ring-based network）：每个节点只与相邻的节点连接，形成一个环状结构。在梯度同步过程中，数据在环中沿着一个方向传递。相比全连接网络，环形结构的通信开销较小，特别是在大规模训练中，带宽和延迟得到了较好的优化。

• 树形网络（tree-based network）：节点按层次结构连接，形成一棵树。数据传递通过树的各层节点进行。树形结构能够有效减少通信量，适合进行多轮梯度同步。在树形结构中，每个节点只需与父节点和子节点通信，可以减少通信的冗余。

• 分层网络（hierarchical network）：这种结构将集群分为多个子集群，每个子集群内部采用高效的全连接或环形网络，子集群之间通过较少的通信链接进行连接。分层网络能够在大规模训练任务中减少节点之间的直接通信压力。

（2）通信优化方法

为了提高分布式训练的效率，通信优化技术在网络架构中起着至关重要的作用。常见的通信优化方法如下：

① 梯度压缩（gradient compression）：梯度压缩通过减少每个设备传输的梯度信息量，减少网络带宽的占用。常用方法包括：

• 量化（quantization）：将梯度值从 32 位浮点数压缩为较低位数（如 16 位或 8 位），从而减少数据传输量。

• 稀疏化（sparsification）：仅传输梯度中较大的部分（如前 k 个最大梯度），丢弃较小的梯度值，从而减少通信负担。

• 哈夫曼编码（Huffman coding）：通过将频率较高的梯度值用较短的编码表示，进一步压缩数据量。

② 全量梯度同步（AllReduce）：AllReduce 是分布式训练中常用的梯度同步方法，旨在将多个节点计算得到的梯度合并为全局梯度并进行更新。常见的优化方法包括：

• Ring-AllReduce：将每个节点的梯度按环形方式进行传递和合并，通过环形通信减少总的通信时间。

• Tree-AllReduce：通过树形结构合并梯度，减少通信时间和网络带宽消耗。

• In-Place Update：通过将梯度直接更新到本地存储，而不需要创建额外的存储副本，以减少数据复制的开销。

③ 混合精度通信（mixed precision communication）：在使用混合精度训练时，通信可以针对低精度梯度进行优化。例如，使用 16 位浮点数（FP16）代替 32 位浮点数（FP32）传输梯度信息，这不仅可以降低传输的数据量，还可以提高通信效率，特别是在使用支持低精度计算的硬件（如 NVIDIA 的 Tensor Cores）时。

④ 并行传输（pipelining）：并行传输将训练过程中的不同阶段（如梯度计算、梯度传输、参数更新等）分成多个阶段并行执行。这种方法可以显著减少等待时间，提高通信带宽利用率。

（3）通信优化的硬件支持

随着硬件技术的发展，许多高效的硬件加速技术也被用于优化分布式训练中的网络通信，具体说明如下：

• NCCL：NCCL（NVIDIA collective communications library）是专为多 GPU 分布式训练设计的通信库，支持高效的 AllReduce、AllGather、广播和归约操作。它通过优化硬件通信

路径，减少延迟和带宽消耗，在 NVIDIA GPU 集群中获得了极好的性能。

• 高速网络与 InfiniBand：InfiniBand 是高性能计算（HPC）集群常用的网络协议，通过低延迟、高带宽的通信支持，显著提高分布式训练的通信效率。通过高速网络，通信瓶颈问题可以得到有效缓解，尤其在超大规模集群中。

• GPU Direct RDMA：GPU Direct RDMA（remote direct memory access）技术允许 GPU 直接通过网络访问远程内存，而无需 CPU 的干预。通过这种方式，GPU 之间的通信效率大幅提升，尤其适合高带宽、低延迟的通信需求。

2.3 数据处理与存储技术

数据处理与存储是大模型训练中不可或缺的环节，涉及大规模数据的清洗、管理与高效存储。通过使用分布式文件系统、数据湖和高效的数据加载技术，能够加速数据处理流程并减少 I/O 瓶颈。优化的数据存储和处理架构为大规模模型训练提供了坚实的基础，确保了训练数据的高效获取与管理。

2.3.1 大规模数据的清洗与管理

在大模型训练中，数据是最关键的资源之一，然而，原始数据往往存在噪声、缺失值、不一致性等问题，这些问题如果不加以处理，会影响模型的训练效果和最终性能。数据清洗和数据管理是确保数据质量和训练效率的重要步骤。通过有效的数据清洗和管理，能够提高模型的训练质量，减少训练过程中的错误和资源浪费。

（1）数据清洗（data cleaning）

数据清洗是对原始数据进行处理、去除或修复错误、冗余和不一致信息的过程。对于大规模数据集，数据清洗可以解决下面这些经常遇到的问题。

① 缺失值（missing values）。数据中可能存在一些缺失的条目或特征，常见的处理方法包括：

• 删除法：删除包含缺失值的样本或特征。

• 插补法：用均值、中位数、最频繁值等填补缺失数据。

• 预测法：使用机器学习模型预测缺失值，特别是在数据丢失较为复杂时。

② 噪声数据（noise data）。噪声数据指的是那些无关或不一致的信息，通常来源于数据采集过程中的错误。常用的噪声处理方法包括：

• 统计方法：利用统计模型去除极端值或异常数据点。

• 平滑处理：通过滤波等方法平滑数据，去除噪声影响。

③ 重复数据（duplicate data）。数据集中可能会有重复记录，这会导致模型训练过程中的资源浪费和数据偏差。常见的解决方法是：

• 去重算法：通过计算数据项之间的相似性，去除重复数据。

• 聚类算法：利用聚类算法合并相似的记录，减少冗余。

④ 不一致数据（inconsistent data）。不同来源的数据集可能存在格式不一致或单位不统一的问题，常见的解决方法包括：

• 标准化：将数据转换为统一的格式、单位或标度。

• 一致性校验：通过规则或模型校验数据的一致性和准确性。

（2）数据管理（data management）

大规模数据的有效管理是保证训练效率和数据安全的基础。数据管理不仅包括存储与访问策略，还包括数据质量控制、权限管理等方面。关键的管理方法包括：

① 数据分区与索引（data partitioning and indexing）。对大规模数据集进行分区和索引能够显著提高数据访问和查询速度。常见的策略包括：

• 按特征分区：根据数据特征进行分区，如根据时间、地理位置等进行分区存储。

• 数据索引：创建索引以便快速检索特定的数据，特别是在分布式存储环境中，能够加速查询操作。

② 数据湖与数据仓库（data lake and data warehouse）

• 数据湖：适用于存储结构化、半结构化和非结构化数据，支持大规模数据存储，通常用于原始数据存储和探索性分析。

• 数据仓库：专门存储结构化数据，通过 ETL（提取、转换、加载）流程对数据进行清洗和规范化，适用于分析和报告。

③ 版本控制与数据追踪（version control and data tracking）。在大模型训练过程中，数据集和模型的版本管理至关重要。通过使用数据版本控制工具，如 DVC（data version control），可以追踪数据集和模型的变化历史，确保数据和模型的一致性。

④ 数据安全与隐私保护（data security and privacy protection）。随着数据量和隐私法规的日益严格，数据的安全性和隐私保护成为关键问题。常见的数据安全措施包括：

• 数据加密：对数据进行加密，确保数据在存储和传输过程中的安全性。

• 访问控制：设置权限，确保只有授权用户能够访问敏感数据。

2.3.2　数据库与数据湖

在大规模数据处理中，存储和管理数据的方式直接影响模型训练的效率和数据的可用性。数据库和数据湖是两种常见的存储与管理方式，分别适用于结构化和多类型数据的处理需求。了解它们的特点、应用场景以及在大模型训练中的作用，可以帮助我们更好地选择合适的存储方案。

（1）数据库（Database）

数据库是一种用于存储、管理和查询结构化数据的系统，通常以表格的形式组织数据，支持快速检索和事务处理。常见的数据库分为以下两类：

① 关系型数据库（RDBMS）

• 特点：以表格形式存储数据，严格遵循关系模型和 SQL 语言。

• 优势：数据一致性高，支持复杂的查询、事务和索引。

• 常用工具：MySQL、PostgreSQL、Oracle、SQL Server。

• 应用场景：适用于结构化数据存储，如用户信息、财务记录和日志数据。

② 非关系型数据库（NoSQL）

• 特点：不遵循关系模型，支持键值对、文档、列族和图形数据存储。

• 优势：扩展性强，适合处理半结构化和非结构化数据。

• 常用工具：MongoDB、Cassandra、Redis、Neo4j。

• 应用场景：适用于多样化、动态变化的数据存储，如社交媒体内容和物联网数据。

总之，数据库在大模型训练中的作用主要体现在结构化数据的管理、快速查询和事务处理。它们适合用于存储小型、高频访问的训练数据或模型的元数据。

（2）数据湖（data lake）

数据湖是一种能够存储海量数据的存储架构，支持结构化、半结构化和非结构化数据的存储。与数据库不同，数据湖更强调数据的多样性和灵活性。

① 特点

- 多样性：支持存储各种类型的数据，如文本、图像、音频、视频和日志。
- 灵活性：无需固定的模式（schema-on-read），在读取数据时才应用模式。
- 可扩展性：通过分布式存储技术扩展存储能力，适应大规模数据存储需求。

② 常用工具

- 分布式文件系统：HDFS（hadoop distributed file system）。
- 数据湖平台：Delta Lake、Apache Iceberg、AWS Lake Formation、Azure Data Lake。

③ 应用场景

- 原始数据存储：存放未经处理的原始数据，用于后续清洗、转换和分析。
- 多模态数据存储：支持图像、文本、音频等多种数据类型，用于多模态模型训练。
- 历史数据归档：存储历史数据以备未来分析和模型微调使用。

总之，在大模型训练中，数据湖为处理多模态、多源的大规模训练数据提供了灵活且高效的存储方案。

（3）数据库与数据湖的对比

数据库与数据湖的对比如表 2-3 所示。

表 2-3　数据库与数据湖的对比

特性	数据库	数据湖
数据类型	结构化数据	结构化、半结构化、非结构化数据
数据模式	schema-on-write（写时模式）	schema-on-read（读时模式）
存储扩展性	有限扩展性	高扩展性，适合大规模数据存储
数据存取性能	高速查询，适合高频小规模数据访问	适合低频大规模数据访问
主要应用场景	实时查询、事务处理、索引操作	原始数据存储、多模态数据分析

2.3.3 分布式文件系统与云存储

在大规模数据处理和模型训练中，传统的存储方式往往难以满足数据量增长和高性能访问的需求。分布式文件系统和云存储是两种常用的现代化存储技术，能够提供高扩展性、高可靠性和高吞吐量，适合大规模数据的存储与管理需求。

（1）分布式文件系统（distributed file system）

分布式文件系统是一种能够将数据分布存储在多个节点上的存储系统，支持对大规模数据的高效存储。其设计初衷是提供一致性、容错性和可扩展性，使数据存储在分布式环境中也能像存储在单一节点上一样操作方便。

① 特点

- 数据分片与分布存储：数据被分割成多个小块，分布存储在不同节点上。
- 高容错性：通过冗余存储和数据副本技术，保证即使部分节点失效，数据仍然可用。
- 并行访问：多个节点协同工作，提高数据的读写性能。

② 常用工具

- HDFS（hadoop distributed file system）：一种高容错性、适合大规模数据存储的分布式文件系统，广泛应用于大数据处理。
- Ceph：支持对象存储、块存储和文件存储的统一分布式存储系统。
- GlusterFS：开源的分布式文件系统，提供高可扩展性和灵活性。

③ 应用场景

• 大规模数据存储：如训练数据集、日志文件和模型检查点的存储。

• 分布式计算支持：为分布式训练框架提供底层存储支持，保证高效的数据读写性能。

（2）云存储（cloud storage）

云存储是一种基于互联网的存储服务，允许用户以按需付费的方式存储和访问数据。云存储提供了高度灵活的存储和计算能力，是现代数据处理和大模型训练的关键工具。

① 特点

• 高可扩展性：支持动态调整存储容量，适合数据量变化较大的场景。

• 按需付费：根据实际使用的存储空间和流量收费，降低了硬件投资成本。

• 全球访问：通过网络可以从任何地方访问数据，方便协作和跨地域计算。

• 内置工具和服务：许多云存储提供商提供数据分析、迁移和备份服务。

② 常用平台

• AWS S3（simple storage service）：高可用、持久化的对象存储服务，支持多种数据管理功能。

•Google Cloud Storage：适合存储各种类型的数据，有多种存储类和访问层级以供选择。

• Azure Blob Storage：支持非结构化数据存储和大规模数据处理。

• 阿里云 OSS（对象存储服务）：适合国内市场的高性能云存储解决方案。

③ 应用场景

• 模型训练数据存储：存放多模态数据和大型训练集。

• 数据备份与归档：提供长期的可靠数据存储。

• 实时数据处理：与云计算平台结合，实现分布式数据处理和分析。

2.3.4 数据加载与预处理加速技术

在大模型训练中，数据加载和预处理往往成为影响训练效率的关键因素之一。传统的单线程数据加载和预处理方式难以满足大规模数据训练的高吞吐量需求，因此，采用高效的数据加载和预处理加速技术是提升模型训练效率的重要手段。

（1）数据加载加速技术

① 多线程与多进程数据加载

• 使用多线程（线程池）或多进程（进程池）并行加载数据，将数据读取与预处理与模型训练分离。

• PyTorch 的 DataLoader 提供 num_workers 参数实现多进程数据加载。

• TensorFlow 的 tf.data API 提供 map 和 prefetch 方法实现并行化加载与预处理。

② 异步数据加载

• 在训练过程中，数据加载与模型训练同步进行，避免加载延迟造成的 GPU 空闲。例如，TensorFlow 的 tf.data.prefetch 和 PyTorch 的 prefetch 可以提前准备好下一批数据。

• 在分布式训练环境中，将数据分割为多个分区，由各个工作节点独立加载对应分区的数据，减少竞争和通信开销。

• Horovod、DeepSpeed 等框架提供分布式数据加载功能，结合 torch.utils.data.DistributedSampler 可以实现高效的数据分布。

（2）数据预处理加速技术

• 硬件加速预处理：利用 GPU 或 FPGA 进行数据预处理，加快图像增强、数据变换等操作。例如，NVIDIA 的 DALI（data loading library）是一个 GPU 加速的数据加载与预处理库，支持图像解码、归一化、裁剪等操作。

•流水线并行化：数据预处理步骤划分为多个阶段，采用流水线技术使各阶段同时运行。例如，在 TensorFlow 的 tf.data 中，利用 map 和 batch 结合 parallel_calls 参数，可以同时进行多步数据预处理。

• 增量式预处理：将复杂的数据处理分为小步骤，并在数据加载时动态完成，以减少加载等待时间。

• 应用场景：在数据增强、格式转换和归一化等操作中应用。

（3）专用数据存储格式与加载优化

① 高效数据存储格式

• TFRecord（TensorFlow）：一种紧凑、高效的二进制文件格式，特别适合存储大规模训练数据，可减少 I/O 开销。

• WebDataset：基于 TAR 文件和键值对的分布式数据加载格式，适合分布式训练和多模态数据存储。

• HDF5：支持大规模多维数组存储，适合科学计算和深度学习应用。

② 数据压缩与解压优化：使用高效的压缩算法（如 gzip、zstd）减少数据存储空间，同时通过异步解压缩提升数据读取速度。例如，Hugging Face 的 datasets 库支持分布式压缩与加载。

（4）数据加载性能调优技巧

• 批量加载与缓存：将数据分批次加载到内存中，减少磁盘 I/O 次数。例如，TensorFlow 的 cache 方法可以将数据缓存到内存或本地磁盘。

• 数据预取：提前加载下一批次数据，避免训练过程中的等待时间。

• 工具：PyTorch 的 DataLoader 和 TensorFlow 的 prefetch。

• 调整数据加载顺序：对数据进行随机打乱（shuffle），避免数据顺序对模型训练的影响。

2.4 硬件加速与高性能计算

硬件加速与高性能计算是大模型训练与推理的关键技术，依赖专用硬件（如 GPU、TPU、FPGA 等）实现对计算密集型任务的高效处理。这些硬件通过并行计算架构、大量处理单元和高速内存访问，显著提升了计算速度，支持大规模数据和复杂模型的实时计算需求。结合优化的部署策略和资源调度技术，可以在保证性能的同时，有效降低训练和推理的成本。

2.4.1 GPU 与 TPU 的架构与应用

深度学习的发展离不开硬件技术的支持，其中 GPU（图形处理单元）和 TPU（张量处理单元）作为高性能计算的代表性硬件，已广泛应用于大模型的训练与推理任务。它们通过专用的并行计算架构，为神经网络的高效执行提供了强大的算力支持。

（1）GPU 的架构与应用

① 架构特点

• 高并行性：GPU 拥有数千个流处理器（CUDA 核心），适合并行处理大规模矩阵运算和向量操作。

• 多层内存层次：GPU 配备共享内存、寄存器、全局内存等，支持高效的数据访问与缓存。

• 灵活性：支持通用计算（GPGPU），可以通过 CUDA、OpenCL 等框架编程实现深度学习任务。

② 应用场景

• 模型训练：依托其高吞吐量，GPU 能够快速完成大规模梯度计算和反向传播。

• 模型推理：通过优化计算图和减少延迟，GPU 适合部署在实时推理任务中，如推荐系统和语音识别。

• 多模态任务：在图像生成、视频处理和多模态学习中表现优异。

③ 代表产品

• NVIDIA A100：以高性能和节能性著称，支持混合精度计算和大规模并行任务。

• NVIDIA H100：针对大模型优化，提供更高的算力和内存带宽。

（2）TPU 的架构与应用

① 架构特点

• 矩阵计算优化：TPU 专为深度学习中的张量操作设计，硬件架构包括张量核心单元（Tensor Core），能够高效执行矩阵乘法和加法。

• 简化设计：与通用计算相比，TPU 专注于加速特定的深度学习操作，简化了不必要的控制逻辑，进一步提升了性能。

• 分布式计算能力：多个 TPU 单元可组成 TPU Pod，提供大规模分布式计算能力，适合大模型训练。

② 应用场景

• 大规模训练：TPU 在 Google Cloud 中被用于 GPT、BERT 等大型预训练模型的训练。

• 推理优化：TPU 通过低延迟和高能效的推理加速，在搜索引擎和实时翻译等场景表现出色。

• 自动化机器学习（AutoML）：为 AutoML 提供算力支持，提升模型搜索效率。

③ 代表产品

• TPU v3：支持更高的内存带宽和混合精度计算，常用于 Transformer 模型的训练。

• TPU v4：具备更高的计算能力和扩展性。

2.4.2 AI 专用芯片

随着人工智能技术的发展，对高性能计算的需求不断增加，传统的通用芯片（如 CPU 和 GPU）逐渐难以满足 AI 模型的训练与推理需求。AI 专用芯片（ASIC for AI）应运而生，其以高度定制化的硬件设计显著提升了 AI 计算的性能和能效比，为大模型的发展提供了坚实的硬件支撑。

① NVIDIA A100 与 H100。A100 是 GPU 中的代表，但作为 AI 专用芯片，具备 Tensor Core 加速能力，支持 FP16/BF16 混合精度计算。H100 进一步优化了 Transformer 模型的性能，特别适合大模型训练与推理。

② Google TPU（tensor processing unit）。专为张量运算设计，支持训练和推理的高效计算。TPU Pod 可以连接数百个 TPU，提供大规模分布式训练能力，广泛用于 Google 的 AI 服务。

③ Graphcore IPU（intelligence processing unit）。以细粒度并行为核心，专注图计算和稀疏矩阵操作，适合边缘 AI 与多模态任务。

④ 华为昇腾 910 与 310。昇腾 910 是训练专用 AI 芯片，支持大规模矩阵运算，功耗低于同类芯片。昇腾 310 适合推理场景，特别是在边缘 AI 设备中表现出色。

⑤ Tesla Dojo。Tesla 设计的 AI 专用芯片，用于自动驾驶训练，专注于高效的分布式计算和数据处理。

2.4.3 FPGA 与 ASIC 在大模型中的应用

在大模型的训练和推理中，计算性能和能效是决定模型实际可用性的关键因素。与 GPU 和 TPU 相比，FPGA（现场可编程门阵列）和 ASIC（专用集成电路）作为专用硬件方案，提供了高度灵活性和定制化性能，在特定场景中展现了巨大的潜力。

（1）FPGA 在大模型中的应用

FPGA 凭借其可编程性和并行计算能力，在大模型的推理和边缘计算中发挥了重要作用。它通过定制化数据路径和优化逻辑设计，能够显著提升推理效率并降低功耗，特别适合部署在自动驾驶、物联网、医疗影像等场景中。FPGA 的灵活性使其成为实验性算法和模型结构快速迭代的理想选择，例如，微软的 Brainwave 平台使用 FPGA 提供低延迟的推理服务，而 AWS EC2 F1 实例为开发者提供基于 FPGA 的云加速能力。

（2）ASIC 在大模型中的应用

ASIC 以其高性能和低功耗特点，在大规模模型的训练和推理中表现出色。它通过固定逻辑设计，针对特定模型（如 Transformer 或 CNN）优化硬件架构，提供远超通用芯片的计算效率和效能比。Google 的 TPU 是 ASIC 应用的成功案例，广泛用于 GPT 和 BERT 等模型的训练和推理，而 Tesla 的 Dojo 芯片通过分布式计算支持自动驾驶模型的高效运行，展现了 ASIC 在 AI 计算领域的强大潜力。

在实际应用中，FPGA 与 ASIC 的对比如表 2-4 所示。

表 2-4 FPGA 与 ASIC 的对比

特性	FPGA	ASIC
开发灵活性	高，适合快速迭代和实验	低，开发周期长
性能	优于通用硬件，但不及 ASIC	最优，针对特定任务优化
功耗	较低，适合边缘设备	更低，适合大规模部署
成本	高于通用硬件，适合小批量定制	开发成本高，但批量生产成本低
典型场景	边缘计算、推理优化	超大规模模型训练、实时推理

2.4.4 硬件资源的高效利用与部署策略

随着大模型的规模不断扩大，硬件资源的高效利用成为提升训练速度和推理性能的关键。通过合理分配计算资源、优化内存管理、设计高效的分布式架构以及选择合适的部署策略，可以显著提高模型性能并降低硬件成本。

（1）硬件资源的高效利用

合理分配计算资源和优化内存管理，是充分挖掘硬件潜力、实现高效计算的核心策略。

① 计算资源分配

• 采用混合精度训练（FP16/BF16），充分利用硬件的张量核心（如 NVIDIA GPU Tensor Core）进行加速，同时减少计算对内存的需求。

• 使用工作负载均衡技术，避免计算节点的过载或空闲。

② 内存优化

• 利用内存优化工具（如 PyTorch 的 Gradient Checkpointing）分段保存中间梯度，减少显存占用。

- 分层存储策略结合 CPU 内存、显存和磁盘存储，实现数据的按需加载。

③ 硬件特性挖掘

- 针对特定硬件（如 GPU、TPU、FPGA）定制优化算法，提升硬件计算单元的利用率。
- 利用图形化编译工具（如 TensorRT、ONNX Runtime）对模型进行结构优化。

（2）科学的部署策略

科学的部署策略能够充分发挥硬件性能，为复杂的大模型应用提供稳定、高效的支持。

① 分布式训练部署

- 使用数据并行和模型并行组合策略，在多个计算节点间分配任务，最大化硬件利用率。
- 优化通信网络架构，减少训练过程中的参数传输延迟，如应用全聚合（AllReduce）算法加速节点间同步。

② 推理部署优化

- 在推理阶段使用模型量化技术（如 INT8 量化），显著减少硬件资源占用并加速执行。
- 采用模型剪枝、蒸馏技术精简模型结构，提升推理效率。

③ 边缘与云端结合

- 在边缘设备上部署轻量化模型，实现本地推理；复杂任务交由云端完成，形成协同工作模式。
- 使用容器化技术（如 Docker、Kubernetes）管理和扩展部署，实现灵活的硬件资源分配。

2.5　模型开发的工具与平台

模型开发的工具与平台为机器学习开发者提供了从数据处理到模型部署的解决方案。自动化机器学习平台（如 AutoML）加速了模型设计与调优；实验管理与追踪工具（如 MLflow、Weights & Biases）有助于跟踪实验进展和版本控制；开源平台（如 Hugging Face、LangChain）则通过丰富的预训练模型和生态支持，降低了大模型开发的门槛。

2.5.1　自动化机器学习平台

自动化机器学习平台（此处指 AutoML）通过自动化特征工程、模型选择、超参数调优以及部署流程，极大降低了构建高质量机器学习模型的技术门槛。传统机器学习开发往往需要经验丰富的专家手动调试多个环节，而 AutoML 通过自动化工具将这些复杂步骤高效集成，使开发者能够专注于业务逻辑和数据本身。

（1）核心功能与技术

- 特征工程自动化：AutoML 能够自动检测数据类型，进行特征选择、生成和预处理。例如，识别离散变量和连续变量后分别应用编码和归一化技术。可以使用算法（如深度特征生成或特征嵌入）提取数据隐含的高维特征，提高模型的表示能力。
- 模型搜索与选择：通过神经架构搜索（NAS）或元学习（Meta-Learning），自动生成最优模型架构。例如，Google AutoML 基于 NAS 为图像分类、目标检测等任务设计定制化神经网络架构。针对不同任务（如分类、回归、时间序列预测），平台自动匹配最适合的模型类型和算法。
- 超参数调优：集成网格搜索、随机搜索和贝叶斯优化等方法自动寻找最优参数组合。

例如，一些平台（如 H2O.ai AutoML）支持分布式调优，将任务分散到多个计算节点并行执行，大幅节约时间。

• 模型评估与部署：提供统一的评估指标（如准确率、AUC、F1 分数），生成详细的可视化报告以分析模型表现。自动生成可部署的模型 API 或容器化镜像，支持轻松接入生产环境。

（2）常见工具和平台

• Google AutoML：提供图像、文本和表格数据的端到端解决方案，利用 NAS 实现自动化架构设计。其适用于非技术开发者，只需用户提供数据，即可完成模型的构建与优化。

• H2O.ai AutoML：开源的全功能平台，支持大规模分布式计算，特别适合处理海量数据和复杂任务。其包含丰富的机器学习算法，可自动比较性能并生成最优模型推荐方案。

• Auto-sklearn：基于 Scikit-learn，适合中小规模数据集的自动化处理。通过元学习方法记录先前任务的经验，进一步提升模型搜索效率。

•Microsoft Azure AutoML：集成在 Azure 云平台中，支持全面的机器学习生命周期管理。提供了自动化的模型优化和部署服务，可与企业级数据存储和计算资源无缝衔接。

2.5.2 实验管理与追踪工具

实验管理与追踪工具是机器学习开发过程中的重要辅助工具，旨在高效记录实验过程、分析结果，并支持团队协作与复现。随着深度学习模型的复杂性和实验数量的增长，这类工具通过系统化管理实验元数据（如超参数配置、训练日志、模型版本和评估指标），可帮助开发者优化工作流，提高实验效率。

（1）功能与特点

• 实验记录与版本控制：自动记录每次实验的配置信息（如模型架构、超参数、数据集版本），提供实验版本管理功能，方便追踪历史记录并回滚到特定版本。

• 实时监控与结果可视化：支持在训练过程中实时监控关键指标（如损失、准确率、学习率），提供详细的可视化工具，生成实验结果的曲线图、直方图等，便于直观分析。

• 团队协作与共享：支持多用户协作，团队成员可共享实验配置、模型和结果，促进知识共享。部分工具（如 Weights & Biases）集成了在线仪表板，团队成员可以随时查看实验状态。

• 模型与数据版本管理：一些工具（如 DVC）将数据和模型版本管理与代码版本控制结合，保证数据处理流程的可复现性。通过元数据存储解决模型开发中的“配置混乱”问题，提升实验管理的规范性。

（2）常见工具

• MLflow：开源的端到端机器学习生命周期管理平台，包括实验追踪、模型管理和部署功能。支持与多种框架（如 TensorFlow、PyTorch）的集成，并允许自定义实验记录方式。

• Weights & Biases（W&B）：提供了丰富的实验追踪和可视化功能，尤其适合深度学习训练的实时监控。云端支持的仪表板便于团队成员远程查看实验状态和结果。

• DVC（data version control）：专注于数据集和模型文件的版本管理，与 Git 无缝集成，支持大规模数据的存储和共享。自动化的数据依赖追踪有助于管理复杂的机器学习工作流。

• Comet.ml：支持全面的实验追踪、模型对比和协作功能，适用于团队项目和企业级应用。提供了灵活的 API 接口，方便与现有开发工具链整合。

• Neptune.ai：强调可扩展性和灵活性，支持自定义元数据记录和实验仪表板设计。提供了多种托管方案（本地或云端），可满足不同隐私和安全需求。

2.5.3 代码与版本管理

在大模型开发过程中，代码与版本管理工具是保障协作开发、高效迭代以及结果可复现的关键工具。它们主要用于管理模型代码、数据处理脚本、实验配置，以及大规模数据和模型文件的版本化。通过系统化的管理，这些工具能够帮助开发者和团队应对大模型开发中复杂性和规模的挑战。

（1）代码版本管理

• Git：主流的分布式版本控制工具，用于跟踪代码和更改配置文件，支持团队协作和代码回滚。

• 平台支持：GitHub、GitLab 等平台提供代码托管和协作功能，集成代码审查和持续集成 / 持续部署（CI/CD）工具。

（2）数据与模型版本管理

• DVC (data version control)：管理数据集和模型文件，与 Git 集成，用于记录和追踪数据及模型的版本变化。

• MLflow：支持记录模型的训练过程和版本管理，便于模型的评估和对比。

（3）环境与工作流管理

• Docker：通过容器化技术隔离和管理开发环境，确保环境一致性和快速部署。

• CI/CD 工具：实现模型从开发到部署的自动化流程，提升开发效率。

2.5.4 开源大模型平台与工具

随着大模型在科研和工业中的广泛应用，众多开源平台与工具涌现，为开发者提供了丰富的资源和强大的支持。这些工具不仅降低了模型训练和部署的技术门槛，还可帮助开发者快速实现定制化的大模型应用。下面列出了一些常用的大模型开源平台与工具。

（1）Hugging Face

Hugging Face 是一个专注于自然语言处理（NLP）和多模态任务的开源平台，提供丰富的预训练模型和工具。其主要特点如下：

• 提供 Transformers 库，支持多种任务（文本生成、分类、翻译等）。

• Hugging Face Hub 提供模型、数据集和社区资源共享平台。

• 支持与主流深度学习框架（如 PyTorch、TensorFlow）无缝集成。

• 主要用于加载和微调大模型（如 GPT、BERT）、管理模型版本、共享实验成果。

（2）LangChain

LangChain 是一个构建基于大模型应用的框架，支持复杂的链式推理和工作流设计。其主要特点如下：

• 提供模块化组件（如 Prompt 管理、内存、代理）。

• 支持与多种大模型接口和外部数据源（如数据库、API）集成。

• 强调工具与任务的可扩展性，适合开发对话机器人和知识问答系统。

• 主要用于开发增强型搜索、数据分析助手、交互式对话系统。

（3）DeepSpeed

DeepSpeed 是由微软开发的分布式训练和推理优化库，专为大模型设计。其主要特点如下：

• 提供 ZeRO 优化技术，大幅减少显存占用。

- 支持深度混合精度训练，提升训练速度和硬件利用率。
- 内置多种工具（如自动微调、梯度累积）支持大规模模型训练。
- 主要用于在训练巨型模型（如 GPT-3）时优化硬件资源。

（4）OpenMMLab

OpenMMLab 是一个计算机视觉方向的开源生态系统，提供了丰富的预训练模型和工具链。其主要特点如下：

- 包括 MMDetection（目标检测）、MMSegmentation（图像分割）等多个库，分别用于解决计算机视觉中的目标检测和图像分割任务
- 强调模块化和易扩展性，支持自定义模型开发和调优。
- 主要用于图像分类、目标检测、语义分割任务。

（5）TensorFlow Hub

TensorFlow Hub 是谷歌支持的共享机器学习模型的在线资源平台，其主要特点如下：

- 提供预训练模型的直接加载与应用功能，涵盖 NLP、CV、音频等领域。
- 支持轻量化模型的分布和微调。
- 主要用于快速加载大模型原型，并用于任务开发。

（6）Colossal-AI

Colossal-AI 是专注于大模型训练的开源框架，支持分布式训练与推理优化。其主要特点如下：

- 提供数据并行、模型并行、流水并行多种并行策略。
- 支持混合精度训练，减少显存占用。
- 开源了多个用于训练 GPT 等大模型的实用工具。
- 主要用于高效训练超大规模深度学习模型。

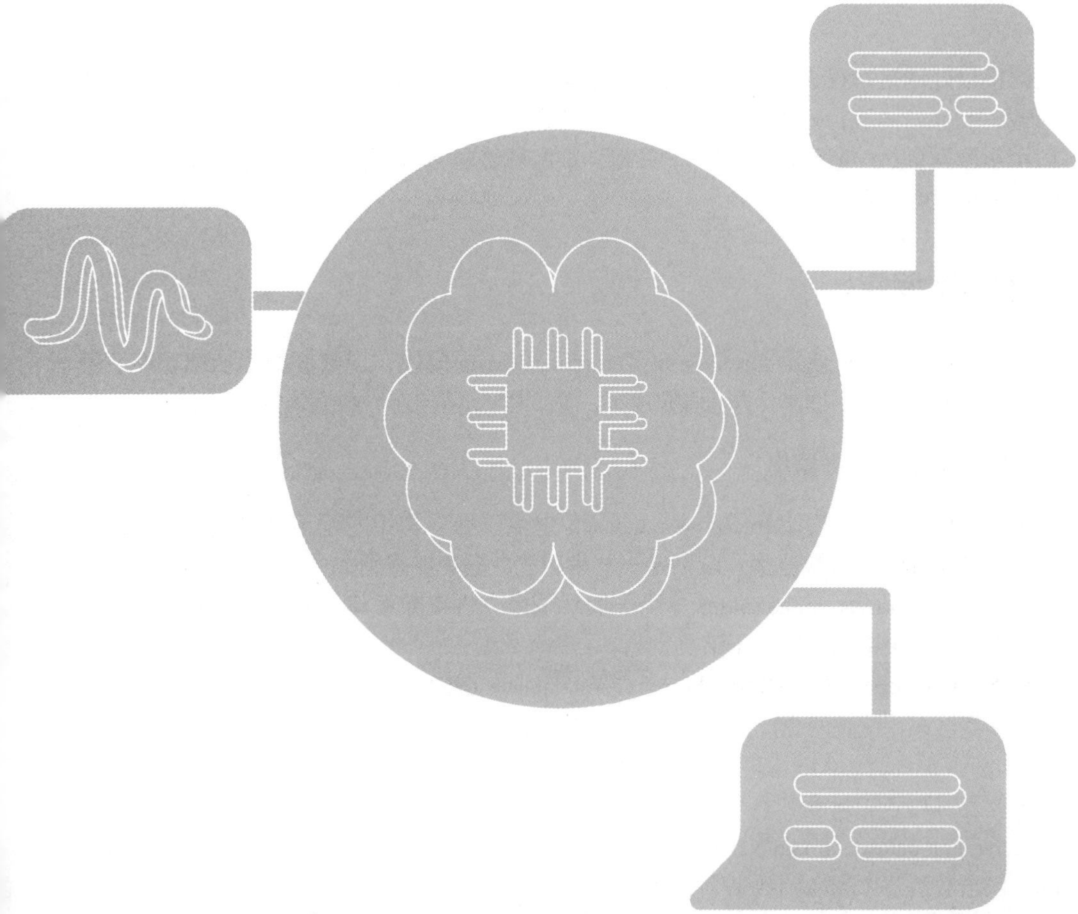

第3章

数据集的预处理

数据集预处理是指在进行机器学习、深度学习或其他数据分析任务之前，对原始数据进行加载、制作、清洗、处理、转换和整合的过程。这些步骤旨在确保数据质量，使数据能够适用于模型训练、验证和测试。本章将详细讲解数据预处理的知识，并通过具体实例来讲解各个知识点的用法。

3.1 加载数据集

在 PyTorch 中，通常使用 torchvision 和 torch.utils.data 模块实现数据集的加载功能。模块提供了用于加载和预处理常见数据集的工具，同时也支持自定义数据集的加载。

3.1.1 PyTorch 加载数据集

在 PyTorch 程序中，模块 torchvision.datasets 提供了许多常见的预定义数据集，并提供了简单的 API 来加载这些数据集。以下是一些常用的数据集加载函数：

• torchvision.datasets.ImageFolder：用于加载图像文件夹数据集，其中每个子文件夹表示一个类别，文件夹中的图像属于该类别。

• torchvision.datasets.CIFAR10 和 torchvision.datasets.CIFAR100：用于加载 CIFAR-10 和 CIFAR-100 数据集，这是两个广泛使用的图像分类数据集。

• torchvision.datasets.MNIST：用于加载 MNIST 手写数字数据集，其中包含了大量的手写数字图像及其对应的标签。

• torchvision.datasets.ImageNet：用于加载 ImageNet 数据集，这是一个庞大的图像分类数据集，包含数百万个图像和数千个类别。

• torchvision.datasets.VOCDetection：用于加载 PASCAL VOC 数据集，这是一个常用的目标检测数据集，包含了图像及其对应的物体边界框和类别标签。

上述数据集加载函数通常具有类似的参数，如 root（数据集的根目录）、train（是否加载训练集）、download（是否下载数据集）、transform（数据预处理操作）等。此外，还可以使用 torch.utils.data.DataLoader 函数来创建一个数据加载器，用于批量加载数据。数据加载器可以方便地对数据进行批处理、洗牌、并行加载等操作，以提高数据加载的效率和灵活性。下面是一个简单的实例，展示了使用 torchvision.datasets 和 torch.utils.data.DataLoader 加载数据集的过程。

实例 3-1：加载 CIFAR-10 数据集（源码路径：codes/3/jia.py）

具体实现代码如下。

```
import torchvision.transforms as transforms
from torchvision.datasets import CIFAR10
from torch.utils.data import DataLoader

# 定义数据预处理操作
transform = transforms.Compose([
    transforms.ToTensor(),
    transforms.Normalize(mean=[0.5, 0.5, 0.5], std=[0.5, 0.5, 0.5]),
])

# 创建CIFAR-10数据集实例
train_dataset = CIFAR10(root='data/', train=True, download=True,
transform=transform)

# 创建数据加载器
```

```
train_loader = DataLoader(train_dataset, batch_size=64, shuffle=True)

# 遍历数据加载器
for images, labels in train_loader:
    # 在此处进行模型训练或其他操作
    pass
```

上述代码首先定义了一个 transform 变量，其中包含了一系列预处理操作。然后，使用 CIFAR10 函数创建了一个 CIFAR-10 数据集实例，指定了数据集的根目录、训练集标志、下载标志和预处理操作。最后，使用 DataLoader 函数创建了一个数据加载器，指定了数据集实例和批量大小等参数。通过这种方式，我们可以方便地加载数据集，并使用数据加载器进行高效的批处理数据加载。

3.1.2　TensorFlow 加载数据集

从 TensorFlow 2.0 开始，提供了专门用于实现数据输入的接口 tf.data.Dataset，能够以快速且可扩展的方式加载和预处理数据，帮助开发者高效地实现数据的读入、洗牌（shuffle）、增强（augment）等功能。下面的实例，演示了使用 tf.data.Dataset 加载 MNIST 手写数字数据集的过程。

实例 3-2： 使用 tf.data.Dataset 加载 MNIST 手写数字数据集（源码路径：codes/3/tjia.py）

具体实现代码如下。

```
import tensorflow as tf

# 加载 MNIST 数据集
(train_images, train_labels), (test_images, test_labels) = tf.keras.datasets.
mnist.load_data()

# 将数据转换为张量并标准化
train_images = train_images.reshape(-1, 28, 28, 1).astype('float32') / 255.0
test_images = test_images.reshape(-1, 28, 28, 1).astype('float32') / 255.0

# 将标签转换为独热编码
train_labels = tf.keras.utils.to_categorical(train_labels, num_classes=10)
test_labels = tf.keras.utils.to_categorical(test_labels, num_classes=10)

# 创建训练集和测试集的 Dataset 对象
batch_size = 64
train_dataset = tf.data.Dataset.from_tensor_slices((train_images, train_labels))
test_dataset = tf.data.Dataset.from_tensor_slices((test_images, test_labels))

train_dataset = train_dataset.shuffle(buffer_size=60000).batch(batch_size).
prefetch(buffer_size=tf.data.experimental.AUTOTUNE)
test_dataset = test_dataset.batch(batch_size)

# 打印数据集信息
print("训练集样本数:", len(train_images))
print("测试集样本数:", len(test_images))
print("图像形状:", train_images.shape[1:])
print("标签类别数:", train_labels.shape[1])
```

上述代码加载了 MNIST 数据集，将图像数据转换为张量并进行了标准化。然后，创建了训练集和测试集的 Dataset 对象，并显示了一些有关数据集的基本信息。注意，这仅仅是加载数据集的代码，不涉及模型构建和训练。执行后会输出：

```
训练集样本数: 60000
测试集样本数: 10000
图像形状: (28, 28, 1)
标签类别数: 10
```

3.2 制作数据集

制作数据集是机器学习任务中的关键步骤之一，它涉及收集、整理和准备数据，以便用于模型的训练、验证和测试。

3.2.1 自定义数据集

在 PyTorch 中可以通过创建自定义类 Dataset 的方式来制作数据集，自定义的数据集类需要继承 torch.utils.data.Dataset，并实现 __len__ 和 __getitem__ 方法。下面是一个在 PyTorch 中自定义数据集并使用的实例。

实例 3-3：制作自己的数据集并使用（源码路径：codes/3/zi.py）

具体实现代码如下。

```
import torch
from torch.utils.data import Dataset, DataLoader

class CustomDataset(Dataset):
    def __init__(self, data, targets):
        self.data = data
        self.targets = targets

    def __len__(self):
        return len(self.data)

    def __getitem__(self, index):
        x = self.data[index]
        y = self.targets[index]

        return x, y

# 创建数据集
data = torch.randn(100, 3, 32, 32)  # 假设有100个3通道的32×32图像
targets = torch.randint(0, 10, (100,))  # 假设有10个目标类别，编号分别为0～9，生成100个这样的随机整数

dataset = CustomDataset(data, targets)

# 创建数据加载器
batch_size = 10
dataloader = DataLoader(dataset, batch_size=batch_size, shuffle=True)

# 遍历数据加载器
for batch_data, batch_targets in dataloader:
    # 在这里对每个小批量的数据进行操作
    print("Batch data size:", batch_data.size())
    print("Batch targets:", batch_targets)
```

在上述代码中，首先定义了一个 CustomDataset 类来创建自定义数据集。然后，使用随机生成的数据和目标类别创建了一个实例。接下来，使用类 DataLoader 来创建数据加载器。通过指定批次大小和是否进行洗牌等参数，对数据集进行批次处理。最后，使用 for 循环遍

历数据加载器，每次迭代获得一个小批量的数据和对应的目标类别。在这个实例中，只是简单地打印出每个小批次的数据量大小和目标类别。执行后会输出：

```
Batch data size: torch.Size([10, 3, 32, 32])
Batch targets: tensor([8, 0, 0, 4, 1, 0, 8, 2, 2, 3])
Batch data size: torch.Size([10, 3, 32, 32])
Batch targets: tensor([4, 5, 2, 0, 9, 2, 1, 8, 8, 3])
Batch data size: torch.Size([10, 3, 32, 32])
Batch targets: tensor([0, 8, 4, 0, 0, 4, 8, 3, 7, 2])
Batch data size: torch.Size([10, 3, 32, 32])
Batch targets: tensor([2, 1, 4, 1, 0, 4, 5, 3, 5, 6])
Batch data size: torch.Size([10, 3, 32, 32])
Batch targets: tensor([7, 0, 7, 9, 1, 3, 9, 7, 5, 3])
Batch data size: torch.Size([10, 3, 32, 32])
Batch targets: tensor([6, 7, 6, 3, 9, 9, 0, 8, 0, 3])
Batch data size: torch.Size([10, 3, 32, 32])
Batch targets: tensor([4, 3, 6, 3, 6, 1, 8, 2, 2, 5])
Batch data size: torch.Size([10, 3, 32, 32])
Batch targets: tensor([1, 0, 0, 6, 3, 3, 3, 7, 0, 8])
Batch data size: torch.Size([10, 3, 32, 32])
Batch targets: tensor([6, 2, 7, 9, 5, 7, 9, 2, 7, 8])
Batch data size: torch.Size([10, 3, 32, 32])
Batch targets: tensor([1, 9, 6, 1, 3, 7, 3, 3, 2, 5])
```

从 TensorFlow 2.0 开始，可以使用内置接口 tf.data 创建数据集并进行训练和评估。下面的实例演示了使用 tf.data 创建数据集并进行训练和评估的过程。

实例 3-4：使用 tf.data 创建数据集并进行训练和评估（源码路径：codes/3/xun01.py）

具体实现代码如下。

```
# 首先，让我们创建一个训练数据集实例
train_dataset = tf.data.Dataset.from_tensor_slices((x_train, y_train))
# 洗牌并切片数据集
train_dataset = train_dataset.shuffle(buffer_size=1024).batch(64)

# 现在我们得到了一个测试数据集
test_dataset = tf.data.Dataset.from_tensor_slices((x_test, y_test))
test_dataset = test_dataset.batch(64)

#由于数据集已经被批处理过，所以我们不传递"batch\u size"参数
model.fit(train_dataset, epochs=3)

#还可以对数据集进行评估或预测
print("Evaluate评估:")
result = model.evaluate(test_dataset)
dict(zip(model.metrics_names, result))
```

在上述代码中，使用 dataset 的内置函数 shuffle 将数据打乱，此函数的参数值越大，混乱程度就越大。另外，还可以使用 dataset 的其他内置函数操作数据：

• batch(64)：按照顺序取出 64 行数据，最后一次输出可能小于 batch。

• repeat：设置数据集重复执行指定的次数，如果没有提供参数，数据集将无限次重复；如果提供了参数，数据集将重复执行指定的次数。

此处执行后会输出：

```
Epoch 1/3
782/782 [==============================] - 2s 2ms/step - loss: 0.3395 - sparse_
categorical_accuracy: 0.9036
Epoch 2/3
```

```
    782/782 [==============================] - 2s 2ms/step - loss: 0.1614 - sparse_
categorical_accuracy: 0.9527
    Epoch 3/3
    782/782 [==============================] - 2s 2ms/step - loss: 0.1190 - sparse_
categorical_accuracy: 0.9648
    Evaluate评估:
    157/157 [==============================] - 0s 2ms/step - loss: 0.1278 - sparse_
categorical_accuracy: 0.9633
    {'loss': 0.12783484160900116,
     'sparse_categorical_accuracy': 0.9632999897003174}
```

上述这段输出结果是一个 TensorFlow 模型训练和评估的结果，接下来将详细讲解每个输出部分的含义：

- Epoch 1/3：这部分显示了模型训练的 epoch 数量，以及总共的训练步数。每个 epoch 都会将训练数据分成多个小批次进行训练。
- loss: 0.3395 - sparse_categorical_accuracy: 0.9036：这部分显示了每个 epoch 结束后的训练结果。其中“loss”表示模型的损失值，“sparse_categorical_accuracy”表示模型的稀疏分类准确率。例如，在第一个 epoch 结束时，模型的损失为 0.3395，稀疏分类准确率为 0.9036。
- Evaluate 评估：这部分显示了模型在验证集（或测试集）上的评估结果。例如，在评估过程中，模型的损失为 0.1278，稀疏分类准确率为 0.9633。
- {'loss': 0.12783484160900116, 'sparse_categorical_accuracy': 0.9632999897003174}：这部分显示了一个字典，其中包含了评估结果的具体数值。用户可以通过这些数值进一步分析模型的性能。

综合起来，上述这段输出表示用户的 TensorFlow 模型经过三个 epoch 的训练，在训练集上的损失逐渐减小，稀疏分类准确率逐渐增加。在验证集上的评估结果也表现出较好的性能，损失较低，准确率较高。这是一个很好的迹象，说明用户的模型在这个任务上取得了不错的结果。

3.2.2 制作简易图片数据集

假设在当前程序的“data1”目录中保存了一些图片，如图 3-1 所示。

图 3-1 “data1”目录中的图片

下面的实例演示了使用 PyTorch 将“data1”目录中的图片制作成数据集的过程。

实例 3-5：使用 PyTorch 将指定图片制作成数据集（源码路径：codes/3/image.py）

具体实现代码如下。

```
import os
from PIL import Image
import torch
from torch.utils.data import Dataset
from torchvision.transforms import ToTensor

class ImageDataset(Dataset):
```

```
    def __init__(self, root_dir):
        self.root_dir = root_dir
        self.image_paths = os.listdir(root_dir)
        self.transform = ToTensor()

    def __len__(self):
        return len(self.image_paths)

    def __getitem__(self, index):
        image_path = os.path.join(self.root_dir, self.image_paths[index])
        image = Image.open(image_path)
        image = self.transform(image)

        return image

# 图片所在的目录
data_dir = "data1"

# 创建数据集实例
dataset = ImageDataset(data_dir)

# 访问数据集
image = dataset[0]  # 获取第一张图片
print("Image shape:", image.shape)
```

在上述代码中定义了一个 ImageDataset 类来创建自定义的图像数据集。在 __init__ 方法中，我们传入图片所在的目录 root_dir，并获取该目录中的所有图片的文件名。__len__ 方法返回数据集的长度，即照片的数量。__getitem__ 方法用于获取数据集中的样本。在这个例子中，我们根据索引获取对应的图片路径，打开并转换为张量格式。执行后会输出：

```
Image shape: torch.Size([3, 400, 300])
```

通过创建数据集实例，可以像访问列表一样获取数据集中的样本。在上面的例子中，dataset[0] 表示获取第一张图片的张量表示。

下面的实例演示了使用 TensorFlow 将“data1”目录中的图片制作成数据集的过程。

实例 3-6：使用 TensorFlow 将指图片制作成数据集（源码路径：codes/3/timage.py）

具体实现代码如下。

```
import tensorflow as tf
import os
from tensorflow.keras.preprocessing.image import load_img, img_to_array

# 数据集文件夹路径
data_dir = "data1"  # 替换为你的数据集文件夹路径

# 获取所有图片文件的路径
image_paths = [os.path.join(data_dir, filename) for filename in os.listdir(data_dir)
if filename.endswith(".jpg")]

# 加载图片并转换为张量
images = [img_to_array(load_img(img_path)) for img_path in image_paths]

# 创建标签（示例中假设所有图片属于同一类别，你可以根据实际情况修改）
labels = [0] * len(images)

# 创建 TensorFlow 数据集对象
image_dataset = tf.data.Dataset.from_tensor_slices((images, labels))
```

```
# 打印数据集信息
print("图片数量:", len(images))

# 遍历数据集并显示一个批次的图像
for image, label in image_dataset.take(1):
    print("图像形状:", image.shape)
    print("标签:", label)
```

在上述代码中，首先获取了所有图片文件的路径，然后使用 TensorFlow 的图片处理工具将图片加载并转换为张量。接着，创建了一个标签列表，每个图片对应一个标签。最后，使用 tf.data.Dataset.from_tensor_slices 函数将图片和标签制作成 TensorFlow 数据集对象。执行后会输出：

```
图片数量: 3
图像形状: (400, 300, 3)
标签: tf.Tensor(0, shape=(), dtype=int32)
```

注意：上述实例中的标签 0 只是一个示例。在实际情况中，可能需要根据图片的内容设置正确的标签。另外，上述代码并没有将制作的数据集文件保存到硬盘上，而是在内存中创建了一个 TensorFlow 数据集对象，这个数据集对象包含了图像数据和对应的标签。

3.2.3 制作有标签的数据集

接下来继续用“data1”目录中的图片制作有标签的数据集。在制作数据集时，通常需要将每个样本与其对应的标签关联起来。对于图像分类任务，可以通过在数据集中包含图像及其对应的标签来实现。下面是一个在 PyTorch 中制作带有标签的数据集的实例。

实例 3-7：使用 PyTorch 制作带有标签的数据集（源码路径：codes/3/biaoqian.py）

具体实现代码如下。

```
import os
from PIL import Image
import torch
from torch.utils.data import Dataset
from torchvision.transforms import ToTensor

class ImageDataset(Dataset):
    def __init__(self, root_dir, transform=None):
        self.root_dir = root_dir
        self.image_paths = os.listdir(root_dir)
        self.transform = transform

    def __len__(self):
        return len(self.image_paths)

    def __getitem__(self, index):
        image_path = os.path.join(self.root_dir, self.image_paths[index])
        image = Image.open(image_path)

        if self.transform:
            image = self.transform(image)

        label = self.get_label(image_path)

        return image, label

    def get_label(self, image_path):
```

```
        # 在这里根据图片路径获取对应的标签
        # 这里仅作示例，假设图片文件名中包含标签信息
        label = image_path.split("_")[0]  # 假设图片文件名为"label_image.jpg"

        return label

# 图片所在的目录
data_dir = "data1"

# 创建数据集实例
transform = ToTensor()  # 可以根据需要添加其他的数据预处理操作
dataset = ImageDataset(data_dir, transform=transform)

# 访问数据集
image, label = dataset[0]  # 获取第一张图片及其对应的标签
print("Image shape:", image.shape)
print("Label:", label)
```

在上述代码的 ImageDataset 类中添加了 get_label 方法来根据图片路径获取对应的标签，这里仅作示例，假设图片文件名中包含了标签信息，我们通过简单的字符串操作来提取标签。在 __getitem__ 方法中，除了返回图片的张量表示，还返回了对应的标签。执行后会输出：

```
Image shape: torch.Size([3, 400, 300])
Label: data1\100.jpg
```

通过创建带有标签的数据集实例，我们可以像之前一样访问数据集，但现在每个样本都包含了图片及其对应的标签。在上面的实例中，dataset[0] 返回了第一张图片的张量表示及其对应的标签。

在“data3”目录中有两个子目录：“lou”和“car”，里面分别保存了楼的照片和汽车照片。如果想要使用 TensorFlow 将它们制作成带有标签的数据集，可以使用 tf.keras.preprocessing.image_dataset_from_directory 函数。下面的实例展示了将这两个子目录制作成带有标签的数据集的过程。

实例 3-8： 使用 TensorFlow 制作带有标签的数据集（源码路径：codes/3/tbiaoqian.py）

具体实现代码如下。

```
import tensorflow as tf

# 数据集文件夹路径
data_dir = "data3"  # 替换为你的数据集文件夹路径

# 创建数据集
batch_size = 32
image_size = (128, 128)  # 图像大小

# 使用 tf.keras.preprocessing.image_dataset_from_directory 创建数据集
train_dataset = tf.keras.preprocessing.image_dataset_from_directory(
    data_dir,
    batch_size=batch_size,
    image_size=image_size,
    validation_split=0.2,  # 划分训练集和验证集
    subset="training",
    seed=1337,  # 随机种子，保持可重现性
    labels="inferred",  # 自动从文件夹结构推断标签
    label_mode="int",  # 标签的数据类型，"int" 表示整数标签
    class_names=["lou", "car"]
```

```
)

validation_dataset = tf.keras.preprocessing.image_dataset_from_directory(
    data_dir,
    batch_size=batch_size,
    image_size=image_size,
    validation_split=0.2,
    subset="validation",
    seed=1337,
    labels="inferred",
    label_mode="int",
    class_names=["lou", "car"]
)

# 打印数据集信息
print("训练集样本数:", train_dataset.cardinality().numpy())
print("验证集样本数:", validation_dataset.cardinality().numpy())

# 遍历数据集并显示一个批次的图像和标签
for images, labels in train_dataset.take(1):
    for i in range(len(images)):
        print("图像形状:", images[i].shape)
        print("标签:", labels[i])
```

上述代码使用 tf.keras.preprocessing.image_dataset_from_directory 函数创建带有标签的数据集。它加载指定文件夹中的图像，并根据文件夹结构和参数设置创建数据集。然后，它打印出数据集的信息，包括训练集和验证集的样本数，以及一个批次的图像形状和标签。执行后会输出:

```
Found 6 files belonging to 2 classes.
Using 4 files for training.
Found 6 files belonging to 2 classes.
Using 2 files for validation.
训练集样本数: 1
验证集样本数: 1
图像形状: (32, 128, 128, 3)
标签: 1
图像形状: (32, 128, 128, 3)
标签: 0
```

3.3 数据清洗和处理

数据清洗和处理是数据预处理过程的一部分，它涉及对原始数据进行修复、填充、删除和转换，以使其适用于训练和测试机器学习模型。

3.3.1 处理缺失值

假设有一个 CSV 文件 room.csv，其中包含有关房屋的信息:

```
area,rooms,price
1200,3,250000
1000,,200000
1500,4,300000
,,180000
```

在这个 CSV 文件中，数据中存在缺失值，例如某些行的“rooms”列为空。此时可以使用 PyTorch 来处理这些缺失值，同时对数据进行标准化，下面的实例演示了这一用法。

实例 3-9：使用 PyTorch 处理 CSV 文件中的缺失值（源码路径：codes/3/pyque.py）

具体实现代码如下。

```
import torch
from torch.utils.data import Dataset, DataLoader
import pandas as pd

# 自定义数据集类
class HouseDataset(Dataset):
    def __init__(self, csv_file):
        self.data = pd.read_csv(csv_file)

        # 处理缺失值
        self.data['rooms'].fillna(self.data['rooms'].mean(), inplace=True)

    def __len__(self):
        return len(self.data)

    def __getitem__(self, idx):
        area = self.data.iloc[idx]['area']
        rooms = self.data.iloc[idx]['rooms']
        price = self.data.iloc[idx]['price']

        sample = {'area': area, 'rooms': rooms, 'price': price}
        return sample

# 创建数据集实例
dataset = HouseDataset('room.csv')

# 创建数据加载器
dataloader = DataLoader(dataset, batch_size=2, shuffle=True)

# 遍历数据加载器并输出样本
for batch in dataloader:
    print("Batch:", batch)
```

在上述代码中，首先定义了一个自定义的数据集类 HouseDataset，在该类的初始化方法中，使用 Pandas 库读取 CSV 文件，并使用均值填充缺失的房间数量。然后，在 __getitem__ 方法中，获取每个样本的属性，然后返回一个字典作为样本。接着，创建了一个数据集实例 dataset，并使用 DataLoader 创建数据加载器，用于批量加载数据。最后，遍历数据加载器并输出样本。执行后会输出：

```
    Batch: {'area': tensor([1500.,    nan], dtype=torch.float64), 'rooms':
tensor([4.0000, 3.5000], dtype=torch.float64), 'price': tensor([300000., 180000.],
dtype=torch.float64)}
    Batch: {'area': tensor([1000., 1200.], dtype=torch.float64), 'rooms':
tensor([3.5000, 3.0000], dtype=torch.float64), 'price': tensor([200000., 250000.],
dtype=torch.float64)}
```

3.3.2 异常值检测与处理

在机器学习和数据分析中，异常值（outliers）是指与大部分数据点在统计上显著不同的数据点。异常值可能是由错误、噪声、测量问题或其他异常情况引起的，它们可能会对模型的训练和性能产生负面影响。因此，异常值检测和处理是数据预处理的重要步骤之一。

下面是一个使用 PyTorch 进行异常值检测与处理的实例，将使用 Isolation Forest 算法进行异常值检测，并对异常值进行处理。

实例 3-10：使用 PyTorch 进行异常值检测与处理（源码路径：codes/3/yi.py）

具体实现代码如下。

```
import torch
from sklearn.ensemble import IsolationForest
from torch.utils.data import Dataset, DataLoader
import numpy as np

# 生成一些带有异常值的随机数据
data = np.random.randn(100, 2)
data[10] = [10, 10]  # 添加一个异常值
data[20] = [-8, -8]  # 添加一个异常值

# 使用 Isolation Forest 进行异常值检测
clf = IsolationForest(contamination=0.1)  # 设置异常值比例
pred = clf.fit_predict(data)
anomalies = np.where(pred == -1)[0]  # 异常值索引

# 打印异常值索引
print("异常值索引:", anomalies)

# 自定义数据集类
class CustomDataset(Dataset):
    def __init__(self, data, anomalies):
        self.data = data
        self.anomalies = anomalies

    def __len__(self):
        return len(self.data)

    def __getitem__(self, idx):
        sample = self.data[idx]
        label = 1 if idx in self.anomalies else 0  # 标记异常值为1，正常值为0
        return torch.tensor(sample, dtype=torch.float32), label

# 创建数据集实例
dataset = CustomDataset(data, anomalies)

# 创建数据加载器
dataloader = DataLoader(dataset, batch_size=10, shuffle=True)

# 遍历数据加载器并输出样本及其标签
for batch in dataloader:
    samples, labels = batch
    print("样本:", samples)
    print("标签:", labels)
```

在上述代码中，首先生成了一些带有异常值的随机数据。然后，使用 Isolation Forest 算法对数据进行异常值检测，通过指定 contamination 参数来设置异常值比例。接着，定义了一个自定义数据集类 CustomDataset，其中异常值的索引标记为 1，正常值的索引标记为 0。最后，创建了数据集实例和数据加载器，遍历数据加载器并输出样本及其标签，从而演示了如何使用 PyTorch 进行异常值检测与处理。

执行后输出的内容是每个批次的样本和标签。每个批次的样本是一个张量，包含了一批数据样本，而对应的标签是一个张量，指示了每个样本是正常值（标签为 0）还是异常值（标签为 1）。例如，输出中的第一个批次的样本如下：

```
样本: tensor([[ 0.3008,  1.6835],
        [ 0.9125,  1.5915],
        [-0.3871, -0.0249],
        [-0.2126, -0.2027],
        [-0.5890,  1.2867],
        [ 1.9692, -1.6272],
        [ 0.4465,  0.9076],
        [ 0.1764, -0.2811],
        [ 0.9241, -0.3346],
        [ 0.5370,  0.2201]])
标签: tensor([0, 0, 0, 0, 0, 1, 0, 0, 0, 0])
```

在这个例子中，正常值样本的标签为 0，异常值样本的标签为 1。这个标签信息可以用于训练机器学习模型来执行异常值检测任务。

3.3.3 处理重复数据

处理数据集中的重复数据涉及具体的数据集和问题场景。通常，数据集中的重复数据可能会影响模型的性能和训练结果，因此需要进行适当的处理。在实际应用中，通常使用 Python 库 Pandas 来处理重复数据。下面是一个使用 Pandas 来处理重复数据的例子。

实例 3-11： 使用 Pandas 来处理重复数据（源码路径：codes/3/chong.py）

① 假设有一个简单的文件 dataset.csv，其内容如下：

```
feature1,feature2,label
1.2,2.3,0
0.5,1.8,1
1.2,2.3,0
2.0,3.0,1
0.5,1.8,1
```

这个 CSV 文件包含三列内容：feature1、feature2 和 label。其中，前两列是特征，最后一列是标签。注意，在第 1 行和第 3 行之间以及第 2 行和第 5 行之间是重复数据。在处理重复数据时，需要根据特定的情况来决定是否删除这些重复数据。

② 实例文件 chong.py 用于处理文件 dataset.csv 中的重复数据，具体实现代码如下。

```
import pandas as pd
# 读取数据集
data = pd.read_csv('dataset.csv')

# 检测重复数据
duplicates = data[data.duplicated()]

# 删除重复数据
data_no_duplicates = data.drop_duplicates()

# 打印处理后的数据集大小
print("原始数据集大小:", data.shape)
print("处理后数据集大小:", data_no_duplicates.shape)
```

执行后会输出：

```
原始数据集大小: (5, 3)
处理后数据集大小: (3, 3)
```

上述输出结果显示，原始数据集包含 5 行和 3 列，处理后的数据集包含 3 行和 3 列。这表明已成功地处理了数据集中的重复数据，将重复的样本行删除，从而得到了一个不包含重复数据的数据集。

3.4 数据转换与整合

数据集的数据转换和整合是指在处理数据集时，对数据进行一系列的变换、处理和整合，以便于后续进行分析、建模或其他操作。这些操作可以包括特征工程、数据变换、数据合并等。

3.4.1 特征选择与抽取

特征选择与抽取是在机器学习和数据分析中常用的技术，旨在从原始数据中选择最有价值的特征或从特征中抽取出更有意义的信息。其有助于减少特征的维度，提高模型的性能，降低过拟合的风险。下面是一个使用 PyTorch 实现数据集特征选择与抽取的实例，在这个实例中，我们将使用 PCA 进行特征抽取，并使用相关性系数进行特征选择。

实例 3-12： 使用 PyTorch 实现数据集特征选择和抽取（源码路径：codes/3/te.py）

具体实现代码如下。

```
import torch
import torch.nn as nn
from sklearn.decomposition import PCA
from sklearn.feature_selection import SelectKBest, f_regression

# 创建一个示例数据集
data = torch.rand((100, 5))  # 100个样本，每个样本有5个特征

# 特征抽取 - PCA
pca = PCA(n_components=2)  # 将数据映射到二维空间
pca_data = pca.fit_transform(data.numpy())

print("PCA 抽取后的数据集大小:", pca_data.shape)

# 特征选择 - 相关性选择
target = torch.rand((100,))  # 目标变量
select_k_best = SelectKBest(score_func=f_regression, k=3)  # 选择与目标变量相关性较高的3个特征
selected_data = select_k_best.fit_transform(data.numpy(), target.numpy())

print("相关性选择后的数据集大小:", selected_data.shape)
```

在这个实例中，首先创建一个随机的数据集，其中有 100 个样本，每个样本有 5 个特征。然后，使用 PCA 将特征抽取到二维空间，并使用相关性系数进行特征选择，选择与目标变量相关性较高的 3 个特征。最后，打印出抽取和选择后的数据集大小。执行后会输出：

```
PCA 抽取后的数据集大小: (100, 2)
相关性选择后的数据集大小: (100, 3)
```

上述执行输出结果与预期一致，PCA 抽取后的数据集大小为 (100, 2)，相关性选择后的数据集大小为 (100, 3)，说明特征抽取和特征选择操作已经成功执行。

下面是一个使用 TensorFlow 实现数据集特征选择和抽取的简单实例，在这个实例中，将使用 PCA 进行特征抽取，并使用信息增益进行特征选择。

实例 3-13： 使用 Tensorflow 实现数据集特征选择和抽取（源码路径：codes/3/tte.py）

具体实现代码如下。

```
import numpy as np
import tensorflow as tf
from sklearn.decomposition import PCA
from sklearn.feature_selection import SelectKBest, mutual_info_classif

# 创建一个示例数据集
data = np.random.rand(100, 5)  # 100个样本，每个样本有5个特征
·abels = np.random.randint(2, size=100)  # 随机生成二分类标签

# 特征抽取 - PCA
pca = PCA(n_components=2)  # 将数据映射到2维空间
pca_data = pca.fit_transform(data)

print("PCA 抽取后的数据集大小:", pca_data.shape)

# 特征选择 - 信息增益
select_k_best = SelectKBest(score_func=mutual_info_classif, k=3)  # 使用信息增益作为
评价标准，选择与目标变量的信息增益较高的3个特征
selected_data = select_k_best.fit_transform(data, labels)

print("信息增益选择后的数据集大小:", selected_data.shape)
```

在上述代码中，首先创建了一个随机的数据集，其中有 100 个样本，每个样本有 5 个特征，并随机生成了二分类标签。然后，使用 PCA 将特征抽取到二维空间，并使用信息增益进行特征选择，选择与目标变量的信息增益较高的 3 个特征。最后，打印出抽取和选择后的数据集大小。执行后会输出：

```
PCA 抽取后的数据集大小: (100, 2)
信息增益选择后的数据集大小: (100, 3)
```

3.4.2 特征变换与降维

数据集的特征变换和降维是在保留尽可能多信息的前提下，减少特征的维度。这有助于降低计算成本、加速训练和提高模型的泛化能力。

当使用 PyTorch 进行特征变换和降维时，可以使用 PyTorch 提供的库来处理数据集并应用降维算法来实现。在下面的实例中，将使用 PyTorch 来进行数据集的特征变换和降维，具体来说是使用主成分分析（PCA）算法进行降维。

实例 3-14：使用 PyTorch 实现特征变换与降维（源码路径：codes/3/pyjiang.py）

具体实现代码如下。

```
# 加载鸢尾花数据集
iris = load_iris()
X = iris.data
y = iris.target

# 标准化特征
scaler = StandardScaler()
X_scaled = scaler.fit_transform(X)

# 转换为 PyTorch 的 Tensor
X_tensor = torch.tensor(X_scaled, dtype=torch.float32)

# 创建 PyTorch 数据集
```

```
dataset = torch.utils.data.TensorDataset(X_tensor)

# 计算 PCA 主成分
pca = PCA(n_components=2)
X_pca = pca.fit_transform(X_scaled)

# 打印主成分方差解释率
print("PCA 主成分方差解释率:", pca.explained_variance_ratio_)

# 绘制降维后的数据
plt.scatter(X_pca[:, 0], X_pca[:, 1], c=y, cmap="viridis")
plt.title("PCA 降维后的数据")
plt.show()
```

在上述代码中，首先加载了鸢尾花数据集，然后使用StandardScaler对特征进行标准化。接下来，将标准化后的特征转换为PyTorch的Tensor，并创建了PyTorch数据集。然后，使用PCA算法对数据进行降维，并打印了主成分方差解释率。最后，使用matplotlib绘制了降维后的数据。执行后输出PCA主成分方差解释率，使用matplotlib绘制的降维后的可视化图如图3-2所示。

```
PCA 主成分方差解释率 : [0.72962445 0.22850762]
```

注意：PCA是一种无监督的降维技术，其目标是通过找到数据中的主成分来实现数据的降维。这个例子仅仅是PyTorch在数据处理和特征变换方面的一个示范，实际应用中可能需要根据具体问题进行调整。

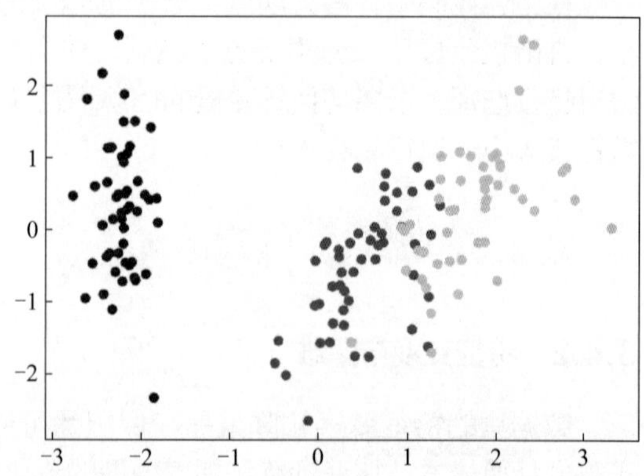

图3-2 绘制的降维后的可视化图

3.4.3 数据集成与关联

数据集成与关联是将不同来源或格式的数据集合并在一起，以便进行更全面的分析和挖掘。这种集成可以帮助我们从不同角度来理解数据，发现隐藏的模式和关联。在数据集成过程中，需要解决数据源不一致、重复数据、缺失数据等问题。当涉及数据集成与关联时，Pandas是一个非常强大的工具，可以轻松地对数据进行整合和关联。下面是一个完整的使用Pandas实现数据集成与关联的实例。

实例3-15：使用Pandas实现数据集成与关联（源码路径：codes/3/guan.py）

① 假设有两个CSV文件，一个是存储顾客信息的customers.csv，另一个是存储订单信息的orders.csv。希望通过关联这两个数据集，得到一个包含顾客和订单信息的整合数据集。文件customers.csv的内容如下：

```
customer_id,name,age
1,Alice,28
2,Bob,35
3,Charlie,22
```

文件orders.csv的内容如下：

```
order_id,customer_id,product,amount
101,1,Apple,3
```

```
102,2,Banana,2
103,1,Orange,5
```

② 实例文件 guan.py 使用 Pandas 进行数据集成与关联，具体实现代码如下。

```
import pandas as pd

# 读取顾客信息和订单信息数据集
customers_df = pd.read_csv('customers.csv')
orders_df = pd.read_csv('orders.csv')

# 使用关联键 customer_id 进行数据集关联
merged_df = pd.merge(customers_df, orders_df, on='customer_id')

print("整合后的数据集大小:", merged_df.shape)
print(merged_df)
```

在上述代码中，使用了 pd.merge 函数来根据 customer_id 这个关联键将两个数据集关联起来，得到一个包含顾客和订单信息的整合数据集。最后，输出整合后的数据集大小和内容。执行后会输出：

```
整合后的数据集大小: (3, 6)
   customer_id    name  age  order_id product  amount
0            1   Alice   28       101   Apple       3
1            1   Alice   28       103  Orange       5
2            2     Bob   35       102  Banana       2
```

3.5　数据标准化与归一化

数据标准化和归一化是常用的数据预处理技术，用于将数据调整为特定范围或分布，以便于模型的训练和优化。

3.5.1　标准化与其重要性

标准化是数据预处理的一项重要技术，它对于训练和优化机器学习模型具有重要作用。下面列出了标准化的重要性及其影响信息：

• 消除量纲差异：不同特征的单位和范围可能会导致模型受到某些特征的影响更大。标准化可以将所有特征调整为相同的尺度，消除量纲差异，使得模型更能关注特征的本质信息。

• 提高模型收敛速度：标准化可以使特征的值分布在相对小的范围内，有助于模型的优化算法更快地收敛。这对于迭代算法，如梯度下降，尤其重要。

• 降低异常值影响：标准化可以降低异常值的影响，因为异常值通常与其他数据差异较大。标准化后，异常值的影响将减小。

• 提高模型表现：一些机器学习算法对数据的分布和尺度敏感，标准化可以帮助模型更好地拟合数据，提高模型的性能。

• 增强特征重要性：在一些模型中，特征的重要性是根据其值的范围来计算的。标准化可以确保所有特征都对模型的预测具有相似的影响。

• 加速模型训练：数据标准化可以提高模型的训练速度，因为优化算法在标准化后的数据上更容易收敛。

3.5.2 特征缩放和归一化

特征缩放和归一化是数据预处理中常用的技术，用于将特征的值调整到一定范围内，以便提高模型的训练效果。可以使用 tft.scale_to_z_score 和 tft.scale_to_0_1 等函数来实现特征缩放和归一化。

（1）特征缩放

特征缩放是将特征的值缩放到一定的范围，通常是将特征的值映射为均值为 0、标准差为 1 的正态分布。这有助于减少特征值之间的差异，使模型更稳定地进行训练。tft.scale_to_z_score 函数用于将特征缩放为标准正态分布，使用格式如下：

```
processed_features = {
    'feature1': tft.scale_to_z_score(inputs['feature1']),
    # 其他特征处理
}
```

（2）归一化

归一化是将特征的值映射到 0 ～ 1 范围内，通常是将特征的值减去最小值，再除以最大值与最小值之差。这有助于保持特征的值之间的相对关系，并且适用于一些模型（如神经网络）的输入。函数 tft.scale_to_0_1 用于将特征的值归一化到 0 ～ 1 范围，使用格式如下：

```
processed_features = {
    'feature2': tft.scale_to_0_1(inputs['feature2']),
    # 其他特征处理
}
```

在实际应用中，我们可以根据数据的特点和模型的需求，选择适当的特征缩放或归一化方法。这些预处理技术有助于提高模型的收敛速度和稳定性，从而改善模型的性能。

实例 3-16：使用 PyTorch 进行特征缩放和归一化处理（源码路径：codes/3/tsuogui.py）

具体实现代码如下。

```
import torch
# 原始数据
data = torch.tensor([[1.0, 2.0, 3.0],
                     [4.0, 5.0, 6.0],
                     [7.0, 8.0, 9.0]])

# 特征缩放：将数据缩放到0～1范围
min_val = data.min()
max_val = data.max()
scaled_data = (data - min_val) / (max_val - min_val)

# 归一化：将数据归一化到均值0、标准差1
mean = scaled_data.mean()
std = scaled_data.std()
normalized_data = (scaled_data - mean) / std

print("原始数据:\n", data)
print("特征缩放和归一化后的数据:\n", normalized_data)
```

在本实例中，使用手动方式进行了特征缩放和归一化处理。特征缩放通过计算数据的最小值和最大值，将数据缩放到 0 ～ 1 范围。归一化通过计算数据的均值和标准差，然后将数据减去均值并除以标准差，使数据归一化到均值 0、标准差 1。最终，打印输出原始数据和处理后的数据。这样的处理可以提供更好的数据分布，有助于模型的训练和性能提升。执行后会输出：

```
原始数据：
 tensor([[1., 2., 3.],
        [4., 5., 6.],
        [7., 8., 9.]])
特征缩放和归一化后的数据：
 tensor([[-1.4606, -1.0954, -0.7303],
        [-0.3651,  0.0000,  0.3651],
        [ 0.7303,  1.0954,  1.4606]])
```

3.5.3　数据转换和规范化

数据转换和规范化是数据预处理的重要步骤，用于将原始数据转化为适合机器学习模型训练的格式，同时对数据进行标准化处理，以提高模型的性能和稳定性。下面是实现数据转换和规范化的一些常见步骤和方法：

- 特征缩放：将特征的值范围缩放到一定范围内，常用的方法有标准化（Z-Score 标准化）和归一化（Min-Max 归一化）。
- 数据转换：包括将分类特征转换为数值特征、进行独热编码、创建多项式特征等操作，以便模型能够更好地处理这些特征。
- 处理缺失值：缺失值是现实世界数据常见的问题，可以通过删除、填充或者使用插值等方法进行处理。
- 离群值处理：离群值可能会影响模型的训练结果，可以通过截尾、替换或者离群值检测算法进行处理。
- 特征构造：创建新的特征以提供更多有用的信息，例如，从时间戳中提取小时、工作日等。
- 文本处理：对于文本数据，可以进行分词、停用词处理、词向量化等操作。
- 降维：对于高维数据，可以使用降维方法（如主成分分析）减少特征数量。
- 数据标准化：对于数值特征，可以进行标准化，使其均值为 0，标准差为 1，以减少不同特征之间的差异。
- 数据归一化：将数据映射到特定范围，常用于深度学习中的图像数据。
- 时间序列处理：对时间序列数据可以进行滑动窗口、lag 特征等处理。

数据转换和规范化的具体方法会根据数据的类型和问题的需求不同而有所不同。下面是一个使用 Pandas 实现数据转换和规范化的例子，假设有一个包含数值特征的 CSV 文件 data.csv，其内容如下：

```
feature1,feature2,label
10,0.5,1
20,,0
30,0.2,1
,,0
```

实例 3-17： 实现数据转换和规范化处理（源码路径：codes/3/zhuangui.py）

具体实现代码如下。

```
import pandas as pd
from sklearn.impute import SimpleImputer
from sklearn.preprocessing import StandardScaler, MinMaxScaler
```

```
    # 读取CSV文件
    data = pd.read_csv('data.csv')

    # 显示原始数据
    print("原始数据：\n", data)

    # 数据清洗：处理缺失值
    # 使用均值填充数值特征的缺失值
    imputer = SimpleImputer(strategy='mean')
    data[['feature1', 'feature2']] = imputer.fit_transform(data[['feature1',
'feature2']])

    # 显示填充缺失值后的数据
    print("\n缺失值填充后的数据：\n", data)

    # 数据规范化：标准化或归一化
    # 使用标准化（均值为0，标准差为1）
    scaler = StandardScaler()
    data[['feature1', 'feature2']] = scaler.fit_transform(data[['feature1',
'feature2']])

    # 显示标准化后的数据
    print("\n标准化后的数据：\n", data)

    # 如果需要归一化（将值缩放到[0,1]范围），可以用以下替代代码
    # scaler = MinMaxScaler()
    # data[['feature1', 'feature2']] = scaler.fit_transform(data[['feature1',
'feature2']])

    # 保存处理后的数据
    data.to_csv('processed_data.csv', index=False)

    print("\n处理后的数据已保存到 processed_data.csv")
```

对上述代码的具体说明如下：

① 数据清洗：使用 SimpleImputer 处理 NaN 值，将其替换为特定值（如均值）。

② 数据规范化：

- StandardScaler：将数据按标准正态分布处理，均值为 0，标准差为 1。
- MinMaxScaler（可选）：将数据缩放到 [0,1] 范围。

③ 文件保存：使用 to_csv 保存清洗和规范化后的数据，以便于后续分析。

执行后会输出：

```
原始数据：
    feature1  feature2  label
0      10.0       0.5      1
1      20.0       NaN      0
2      30.0       0.2      1
3       NaN       NaN      0

缺失值填充后的数据：
    feature1  feature2  label
0      10.0      0.50      1
1      20.0      0.35      0
2      30.0      0.20      1
3      20.0      0.35      0

标准化后的数据：
    feature1  feature2  label
```

```
0 -1.414214  1.414214      1
1  0.000000  0.000000      0
2  1.414214 -1.414214      1
3  0.000000  0.000000      0

处理后的数据已保存到 processed_data.csv
```

这说明程序实现了数据清洗、缺失值填充和标准化处理的完整流程，其适用于大多数数值型数据集的预处理。

3.5.4 “最小 - 最大”缩放

当进行“最小 - 最大”缩放（min-max scaling）时，可以将数据缩放到一个特定的范围，通常是 0 ～ 1。这个缩放方法的公式如下。

$$x_{\text{scaled}} = \frac{x - \min(x)}{\max(x) - \min(x)}$$

式中，x 是原始数据；x_{scaled} 是缩放后的数据。这样做的结果是，原始数据中的最小值将映射到缩放后的范围的 0，而最大值将映射到 1，其他值将映射到两者之间的适当位置。

“最小 - 最大”缩放在数据的特征值范围相差较大时非常有用，可以将特征值归一化到一个固定的范围，从而消除不同特征之间的量纲差异。这有助于某些机器学习算法更快地收敛，提高算法的稳定性和准确性。

注意：虽然上述公式描述了单个特征的缩放，但在实际应用中，会对整个数据集的每个特征应用相同的缩放操作。

当使用 PyTorch 进行数据预处理时，可以使用 sklearn.preprocessing 中的 MinMaxScaler 来实现“最小 - 最大”缩放。下面是一个完整的实例。

实例 3-18：使用 PyTorch 实现“最小 - 最大”缩放（源码路径：codes/3/suo.py）

具体实现代码如下。

```
import torch
import numpy as np
from sklearn.preprocessing import MinMaxScaler
# 创建一些示例数据
data = np.array([[1.0, 2.0],
                 [2.0, 3.0],
                 [3.0, 5.0]])

# 创建 MinMaxScaler 对象
scaler = MinMaxScaler(feature_range=(0, 1))

# 对数据进行拟合和转换
scaled_data = scaler.fit_transform(data)

# 将 NumPy 数组转换为 PyTorch 张量
tensor_data = torch.tensor(scaled_data, dtype=torch.float32)

print("原始数据：")
print(data)

print("缩放后的数据：")
print(tensor_data)
```

在这个实例中，首先创建了一个包含示例数据的NumPy数组。接下来，创建了一个MinMaxScaler对象，指定feature_range=(0, 1)以进行“最小-最大”缩放。使用fit_transform方法将数据进行拟合和转换，得到缩放后的数据。最后，将缩放后的NumPy数组转换为PyTorch张量并打印出来。执行后会输出：

```
原始数据：
[[1. 2.]
 [2. 3.]
 [3. 5.]]
缩放后的数据：
tensor([[0.0000, 0.0000],
        [0.5000, 0.3333],
        [1.0000, 1.0000]])
```

3.6 数据增强技术

数据增强是一种在训练过程中扩充训练数据集的技术，通过对原始数据进行各种随机变换来生成更多的训练样本。这有助于提高模型的泛化能力和鲁棒性，减少过拟合。

3.6.1 数据增强的意义

数据增强在机器学习中具有重要的意义，它的意义如下：

• 扩充数据集：在很多情况下，可用于训练的原始数据量可能有限。数据增强可以通过生成各种变换后的样本扩充训练数据集，使模型具备更好的泛化性能。

• 减少过拟合：过拟合是指模型在训练集上表现很好，但在新数据上表现较差的现象。数据增强引入了更多的变化和噪声，有助于减少模型对特定样本的过度依赖，从而减少过拟合的风险。

• 增强鲁棒性：数据增强可以模拟真实世界中的各种变化和扰动，使模型对不同场景中的变化具有更好的适应能力，从而提高模型的鲁棒性。

• 提高性能：数据增强可以通过引入更多的样本变化，帮助模型学习到更多的特征和模式，从而提高模型在测试数据上的性能。

• 处理类别不平衡：在一些任务中，不同类别的样本数量可能存在不平衡。数据增强可以通过生成更多的少数类别样本，平衡不同类别的训练数据的分布。

• 降低模型训练难度：数据增强可以让模型更容易地学习到一般性的特征，因为模型不再需要通过少量的样本来捕捉复杂的模式。

• 提高模型的适应性：数据增强可以使模型在输入数据的微小变化下也能产生稳定的输出，增强模型的适应性和预测的稳定性。

3.6.2 图像数据增强

图像数据增强是深度学习中常用的技术，用于对图像进行各种变换和扩充，增加训练数据的多样性。以下是一些常见的图像数据增强技术：

• 翻转（flipping）：对图像进行水平或垂直翻转，可以增加数据集的多样性。例如，从左到右翻转图像。

• 旋转（rotation）：对图像进行旋转，可以模拟不同角度的视角。例如，将图像按一定角度旋转。

• 缩放（scaling）：对图像进行缩放，可以改变图像的大小。例如，将图像放大或缩小。

• 平移（translation）：对图像进行平移，可以将图像在画布上移动。例如，将图像在水平或垂直方向上移动一定距离。

• 剪切（cropping）：对图像进行裁剪，可以改变图像的区域。例如，裁剪图像的一部分作为新的图像。

• 亮度调整（brightness adjustment）：调整图像的亮度，可以模拟不同的光照条件。

• 对比度调整（contrast adjustment）：调整图像的对比度，可以改变图像中的颜色差异。

• 色彩调整（color adjustment）：调整图像的色调、饱和度和亮度，可以改变图像的颜色分布。

• 加噪声（adding noise）：向图像中添加随机噪声，可以模拟真实世界中的噪声情况。

• 变换组合（combining transformations）：将多种变换组合在一起，可以产生更丰富的样本变化。

在 PyTorch 程序中，可以使用 transforms 模块中的各种数据增强方法来对数据集进行数据增强操作。例如，可以使用 RandomCrop 类对图像进行随机裁剪，以提取不同的局部区域并增加数据的多样性；可以使用 RandomHorizontalFlip 类和 RandomRotation 类对图像进行随机翻转和旋转，以增加数据的多样性；可以使用 transforms 中的方法对图像进行亮度、对比度和饱和度的调整，如 AdjustBrightness、AdjustContrast 和 AdjustSaturation 等方法。下面是一个使用 PyTorch 调整数据集的亮度、对比度和饱和度的例子。

实例 3-19：使用 PyTorch 调整数据集的亮度、对比度和饱和度（源码路径：codes/3/liang.py）

具体实现代码如下。

```
import torch
import torchvision.transforms as transforms
from torchvision.datasets import CIFAR10
import matplotlib.pyplot as plt

# 定义转换操作列表，包括调整亮度、对比度和饱和度
transform = transforms.Compose([
    transforms.ColorJitter(brightness=0.2, contrast=0.2, saturation=0.2),
    transforms.ToTensor(),
])

# 创建CIFAR-10数据集实例并应用转换操作
dataset = CIFAR10(root='data/', train=True, download=True, transform=transform)

# 获取第一个样本
sample = dataset[0]

# 将张量转换为图像并显示
image = transforms.ToPILImage()(sample[0])
plt.imshow(image)
plt.axis('off')
plt.show()
```

在上述代码中定义了一个名为 transform 的转换操作列表，其中包括了 ColorJitter 操作。通过调整亮度、对比度和饱和度的参数，可以改变图像的外观。然后，创建 CIFAR-10 数据集实例，应用了这个转换操作。最后，将样本的图像张量转换为 PIL 图像，并显示出来。运行上述代码后会看到第一个样本图像的亮度、对比度和饱和度发生了变化，增加了数据的

多样性。执行效果如图 3-3 所示。

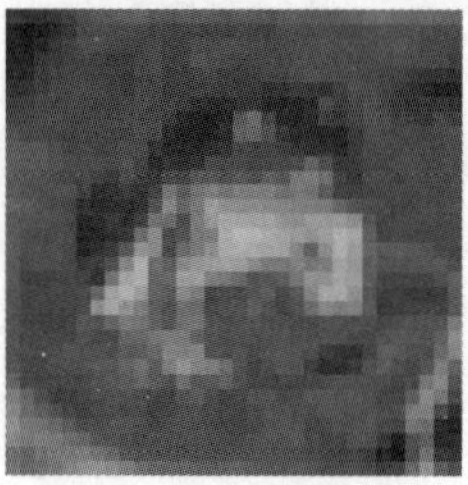

图 3-3 执行效果

使用 TensorFlow 进行图像数据增强时，可以使用其内置类 tf.keras.preprocessing.image.ImageDataGenerator 实现多种数据增强技术。下面是一个使用 TensorFlow 实现图像数据增强的实例。

实例 3-20： 使用 TensorFlow 实现图像数据增强（源码路径：codes/3/tzeng.py）

具体实现代码如下。

```
import tensorflow as tf
from tensorflow.keras.preprocessing.image import ImageDataGenerator
import matplotlib.pyplot as plt

# 创建一个 ImageDataGenerator 实例，配置各种数据增强操作
datagen = ImageDataGenerator(
    rotation_range=20,          # 随机旋转角度范围
    width_shift_range=0.2,      # 随机水平平移范围
    height_shift_range=0.2,     # 随机垂直平移范围
    shear_range=0.2,            # 随机错切变换范围
    zoom_range=0.2,             # 随机缩放范围
    horizontal_flip=True,       # 随机水平翻转
    fill_mode='nearest'        # 用于填充像素的模式
)

# 加载一张图像并进行数据增强
image_path = 'path/to/your/image.jpg'
img = tf.keras.preprocessing.image.load_img(image_path, target_size=(224, 224))
img_array = tf.keras.preprocessing.image.img_to_array(img)
img_array = img_array.reshape((1,) + img_array.shape)  # 将图像扩展为 (1, height, 
width, channels)

# 生成增强后的图像批次
augmented_images = datagen.flow(img_array, batch_size=1)

# 显示增强后的图像
plt.figure(figsize=(10, 10))
for i in range(9):
    augmented_image = augmented_images.next()[0]
    plt.subplot(3, 3, i + 1)
    plt.imshow(augmented_image.astype('uint8'))
    plt.axis('off')
plt.show()
```

在上面的代码中，通过创建一个 ImageDataGenerator 实例并设置不同的参数，可以应用多种数据增强技术。然后，加载一张图像并将其转换为数组。最后使用 flow 方法生成增强后的图像批次，并使用 matplotlib 显示增强后的图像。执行后显示图像数据增强后的效果，如图 3-4 所示。

图 3-4　图像数据增强后的效果

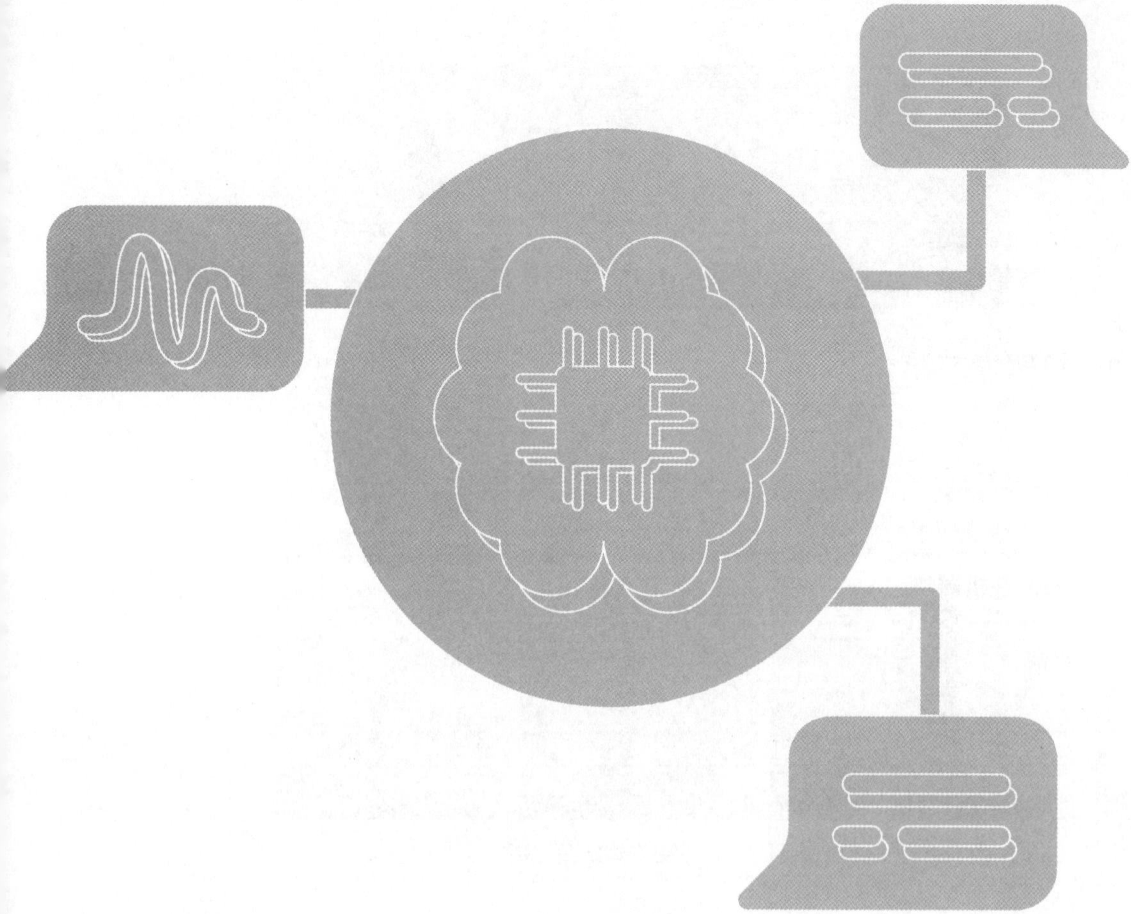

第4章

机器学习网络模型

机器学习是一种让计算机通过数据自动学习并改进性能的技术，广泛应用于我们生活的方方面面。例如，智能语音助手（如 Siri 或 Alexa）通过学习语音数据实现语音识别和对话功能；电子商务平台利用推荐系统预测用户的购买偏好；导航应用通过学习交通数据实时优化路线规划。此外，机器学习还帮助银行检测信用卡欺诈、支持医疗影像分析以发现疾病，以及增强自动驾驶汽车的决策能力，使我们的生活更高效和智能。它已经成为驱动技术创新的重要引擎。

4.1　机器学习简介

在机器学习中，计算机通过识别数据中的模式，自动优化自身的任务执行效率。无论是通过监督学习根据已知数据进行预测，还是通过无监督学习探索数据中的潜在结构，机器学习都使得计算机能够在没有明确编程的情况下完成复杂的任务。

4.1.1　数据在机器学习中的角色

数据在机器学习中的角色就像是食材在烹制菜肴过程中的角色，决定了菜品的好坏。没有食材，就没有菜肴；没有数据，机器学习就无法做出有效的预测或决策。简单来说，机器学习是一个依赖数据“喂养”的过程，通过数据让计算机“学会”如何解决问题。

举个例子，假设你在教计算机识别猫和狗的图片。为了让计算机学会判断它们之间的区别，你需要给它大量标注好的图片数据，告诉它这些是猫、那些是狗。通过不断分析这些数据，计算机会学习到猫和狗的不同特征，比如猫的耳朵比较尖，狗的鼻子通常比较大。当你给它一张新的图片时，计算机就能根据之前的数据学习成果来判断这张图片到底是猫还是狗。

再比如，推荐系统依赖于数据来为用户提供个性化的建议。电商平台会通过分析用户过去的购买历史、浏览过的商品等数据，来推测用户下次可能会买什么，电商平台会根据用户的购物车内容预测用户可能还需要买什么东西。

总之，在机器学习中，数据不仅仅是输入，它还是整个过程的核心。没有足够多的、有质量的数据，计算机就无法从中学习到有效的规律，也无法做出准确的预测。因此，收集和准备好高质量的数据是机器学习成功的关键。

4.1.2　机器学习的目标

机器学习的目标其实就是让计算机能够像人一样，通过“经验”来完成任务，并随着时间的推移变得越来越好。简单来说，它的核心目标是让计算机从数据中找出规律，再用这些规律去做预测或决策。这个过程不仅仅是为了完成某一项任务，更是让计算机能够在面对新问题时，快速适应并做出准确的反应。

举个简单的例子，想象你在教一个孩子识别水果。你给他很多苹果和橙子的图片，让他根据颜色、形状等特征进行区分。起初，他可能会搞错，但通过不断给他更多的例子，他就能逐渐掌握哪些是苹果、哪些是橙子。机器学习的目标就是让计算机通过类似的方式，不断“学习”和“进步”，直到它能够自动、准确地处理大量的任务。

再比如，自动驾驶汽车的目标就是让汽车能够在没有人为干预的情况下，安全地行驶在道路上。它需要通过机器学习，从道路、车辆、行人等各种数据中“学习”如何判断何时加速、何时刹车，以确保行驶的安全。这不仅是对汽车技术的要求，也是机器学习不断优化和进步的体现。

总结： 机器学习的目标是通过计算机不断地从数据中吸取经验，使其达到更高的效率和准确度，最终使它在面对未来的挑战时，能够表现得得心应手，做出正确的决策。

4.2 监督学习、无监督学习与强化学习

4.2.1 监督学习

监督学习是一种机器学习方法，它依赖于标注过的数据来帮助计算机学习。换句话说，计算机在“监督”下，利用输入数据（如图片或文本）与已知的输出（如图片中物体的标签）进行学习，找到它们之间的规律，然后运用这些规律做出预测。就像学生通过做带答案的练习题来学习解题方法，机器也通过“正确答案”来学习如何处理未知的情况。

举个例子，假设你在教计算机识别狗和猫的图片。你提供给它数千张已经标记好的图片，告诉它哪些是猫、哪些是狗。计算机通过分析这些图片，学习到猫和狗之间的差异，比如猫有尖耳朵、狗有更大的鼻子。通过这种方式，它逐渐掌握了识别猫和狗的能力。然后，给它一张新的图片，它会根据先前的学习成果告诉你这张图片是猫还是狗。

另一个监督学习的例子是垃圾邮件分类。当你收到很多邮件时，邮件系统会根据以前标注好的邮件（比如哪些邮件是垃圾邮件、哪些是正常邮件）来训练模型。每封邮件的特征（如发件人、主题、内容等）被当作输入，而是否为垃圾邮件则是输出。随着数据的增加，机器学习模型会越来越准确地判断收到的邮件是否为垃圾邮件。

总结： 监督学习的目标是通过输入和输出数据的训练，帮助计算机找到它们之间的规律，从而能够在面对新数据时，做出准确的预测和决策。

4.2.2 无监督学习

无监督学习是一种机器学习方法。与监督学习不同，无监督学习不需要事先提供“正确答案”给计算机，而是让计算机自己从数据中找出规律和模式。简单来说，无监督学习就是没有“老师”的课堂，“学生”自己探索和发现知识。计算机通过分析数据之间的关系，自动将它们归类、分组或找到数据的结构。

举个例子，想象你是一个商场的经理，你有成千上万的购物数据，但你并不知道顾客具体喜欢什么。无监督学习可以帮助你分析顾客的购买习惯，把顾客分成几个群体。例如，一些顾客可能喜欢购买电子产品，而另一些则偏好购买服饰。通过这种方式，商场就可以针对不同的顾客群体推出个性化的促销活动，从而提升销售业绩。

再如，你在整理一堆图片时，可能没有明确的标签来区分这些图片。无监督学习就像是给计算机一个任务，让它根据图片的相似性把这些图片自动分类。例如，它可能会把风景类的图片归为一组，把人物类的图片归为另一组，而无须告诉它这些图片到底是什么。通过这种方式，计算机能从大量未标注的数据中自动提取出有意义的信息。

总结： 无监督学习的目标是通过从数据中发现潜在的结构和模式，帮助计算机在没有明确标签的情况下完成任务，它可以应用于很多场景，比如聚类分析、市场细分、降维处理等，是解决没有标签数据的问题的强大工具。

4.2.3 强化学习

强化学习是一种机器学习的方法，它通过让计算机在一个环境中进行试错学习，从自

己的行为中获得奖励或惩罚，逐步优化决策过程。简单来说，强化学习就像是玩游戏，计算机就像是玩家，它通过不断尝试不同的策略，最终找到最优的游戏方法。这个过程也像练习打篮球，每次投篮后根据结果（球进或不进）调整投篮的方式，直到找到最好的投篮姿势。

举个例子，假设你在教计算机玩一款棋类游戏，比如围棋。每一步棋，计算机会根据当前局面做出决策，然后根据下一步的结果（赢了或输了）来调整自己的策略。如果它赢得了比赛，就会获得奖励，反之则得到惩罚。通过不断地玩游戏，计算机最终学会了如何根据棋盘的情况做出最佳的决策，甚至可以超越人类玩家。

另一个强化学习的例子是自动驾驶汽车。强化学习让汽车在不断行驶的过程中通过反馈来学习如何避开障碍物、选择最优的驾驶路线。汽车每次成功避开障碍物或者走到目的地时，它就获得奖励；如果它发生了碰撞或者偏离路线，就会受到惩罚。随着大量模拟和实际行驶，汽车的决策能力逐渐变得更强，最终能够在复杂的交通环境中安全行驶。

总结：强化学习的目标是通过不断地试错、反馈和调整，使计算机能够在复杂的环境中自主学习和优化行为。它应用广泛，比如机器人控制、游戏 AI、自动驾驶等领域，都依赖强化学习来让计算机变得越来越智能。

4.3　网络模型

网络模型是一类基于特定结构的数学模型，主要用于分析和解决复杂的问题。网络模型常用于机器学习中的各种任务，如分类、回归、聚类等。其核心在于通过层与层之间的连接关系（即网络结构）来处理输入数据，逐步学习其特征并生成输出结果。

4.3.1　机器学习中的网络模型

网络模型是机器学习的一种重要架构，特别是深度学习的核心，它通过模仿人类大脑的神经网络来处理复杂的数据和任务。网络模型通过一层层的“神经元”（计算单元）连接，构建出一个可以从数据中学习并做出预测的系统。这种模型的强大之处在于，它不仅能从简单的模式中学习，还能捕捉到复杂的关系，比如语言中的语法规则或图像中的物体特征。

（1）网络模型介绍

在机器学习中，网络模型由“输入层”“隐藏层”和“输出层”组成，具体说明如下。

① 输入层（input layer）。输入层是网络的起点，负责接收原始数据。输入的每个特征值对应一个神经元，特征的数量决定了输入层神经元的个数。例如，在图像分类中，输入层的神经元可能表示像素值；在时间序列预测中，输入可能是时间步的观测值。

② 隐藏层（hidden layer）。隐藏层位于输入层和输出层之间，负责对输入数据进行特征提取和非线性变换。每个隐藏层由多个神经元组成，神经元之间通过权重相连，并使用激活函数来引入非线性，从而增强模型的表达能力。隐藏层的数量和每层神经元的个数是网络的重要超参数，直接影响模型对复杂问题的拟合能力。

在隐藏层中，激活函数如 ReLU、Sigmoid 和 Tanh 是关键组件，负责将线性组合的输入转化为非线性输出，赋予神经网络学习复杂特征的能力。

③ 输出层（output layer）。输出层是网络的终点，负责生成预测结果或决策。输出层的

神经元个数取决于任务类型：

• 对于分类任务，每个类别通常对应一个输出神经元。

• 对于回归任务，通常只有一个输出神经元。

输出层会使用特定的激活函数（如 Softmax 用于分类）将结果映射为目标范围。

（2）网络模型在生活中的例子

① 图像识别：识别照片中的内容。想象你有一本相册，里面有上千张宠物的照片，但你只想找出所有猫咪的照片。这里，网络模型 [比如卷积神经网络（CNN）] 就能派上用场。它会从照片的像素中学习猫咪的特征，比如有尖耳朵、胡须和圆圆的眼睛。输入照片后，模型就能快速告诉你哪些照片里有猫咪。

② 语音助手：让手机听懂你的话。

当你对手机说“天气怎么样？”时，网络模型 [比如循环神经网络（RNN），或者基于 Transformer 的模型（如 GPT）] 会把你的语音信号转化为文字，然后根据上下文理解你的意图并给出答案。它们能学习语言中的复杂关系，比如语法规则和语境含义。

（3）机器学习模型

传统的机器学习模型如线性回归、逻辑回归、支持向量机、决策树等，依赖较少的计算资源，适用于中小规模的数据集。机器学习中的模型性能依赖于手动提取和设计特征（即特征工程）。例如，在一个房价预测模型中，需要预先定义特征（如面积、房龄等）。常见的机器学习模型如下。

• 线性模型：包括线性回归和逻辑回归，用于解决回归和分类问题。它们假设目标变量与输入变量之间存在线性关系，具有简单、易解释的特点。

• 决策树及其集成模型：决策树通过树形结构进行数据划分，直观易理解。集成模型如随机森林和梯度提升树通过集成多个决策树，显著提升了模型的预测性能。

• 支持向量机（SVM）：SVM 利用超平面将数据分类，适合高维空间数据，特别是在数据量较小时表现良好。

• 神经网络：是模仿生物神经元连接机制的模型，适合处理非线性和复杂任务，包括多层感知机（MLP）、卷积神经网络（CNN）和循环神经网络（RNN）。

• 贝叶斯模型：基于概率论，采用先验概率和后验概率计算，适用于小样本和不确定性较高的场景，如朴素贝叶斯分类器。

• 聚类模型：如 *K* 均值（*K*-Means）、层次聚类和高斯混合模型，常用于无监督学习，发现数据中的潜在结构。

• 降维模型：包括主成分分析（PCA）和 t-SNE，主要用于减少数据维度，提升模型效率和可视化效果。

4.3.2 线性回归模型

线性回归模型是一种基本的回归分析方法，用于预测目标变量与一个或多个自变量之间的关系。其基本思想是通过拟合一条直线或超平面，最小化预测值与实际值之间的误差，以便在给定自变量的情况下，对目标变量进行预测。

线性回归模型通过以下线性方程来描述自变量 X 和目标变量 Y 之间的关系。

$$Y=\beta_0+\beta_1 X+\epsilon$$

式中，Y 是目标变量（因变量）；X 是自变量；β_0 是截距，表示当 X=0 时 Y 的预测值；β_1 是回归系数，表示 X 对 Y 的影响程度；ϵ 是误差项，代表模型无法解释的部分。

下面是一个使用机器学习库 Scikit-learn（简称 Sklearn）实现线性回归模型的实例，用于提高开发效率。

实例 4-1：使用 Scikit-learn 构建线性回归模型（源码路径：codes/4/Sdai.py）

本实例的功能与前文的代码相同，但使用了 Scikit-learn 来构建模型和进行预测。

```
import numpy as np
import matplotlib.pyplot as plt
from sklearn.linear_model import LinearRegression

# 设置中文字体，解决中文乱码
plt.rcParams['font.sans-serif'] = ['SimHei']  # 使用黑体
plt.rcParams['axes.unicode_minus'] = False  # 显示负号

# 生成示例数据
np.random.seed(0)
n = 100  # 样本数
X = 2 * np.random.rand(n, 1)  # 特征数据
y = 4 + 3 * X + np.random.randn(n, 1)  # 目标变量

# 使用Scikit-learn构建线性回归模型
model = LinearRegression()
model.fit(X, y)  # 拟合模型
y_pred = model.predict(X)  # 预测

# 打印计算得到的参数
print("计算得到的参数 beta:", model.coef_.flatten(), "截距:", model.intercept_)

# 可视化实际数据与回归线
plt.scatter(X, y, color='blue', label='实际数据')
plt.plot(X, y_pred, color='red', label='线性回归预测')
plt.title('线性回归示例（使用Scikit-learn）')
plt.xlabel('特征 X')
plt.ylabel('目标变量 y')
plt.legend()
plt.grid(True)
plt.show()
```

上述代码的实现流程如下：

• 数据生成：使用 NumPy 生成特征 X 和目标变量 y，并加入随机噪声。

• 模型构建：使用 Scikit-learn 的 LinearRegression 类来构建和拟合线性回归模型。

• 参数输出：打印模型的权重和截距，展示模型的参数。

• 可视化：使用 matplotlib 绘制实际数据点和预测的线性回归线，如图 4-1 所示。

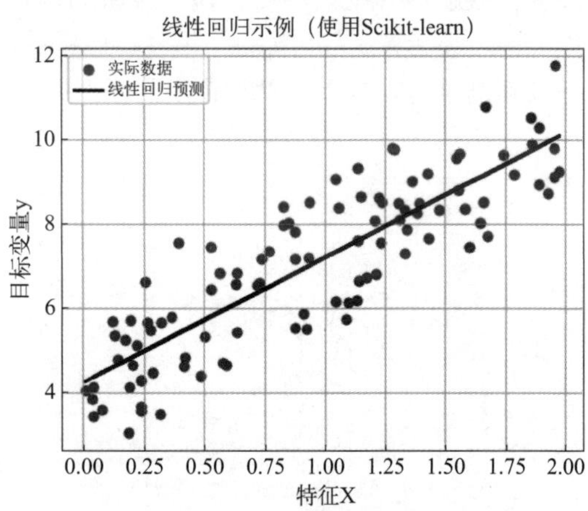

图 4-1　实际数据点和预测的线性回归线图

4.3.3　构建逻辑回归模型

逻辑回归模型是一种简单又实用的机器学习算法，主要用来解决分类问题，比如判断某件事情的结果是“对”还是“错”、“发生”还是“未发生”。尽管名字里有“回归”二字，但它其实是一个分类模型，通过数学公式来估计某个事件发生的概率。可以将其看作一个能打“分数”的工具，根据这个分数（概率）来决定分类的结果。

（1）逻辑回归模型介绍

逻辑回归的核心思想是用一个 S 形曲线（也称逻辑函数）把输入值映射到 0 ～ 1 概率范围，具体说明如下。

• 数学公式：逻辑回归的核心公式是

$$P(y=1|X)=\frac{1}{1+\mathrm{e}^{-(\beta_0+\beta_1x_1+\beta_2x_2+\cdots+\beta_nx_n)}}$$

式中，β_0 是偏置项；$\beta_1,\beta_2,\cdots,\beta_n$ 是权重；$x_1,x_2,\cdots,x_n$ 是特征变量。这个公式将线性模型的输出通过 Sigmoid 函数变换为一个概率值。

• 模型训练：逻辑回归使用最大似然估计法来优化参数，最小化预测值与真实值之间的误差。通过迭代优化算法（如梯度下降），可以找到使模型拟合训练数据最优的参数。

• 决策边界：逻辑回归的决策边界是一个线性超平面。通过设置概率阈值（如 0.5），可以将样本分为正类和负类。对于非线性问题，逻辑回归需要结合多项式特征扩展等方法来提高性能。

• 应用场景：逻辑回归常用于二分类问题，如邮件分类（垃圾邮件或正常邮件）、疾病诊断（有病或无病）等，也可以扩展到多分类任务（如 Softmax 回归）。

（2）例子介绍

① 邮件分类：垃圾邮件还是重要邮件。你的邮箱中每天可能会收到大量邮件，逻辑回归模型可以帮助你自动分类。它会根据邮件的特征（比如标题里是否包含“中奖”字样、发件人是否在你的联系人中）来计算一封邮件是垃圾邮件的概率。如果这个概率很大，邮件就会被标记为垃圾邮件。

② 贷款审批：用户是否可信。银行在审批贷款时会根据申请人的信息（如信用评分、收入、负债情况等）来预测这个人是否会逾期还款。逻辑回归模型会计算出一个概率，表示申请人会按时还款的可能性。如果概率低于某个阈值，银行可能就会拒绝这个贷款申请。

③ 健康检测：患病风险评估。在健康筛查中，逻辑回归模型可以用来预测某人是否有患某种疾病的风险。例如，输入患者的年龄、体重、血糖水平等特征，模型会输出一个概率，表示患者患病的可能性。医生可以据此决定是否需要进一步的检查或干预。

实例 4-2：构建并优化逻辑回归模型（源码路径：codes/4/Luo.py）

在本实例中，模型能够高效处理多维数据并优化参数，以提高分类性能。

```
import numpy as np
import matplotlib.pyplot as plt
from sklearn.datasets import load_iris
from sklearn.model_selection import train_test_split
from sklearn.preprocessing import StandardScaler
from sklearn.linear_model import LogisticRegression
from sklearn.metrics import confusion_matrix, ConfusionMatrixDisplay
# 设置中文字体，解决中文乱码
plt.rcParams['font.sans-serif'] = ['SimHei']  # 使用黑体
plt.rcParams['axes.unicode_minus'] = False  # 显示负号
# 加载鸢尾花数据集
iris = load_iris()
X = iris.data[:, :2]  # 仅使用前两个特征进行可视化
y = (iris.target == 0).astype(int)  # 将目标变量转换为二分类（鸢尾花品种0与其他品种）
# 数据集划分
X_train, X_test, y_train, y_test = train_test_split(X, y, test_size=0.3, random_
state=42)
# 特征标准化
```

```
    scaler = StandardScaler()
    X_train_scaled = scaler.fit_transform(X_train)
    X_test_scaled = scaler.transform(X_test)
    # 构建逻辑回归模型
    model = LogisticRegression()
    model.fit(X_train_scaled, y_train)
    # 预测
    y_pred = model.predict(X_test_scaled)
    # 打印模型参数
    print("模型参数 θ:\n", model.coef_)
    print("截距:\n", model.intercept_)
    # 可视化决策边界
    x_min, x_max = X_train_scaled[:, 0].min() - 1, X_train_scaled[:, 0].max() + 1
    y_min, y_max = X_train_scaled[:, 1].min() - 1, X_train_scaled[:, 1].max() + 1
    xx, yy = np.meshgrid(np.linspace(x_min, x_max, 100), np.linspace(y_min, y_max,
100))
    Z = model.predict(scaler.transform(np.c_[xx.ravel(), yy.ravel()]))
    Z = Z.reshape(xx.shape)

    plt.figure(figsize=(10, 6))
    plt.contourf(xx, yy, Z, alpha=0.8, cmap='coolwarm')
    plt.scatter(X_train_scaled[:, 0], X_train_scaled[:, 1], c=y_train, edgecolors='k',
marker='o', label='训练集')
    plt.scatter(X_test_scaled[:, 0], X_test_scaled[:, 1], c=y_test, edgecolors='k',
marker='s', label='测试集')
    plt.title('逻辑回归决策边界')
    plt.xlabel('特征 1')
    plt.ylabel('特征 2')
    plt.legend()
    plt.grid()
    plt.show()

    # 显示混淆矩阵
    cm = confusion_matrix(y_test, y_pred)
    disp = ConfusionMatrixDisplay(confusion_matrix=cm, display_labels=model.classes_)
    disp.plot()
    plt.title('混淆矩阵')
    plt.show()
```

上述代码的实现流程如下：

• 数据加载与预处理：使用鸢尾花数据集的前两个特征进行可视化，将目标变量转换为二分类问题（鸢尾花品种 0 与其他品种）。

• 模型构建与训练：标准化处理特征数据，构建并训练逻辑回归模型。

• 计算模型的预测值：使用线性组合 $z=\theta^{T}X$ 计算模型的预测值，打印输出的模型参数和截距是逻辑回归模型的关键组成部分，它们是通过线性代数计算得出的。

• 可视化：绘制决策边界和训练、测试数据点，并可视化显示混淆矩阵，评估模型的性能。执行效果如图 4-2 所示。

执行后会输出如下模型参数和截距：

```
模型参数 θ:
 [[-2.93861358  1.85850186]]
截距:
 [-2.24100514]
```

4.3.4 支持向量机

支持向量机（support vector machine, SVM）是一种用于分类和回归的强大的机器学习

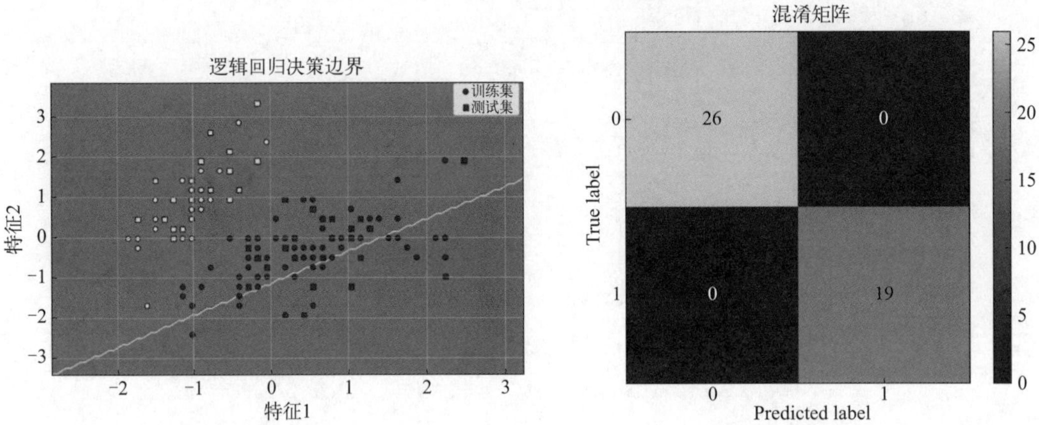

(a) 逻辑回归决策边界的可视化图　　(b) 混淆矩阵

图 4-2　执行效果

算法，尤其擅长解决小样本、高维度的数据问题。SVM 的核心思想是：在数据空间中找到一个“最佳的分割线”（超平面），使得不同类别的数据尽可能分开，并且让分割线离两类数据的边界点（支持向量）最远，确保模型对新数据的分类具有更好的鲁棒性。

（1）关键概念

• 超平面：超平面是一个决策边界，用于将不同类别的数据分开。在二维空间中，超平面是一条直线；在三维空间中，它是一个平面。

• 支持向量：支持向量是离超平面最近的数据点。这些点决定了超平面的方向和位置，是模型优化的关键点。

• 间隔（margin）：间隔是指超平面与支持向量之间的最小距离。SVM 通过最大化间隔来提高模型的鲁棒性和泛化能力。

（2）核函数

核函数是 SVM 的核心，用于将原始数据映射到高维空间，常见的核函数包括：

① 线性核：线性核是支持向量机中最简单的核函数，适用于线性可分的数据。其公式为

$$K(x_i, x_j) = x_i \cdot x_j$$

线性核直接计算两个样本的点积，效果相当于不进行任何映射。线性核适用于特征空间维度较高、数据线性可分的场景，计算开销较小，常用于文本分类等任务。

② 多项式核：适用于特征之间有多项式关系的数据。

③ 高斯核（RBF 核）：适用于非线性分布的数据，能处理复杂的分类问题。

④ Sigmoid 核：类似于神经网络的激活函数，适合某些特定任务。

实例 4-3： 构建并优化 SVM 模型（源码路径：codes/4/Usvm.py）

在本实例的模型训练过程中，计算最大化支持向量与超平面之间的间隔，从而提高分类效果。

```
import numpy as np
import matplotlib.pyplot as plt
from sklearn import datasets
from sklearn.svm import SVC
from sklearn.model_selection import train_test_split
from sklearn.preprocessing import StandardScaler
# 设置中文字体，解决中文乱码
```

```
    plt.rcParams['font.sans-serif'] = ['SimHei']  # 使用黑体
    plt.rcParams['axes.unicode_minus'] = False  # 显示负号
    # 1. 加载数据集（使用鸢尾花数据集）
    iris = datasets.load_iris()
    X = iris.data[:, :2]  # 只使用前两个特征
    y = iris.target
    # 2. 将数据转换为二分类问题
    y = (y == 0).astype(int)  # 将目标变量转换为二分类（鸢尾花品种0与其他品种）
    # 3. 数据集划分
    X_train, X_test, y_train, y_test = train_test_split(X, y, test_size=0.3, random_
state=42)
    # 4. 特征标准化
    scaler = StandardScaler()
    X_train_scaled = scaler.fit_transform(X_train)
    X_test_scaled = scaler.transform(X_test)
    # 5. 构建支持向量机模型
    model = SVC(kernel='linear')  # 使用线性核
    model.fit(X_train_scaled, y_train)
    # 6. 可视化决策边界
    def plot_decision_boundary(model, X, y):
        x_min, x_max = X[:, 0].min() - 1, X[:, 0].max() + 1
        y_min, y_max = X[:, 1].min() - 1, X[:, 1].max() + 1
        xx, yy = np.meshgrid(np.linspace(x_min, x_max, 100), np.linspace(y_min, y_max,
100))
        Z = model.predict(scaler.transform(np.c_[xx.ravel(), yy.ravel()]))
        Z = Z.reshape(xx.shape)
        plt.figure(figsize=(10, 6))
        plt.contourf(xx, yy, Z, alpha=0.8, cmap='coolwarm')
        plt.scatter(X[:, 0], X[:, 1], c=y, edgecolors='k', marker='o', label='样本点')
        plt.title('支持向量机决策边界')
        plt.xlabel('特征 1')
        plt.ylabel('特征 2')
        plt.legend()
        plt.grid()
        plt.show()

    # 7. 绘制决策边界
    plot_decision_boundary(model, X_train_scaled, y_train)
    # 8. 打印模型参数
    print("模型参数 w:\n", model.coef_)
    print("截距 b:\n", model.intercept_)
```

上述代码的实现流程如下：

• 数据表示：将鸢尾花数据集中的前两个特征表示为特征向量 X，并将目标变量转换为二分类问题。

• 超平面：通过训练，SVM 模型能根据线性核函数寻找最优超平面，模型参数 w 和截距 b 将在模型中被学习。

• 最大化间隔：SVM 在训练过程中通过最大化支持向量与超平面之间的间隔来优化参数，确保模型的泛化能力。

• 可视化功能：通过绘制决策边界来展示 SVM 的分类效果，颜色代表不同的类别，支持向量通常位于边界附近，如图 4-3 所示。

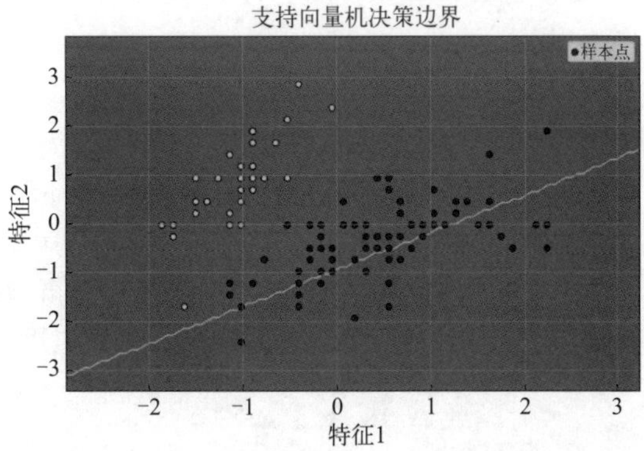

图 4-3　自定义 SVM 和 Scikit-learn 的可视化对比图

• 模型参数打印：打印输出学习到的模型参数 w 和截距 b，展示线性代数在模型中的作用。执行后会输出：

```
模型参数 w:
 [[-1.99423576  1.32055606]]
截距 b:
 [-1.55381875]
```

4.3.5 决策树

决策树是一种直观且简单的机器学习模型，用来解决分类和回归问题。它就像我们平时做决策时的思维过程，把复杂的问题分解成一系列"是或否"的问题，最终得出一个明确的答案。决策树通过逐步拆分数据特征，生成一棵"树"，其中每个分支代表一个决策，每个叶子节点代表一个最终的结果。

（1）决策树介绍

你可以把决策树想象成一个有结构的问答游戏：从一个问题（根节点）开始，根据回答的不同，走向不同的分支（节点），最终抵达答案（叶子节点）。它的目标是用最少的问题（分裂节点）将数据尽可能准确地分类或预测结果。决策树的构建过程依赖于算法，比如信息增益或基尼指数，用来衡量每次分裂的"纯度提升"，确保选择最有效的决策路径。

（2）决策树的构建过程

• 选择最优特征：决策树从根节点开始，通过某种指标（如信息增益、信息增益比、基尼指数等）选择最优的特征进行数据划分。

• 划分数据：根据所选特征的不同取值，将数据划分到不同的子节点，形成分支。

• 递归构建子树：对于每个子节点，重复上述过程，直到满足停止条件，如达到最大深度或叶子节点样本数量小于某个阈值。

• 生成叶子节点：当无法继续分裂时，将叶子节点的类别设为当前节点数据的主流类别（分类问题）或均值（回归问题）。

（3）生活中的例子：买手机，挑选最适合的产品

你准备买一部手机，决策过程可以用一个决策树表示：

① 问题 1（根节点）：预算超过 5000 元吗?

• 如果是：考虑旗舰机型。

• 如果否：进入下一步。

② 问题 2：喜欢拍照功能吗?

• 如果是：选择拍照性能突出的手机。

• 如果否：选经济实惠的款式。

通过一层层的问题过滤，你最终会得到最合适的推荐。

实例 4-4：构建并优化决策树模型（源码路径：codes/4/Jue.py）

在本实例中评估了特征的重要性并进行数据划分，在可视化部分则利用矩阵形式的数据展示了决策边界，帮助理解模型的决策过程。

```
import numpy as np
import matplotlib.pyplot as plt
from sklearn.datasets import load_iris
from sklearn.model_selection import train_test_split
from sklearn.tree import DecisionTreeClassifier
from sklearn import tree
```

```
    # 设置中文字体，解决中文乱码
    plt.rcParams['font.sans-serif'] = ['SimHei']  # 使用黑体
    plt.rcParams['axes.unicode_minus'] = False  # 显示负号
    # 加载鸢尾花数据集
    iris = load_iris()
    X = iris.data[:, :2]  # 仅使用前两个特征进行可视化
    y = iris.target

    # 数据集划分
    X_train, X_test, y_train, y_test = train_test_split(X, y, test_size=0.3, random_
state=42)

    # 构建决策树模型
    model = DecisionTreeClassifier()
    model.fit(X_train, y_train)

    # 打印决策树的结构
    plt.figure(figsize=(12, 8))
    tree.plot_tree(model, filled=True, feature_names=iris.feature_names[:2], class_
names=iris.target_names)
    plt.title('决策树结构')
    plt.show()

    # 可视化决策边界
    x_min, x_max = X[:, 0].min() - 1, X[:, 0].max() + 1
    y_min, y_max = X[:, 1].min() - 1, X[:, 1].max() + 1
    xx, yy = np.meshgrid(np.linspace(x_min, x_max, 100), np.linspace(y_min, y_max,
100))
    Z = model.predict(np.c_[xx.ravel(), yy.ravel()])
    Z = Z.reshape(xx.shape)

    plt.figure(figsize=(10, 6))
    plt.contourf(xx, yy, Z, alpha=0.3, cmap='coolwarm')
    plt.scatter(X_train[:, 0], X_train[:, 1], c=y_train, edgecolors='k', marker='o',
label='训练集')
    plt.scatter(X_test[:, 0], X_test[:, 1], c=y_test, edgecolors='k', marker='s',
label='测试集')
    plt.title('决策边界可视化')
    plt.xlabel('特征 1')
    plt.ylabel('特征 2')
    plt.legend()
    plt.grid()
    plt.show()
```

对上述代码的具体说明如下：

• 数据加载与处理：使用 load_iris 加载鸢尾花数据集，并选取前两个特征进行可视化。通过 train_test_split 划分数据，以便于训练和测试。

• 模型构建：使用 DecisionTreeClassifier 构建决策树模型，并进行训练。

• 决策树可视化：使用 plot_tree 函数可视化决策树的结构，展示特征分裂的过程，如图 4-4 所示。

• 决策边界可视化：通过网格化的方式绘制决策边界，展示模型如何对不同类别进行划分，如图 4-5 所示。

4.3.6　随机森林

随机森林（random forest）是一种集成学习算法，它通过构建一组“决策树”来解决分类或回归问题。可以把随机森林想象成一个“投票系统”：它不依赖某一个决策树的决策，

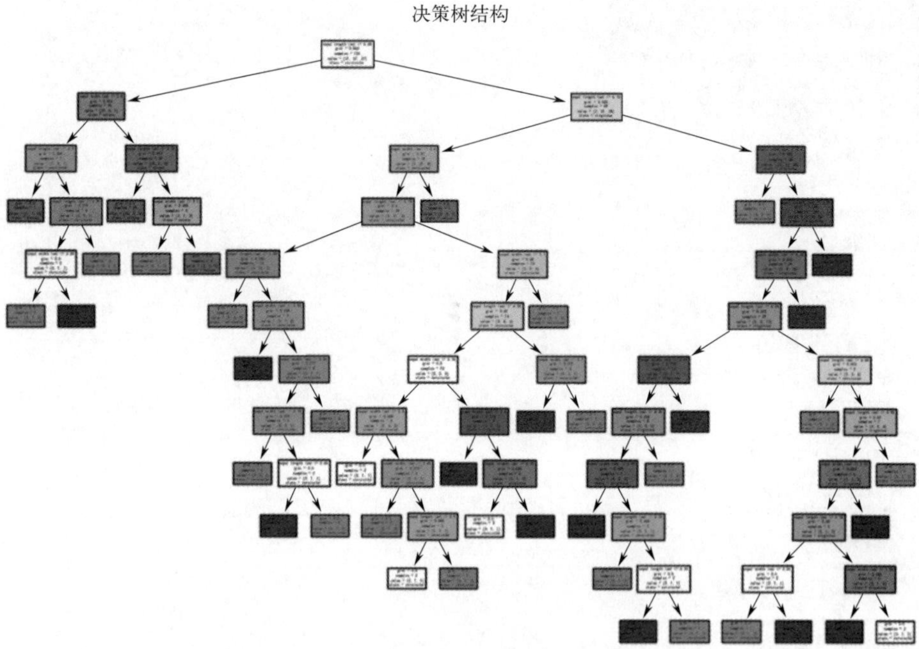

图 4-4　决策树结构的可视化

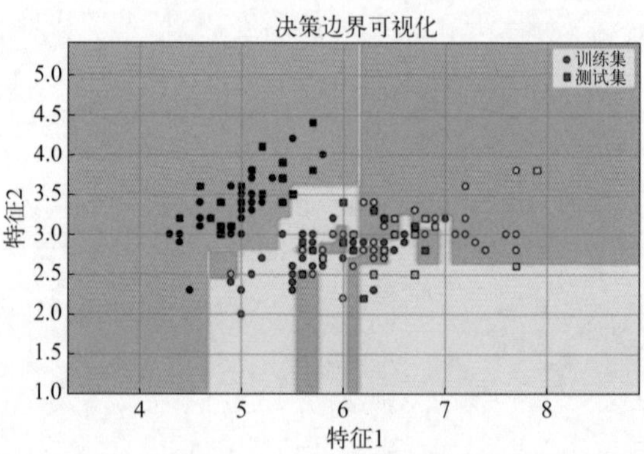

图 4-5　决策边界的可视化

而是将多个决策树的判断结果综合起来，从而提高结果准确性和稳定性。随机森林通过随机选择数据样本和特征来训练不同的决策树，避免单一模型的偏差或过拟合问题。

（1）随机森林介绍

随机森林的核心思想是“集体智慧”，单个决策树可能表现不够好，但当让许多树各自独立地做出判断，并将这些结果整合起来时，整体表现会显著提升。随机森林的“随机”体现在两点：

• 数据随机性：每个决策树在训练时只使用原始数据的一部分（随机抽样）。

• 特征随机性：每次分裂时随机选择部分特征进行决策。

通过这两种随机性，随机森林能减少噪声和偏差，提高模型的泛化能力。

（2）举例介绍

① 面试评估：综合意见更靠谱。想象你是公司招聘经理，要招聘一名新员工。单独依赖一位面试官的意见可能不够全面，所以你组织了一组面试官，每个人从不同角度评估候选人，如能力、性格、经验等。最后，你根据所有面试官的综合评价做出决定。这就是随

机森林的逻辑：依靠“团队智慧”来减少判断失误。

② 健康诊断：多名医生会诊。假设你患有疑难杂症，单个医生可能会误判。所以医院安排了一组医生会诊，每个医生根据自己擅长的领域（随机选特征）给出诊断。最终，你依据大多数医生的判断结果做出治疗决定。这种“多专家投票”的方式正是随机森林的原理。

实例 4-5： 构建并优化随机森林模型（源码路径：codes/4/Sui.py）

在本实例中，通过特征矩阵 X 的构建和运算，使得模型能够有效地处理和分析多维数据。特征重要性评估利用了矩阵运算来量化各特征对房价预测的贡献，帮助理解模型的决策依据。

```
import numpy as np
import matplotlib.pyplot as plt
from sklearn.datasets import fetch_california_housing
from sklearn.model_selection import train_test_split
from sklearn.ensemble import RandomForestRegressor
from sklearn.metrics import mean_squared_error
import pandas as pd
# 设置中文字体，解决中文乱码
plt.rcParams['font.sans-serif'] = ['SimHei']  # 使用黑体
plt.rcParams['axes.unicode_minus'] = False  # 显示负号
# 加载加州房价数据集
housing = fetch_california_housing()
X = housing.data
y = housing.target

# 数据集划分
X_train, X_test, y_train, y_test = train_test_split(X, y, test_size=0.3, random_
state=42)

# 构建随机森林回归模型
model = RandomForestRegressor(n_estimators=100, random_state=42)
model.fit(X_train, y_train)

# 预测
y_pred = model.predict(X_test)

# 计算均方误差
mse = mean_squared_error(y_test, y_pred)
print("均方误差:", mse)

# 特征重要性评估
feature_importances = model.feature_importances_
feature_names = housing.feature_names

# 创建数据框以便于可视化
importance_df = pd.DataFrame({'特征': feature_names, '重要性': feature_importances})
importance_df = importance_df.sort_values(by='重要性', ascending=False)

# 可视化特征重要性
plt.figure(figsize=(10, 6))
plt.barh(importance_df['特征'], importance_df['重要性'], color='skyblue')
plt.xlabel('重要性')
plt.title('随机森林特征重要性评估')
plt.show()
```

上述代码的实现流程如下：

- 数据表示：使用特征矩阵 X 表示加州房价数据集的特征，目标变量 y 为房价。
- 模型构建：通过 RandomForestRegressor 创建随机森林回归模型，并对数据进行训练。

• 预测与评估：预测测试集的房价，并计算均方误差（MSE）评估模型性能。
• 特征重要性评估：提取特征重要性并创建数据框以便于可视化。
• 可视化：展示特征重要性评估结果，帮助理解各特征对模型的贡献，如图 4-6 所示。

执行后会输出：

```
均方误差： 0.25638991335459355
```

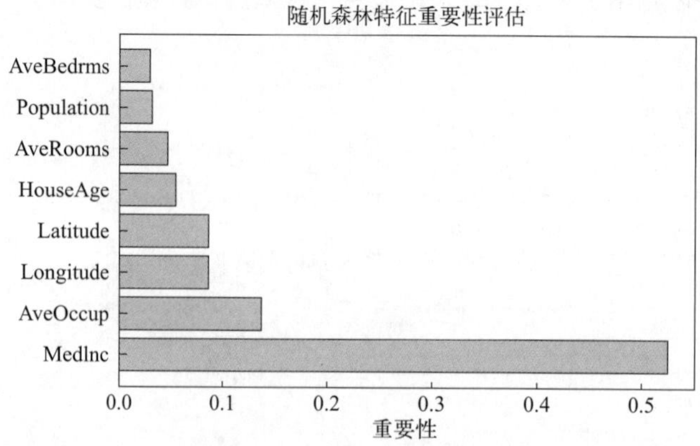

图 4-6　特征重要性可视化图

4.3.7　K 近邻算法模型

K 近邻算法（K-nearest neighbors, K-NN）是一种简单且实用的机器学习算法，用来解决分类和回归问题。它的核心思想是“物以类聚”：在判断某个样本属于哪一类时，只需要看它周围的 K 个最近邻居是什么类别即可。如果大多数邻居属于某一类，那么这个样本很可能也属于这一类。K-NN 算法不需要复杂的训练过程，而是直接根据数据间的距离来进行预测，因此也被称为“懒惰学习”算法。

（1）K-NN 算法的原理

① 计算距离：对于待预测样本，计算它与训练数据集中所有样本之间的距离。常用的距离度量方法包括：

• 欧氏距离：适合连续数据。
• 曼哈顿距离：适合分布不均的数据。
• 汉明距离：适合离散特征或文本数据。

② 选择最近的 K 个邻居：按照距离从小到大排序，选出距离最近的 K 个样本。

③ 进行投票或加权平均：

• 分类任务：根据邻居的类别进行投票，数量最多的类别作为预测结果。
• 回归任务：对邻居的数值取平均值或加权平均值作为预测结果。

（2）K-NN 算法的特点

① 优点：

• 简单易懂：算法直观，易于实现。
• 非参数模型：不需要对数据进行假设，适用于分布复杂的数据集。
• 灵活性强：适用于分类和回归任务。

② 缺点：

• 计算量大：预测时需要计算所有样本的距离，随着样本量的增加，计算开销显著增加。

• 对噪声敏感：噪声点可能影响最近邻的选择，导致预测错误。

• 高维数据问题：在高维空间中，样本间的距离变得难以区分（“维度灾难”）。

实例 4-6： 构建并优化 K-NN 模型的性能（源码路径：codes/4/Kjin.py）

在本实例中实现了特征向量的构建和样本间距离的计算功能，使得 K-NN 算法能够高效地识别最近的邻居样本。

```
    import numpy as np
    import matplotlib.pyplot as plt
    from sklearn.datasets import make_classification
    from sklearn.model_selection import train_test_split
    from sklearn.neighbors import KNeighborsClassifier
    from sklearn.metrics import confusion_matrix, ConfusionMatrixDisplay
    # 设置中文字体，解决中文乱码
    plt.rcParams['font.sans-serif'] = ['SimHei']  # 使用黑体
    plt.rcParams['axes.unicode_minus'] = False  # 显示负号
    # 生成示例数据
    X, y = make_classification(n_samples=100, n_features=2, n_informative=2, n_
redundant=0, n_clusters_per_class=1, random_state=42)

    # 数据集划分
    X_train, X_test, y_train, y_test = train_test_split(X, y, test_size=0.3, random_
state=42)

    # 构建K-NN模型
    k = 3
    knn = KNeighborsClassifier(n_neighbors=k)
    knn.fit(X_train, y_train)

    # 预测
    y_pred = knn.predict(X_test)

    # 打印模型参数（邻居距离）
    distances, indices = knn.kneighbors(X_test)
    print("测试样本的最近邻居距离:\n", distances)

    # 可视化数据点和决策边界
    x_min, x_max = X[:, 0].min() - 1, X[:, 0].max() + 1
    y_min, y_max = X[:, 1].min() - 1, X[:, 1].max() + 1
    xx, yy = np.meshgrid(np.linspace(x_min, x_max, 100), np.linspace(y_min, y_max,
100))

    # 预测网格点的类别
    Z = knn.predict(np.c_[xx.ravel(), yy.ravel()])
    Z = Z.reshape(xx.shape)

    plt.figure(figsize=(10, 6))
    plt.contourf(xx, yy, Z, alpha=0.3, cmap='coolwarm')
    plt.scatter(X_train[:, 0], X_train[:, 1], c=y_train, edgecolors='k', marker='o',
label='训练集')
    plt.scatter(X_test[:, 0], X_test[:, 1], c=y_test, edgecolors='k', marker='s',
label='测试集')
    plt.title(f'K-NN 分类 (k={k})')
    plt.xlabel('特征 1')
    plt.ylabel('特征 2')
    plt.legend()
    plt.grid()
    plt.show()

    # 显示混淆矩阵
    cm = confusion_matrix(y_test, y_pred)
```

```
disp = ConfusionMatrixDisplay(confusion_matrix=cm, display_labels=knn.classes_)
disp.plot()
plt.title('混淆矩阵')
plt.show()
```

上述代码的实现流程如下：

• 数据生成：生成具有两个特征的二分类数据集。

• 模型训练：使用 K-NN 模型进行训练，设定邻居数 K 为 3。

• 距离计算：通过 kneighbors 方法获取每个测试样本的最近邻居距离，展示线性代数在距离计算中的应用。

• 可视化：使用散点图可视化训练集和测试集，并展示决策边界，如图 4-7 所示。

• 混淆矩阵：输出混淆矩阵以评估模型性能，如图 4-8 所示。

执行后会输出：

```
最优 k 值： 1
```

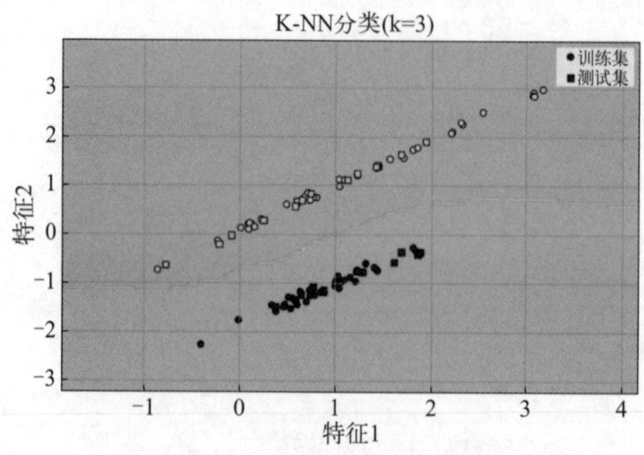

图 4-7　训练集和测试集的可视化

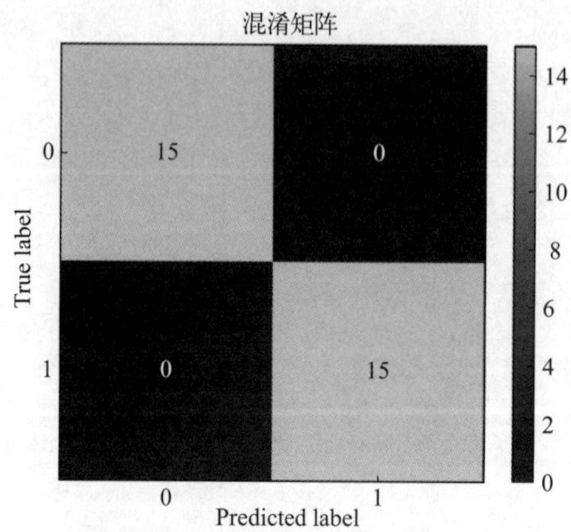

图 4-8　混淆矩阵的可视化

第 5 章

深度学习网络模型

深度学习是机器学习的一种方法，它模仿人类大脑的工作方式，通过“层层递进”的方式从数据中学习知识。就像人类通过不断看、听、摸、做等方式理解世界一样，深度学习通过多层神经网络，从简单到复杂地处理信息。比如在图片识别中，第一层学会识别边缘，第二层学会识别形状，第三层学会识别具体的物体。这样，机器就能从大量的数据中自动学习并做出预测，不需要人工告诉它每个细节。深度学习的应用非常广泛，如语音助手、自动驾驶、推荐系统等，都是依赖深度学习来实现的。

5.1 深度学习的起源与发展

深度学习起源于 20 世纪 50 年代的人工神经网络研究，但由于计算资源和数据的限制，发展缓慢。直到 21 世纪初，随着计算能力的提升和大数据的普及，深度学习才迎来了突破，尤其是反向传播算法的应用，让训练多层神经网络成为可能。2012 年，深度学习通过 AlexNet 在 ImageNet 比赛中获胜，标志着其进入了黄金发展期，迅速成为解决复杂问题的核心技术。

5.1.1 早期的人工神经网络与感知机

人工神经网络（ANN）是模仿人类大脑神经元工作方式的计算模型。最早的神经网络模型是感知机，它的设计灵感来源于大脑神经元的工作原理。感知机通过接收输入信息进行简单的加权计算，并根据结果做出“激活”决策，类似于大脑神经元的“发火”过程。感知机主要用于分类任务，能够处理简单的线性分类问题。

（1）早期的困难与停滞

尽管感知机在 20 世纪 50 年代就被提出，但早期神经网络的研究却遭遇了不少困难。首先，计算能力和硬件限制是一个大问题，那时候的计算机处理能力远远不够强大，无法训练复杂的神经网络。其次，感知机只能解决简单的线性问题，对于像“异或”这种非线性问题，它就束手无策。再加上缺乏大量的训练数据，神经网络的发展一度停滞下来，甚至在 70 年代，人工神经网络一度被认为是“死掉”的技术。

（2）深度学习的复兴

随着计算机硬件的进步和互联网时代的大数据浪潮，神经网络迎来了第二次生命。进入 21 世纪后，特别是图形处理单元（GPU）的崛起，极大地提升了神经网络训练的计算速度和效率。与此同时，数据量的爆炸性增长为神经网络提供了丰富的训练材料。反向传播算法的发明和深度神经网络的设计，使得神经网络能够通过多层结构来解决更加复杂的非线性问题，标志着深度学习的复兴。

5.1.2 深度学习的突破

早期，感知机仅仅是一个浅层的神经网络，它只有一个输入层和一个输出层，功能非常简单。然而，随着研究的深入，人们发现要解决更复杂的问题（比如图像识别和语音处理），单层感知机的能力远远不够。于是，多层感知机（MLP）应运而生，它是神经网络的深度发展版本，在输入层和输出层之间拥有多个“隐藏层”。通过增加更多的层次，神经网络能够学习到更复杂的模式和特征。

但即使有了多层网络，如何有效地训练这些网络仍然是一个大问题。于是，反向传播（backpropagation）算法应运而生，解决了这一难题。反向传播算法让神经网络能够在训练过程中通过不断调整每一层的参数（权重和偏置），最小化错误，逐步优化网络性能。这种算法的提出，使得神经网络能够通过“学习”逐步提高准确度，变得越来越“聪明”。

随着反向传播的应用和 GPU 的引入，神经网络的训练速度大幅提升，计算能力得到了极大的扩展。GPU 的并行计算能力使得大规模的神经网络可以在短时间内完成训练，从而为深度学习的广泛应用铺平了道路。

（1）神经网络的深度发展：从浅层到深层网络

想象一下，只通过一次简单的思考就能解答一个问题，这就像浅层感知机一样，只能处理简单、直观的任务。但当问题变得复杂时，单一的思维模式就无法应对了。为了理解复杂的问题，我们需要进行更深入的分析，就像多层感知机一样，通过增加层次，不同层的神经元可以分别负责不同的特征和任务，这样就能把复杂的问题拆解开来，最终得出解决方案。例如，在图像识别中，第一层可能只关注图像中的边缘，第二层会识别更复杂的形状，第三层才能最终识别出具体的物体。

（2）反向传播算法的提出与应用

反向传播就像是学习骑车时的“修正反馈”。假设你在学骑自行车，一开始可能会摔倒，但通过每次摔倒后调整姿势和动作，你会逐步学会如何平衡。这就类似于反向传播算法，它通过计算神经网络预测结果和实际结果之间的误差，然后把这个误差从输出层传回输入层，指导每一层的调整。每一次调整，神经网络都会变得更“聪明”，逐步减少错误，最终学会做出准确的判断。

（3）计算能力的进步与 GPU 的引入

早期训练神经网络非常慢，甚至需要几个月的时间才能完成一个简单的任务。但随着计算技术的发展，GPU 的引入改变了这一局面。GPU 是训练神经网络的“超级教练”，它能够同时处理大量的计算任务，大大加速了神经网络的训练过程。正是 GPU 的强大计算能力，让深度学习在过去的十年间取得了飞跃进展，推动了许多行业的技术革命。

5.1.3　深度学习的黄金时代

随着深度学习的发展，单纯依靠多层感知机已经不能满足一些复杂任务的需求，尤其是在图像和视频处理领域。卷积神经网络（convolutional neural networks, CNN）应运而生，成为了深度学习的重要突破。卷积神经网络通过引入卷积层，让神经网络能够自动学习图像中的局部特征，并且通过多个卷积层逐层提取更复杂的特征。

卷积操作就像是用一个小窗口扫描整个图像，每次只关注图像的一部分，通过卷积层提取出图像中的边缘、纹理、颜色等基本元素。接着，网络逐层处理，将这些简单的元素组合成更复杂的形状和结构，最终帮助网络理解图像内容。卷积神经网络特别擅长处理图像识别任务，比如人脸识别、物体检测、图像分类等。想象一下你在观察一张图片，可能是一只猫的照片。你可能会从图片中的不同部分看到猫的耳朵、眼睛、胡须等特征。你首先注意到的是局部的细节，比如耳朵的形状和颜色；接着，你将这些局部特征组合起来，形成对“猫”的整体印象。

卷积神经网络的最大突破之一是在 2012 年的 ImageNet 比赛上，AlexNet 这款基于 CNN 的神经网络模型取得了极为出色的成绩，成功将错误率大幅降低，带来了深度学习的“黄金时代”。从那时起，卷积神经网络成为了图像处理领域的核心技术，并在其他如语音识别、自然语言处理等领域取得了显著进展。

如果将深度学习的历史比作一次马拉松，那么 AlexNet 就像是冲刺的加速器，它让深度学习在计算机视觉领域实现了前所未有的突破。这不仅仅是一次比赛的胜利，更是深度学习技术在实际应用中走向成熟的标志。

5.2 神经网络

深度学习的神经网络就像是一个模拟人类大脑的超级“计算大脑”，它通过成千上万的连接在一起的神经元（就像大脑中的神经细胞），层层递进地处理信息。每个神经元都能接收输入，进行计算，然后将信息传递给下一个神经元，最终形成完整的判断或者决策。通过不断地学习和调整连接强度（权重），神经网络可以从海量数据中自动提取规律，就像是一个有无限记忆和学习能力的智能大脑，能够完成图像识别、语音翻译、自动驾驶等各种复杂任务。

5.2.1 神经网络的前向传播与反向传播

在神经网络的训练过程中，前向传播和反向传播是两个至关重要的步骤，分别用于计算输出和优化模型参数。它们相辅相成，帮助神经网络从数据中学习并不断提高预测能力。以下是前向传播与反向传播的相关概念。

（1）前向传播（forward propagation）

前向传播是指数据从神经网络的输入层依次传递到隐藏层，最终到达输出层的过程。在这个过程中，神经网络会基于当前的权重和偏置，逐层计算每个神经元的输出值。前向传播的计算过程如下：

① 线性变换：对输入进行加权，加上偏置，得到每个神经元的激活前值。

$$z = wx + b$$

式中，w 是权重；x 是输入；b 是偏置。

② 激活函数：通过激活函数（如 ReLU、Sigmoid、Tanh 等）引入非线性，得到每个神经元的激活值

$$a = \text{activation}(z)$$

③ 逐层计算：重复以上步骤，直到获得输出层的结果。

（2）反向传播（backpropagation）

反向传播是通过损失函数计算输出误差，并将误差逐层反向传递到隐藏层和输入层的过程。其目的是根据误差调整神经网络的权重和偏置，从而优化模型的性能。反向传播的计算过程如下：

① 计算损失：使用前向传播的输出值与真实标签计算损失，如均方误差（MSE）或交叉熵损失（Cross-Entropy）。

② 误差反传：根据链式法则计算损失对每层参数（权重和偏置）的梯度。

$$\frac{\partial L}{\partial w} = \frac{\partial L}{\partial a} \times \frac{\partial a}{\partial z} \times \frac{\partial z}{\partial w}$$

式中，L 是损失函数；a 是激活值；z 是线性变换结果；w 是权重。

③ 参数更新：使用优化算法（如梯度下降或其变体）调整权重和偏置，即

$$w' = w - \eta \frac{\partial L}{\partial w}$$

式中，η 是学习率。

5.2.2 神经网络的训练过程

神经网络的训练过程就像是给一个“初学者”传授知识，让它从海量数据中找到规律并

不断优化自己的判断。训练神经网络的目的是让它学会如何做出准确的预测或分类。神经网络通过不断调整内部参数（即权重和偏置），逐步提高对数据的理解能力。训练过程分为几个阶段，其中有批量训练和在线训练两种方式，它们各有利弊。此外，还需要避免在训练中出现过拟合和欠拟合两种常见的问题，确保神经网络能正确地学习到规律。

（1）批量训练与在线训练

在训练神经网络时，根据数据处理的方式，可以选择以下两种主要训练方式：批量训练（batch training）和在线训练（online training）。它们各有特点，适用于不同的应用场景。

① 批量训练。批量训练是将整个训练数据集一次性输入到模型中，计算损失函数，然后根据损失调整模型参数。批量训练的特点如下：

• 全数据处理：每次训练都使用完整的数据集。

• 稳定性较高：由于损失是基于所有数据计算的，梯度的方向更为准确，参数更新更稳定。

• 需要较大内存：需要将整个数据集加载到内存中，可能不适合处理超大数据集。

② 在线训练。在线训练是将数据一个一个地输入到模型中，实时计算损失并调整模型参数。在线训练的特点如下：

• 单样本处理：每次只处理一个样本，并根据其误差立即更新模型参数。

• 高实时性：能够实时适应数据分布的变化。

• 内存需求少：无须同时加载整个数据集，适合超大规模数据集。

③ 总结与对比。批量训练与在线训练总结与对比如表 5-1 所示。

表 5-1 批量训练与在线训练总结与对比

特点	批量训练	在线训练
处理方式	使用整个数据集	每次处理一个样本
内存需求	多	少
梯度估计	精确	不够精确
训练稳定性	高	低
适用场景	数据集较小、要求高精度的场景	数据实时变化或数据规模较大的场景

在实际应用中，还可以结合两者的特点，采用小批量训练（mini-batch training）作为折中方案，既可以减少内存占用，又能提高训练稳定性。

（2）过拟合与欠拟合。在训练神经网络时，有两种“误区”需要避免：过拟合和欠拟合。了解这两种问题的表现及应对方法，对于构建高效的模型至关重要。

① 过拟合（overfitting）。过拟合是指模型在训练数据上表现得很好，但在测试数据或实际应用中效果较差。模型过于“记住”训练数据的细节和噪声，从而丧失了泛化能力。造成过拟合的原因如下：

• 模型过于复杂，参数过多。

• 训练数据不足，数据不具有代表性。

• 训练时间过长，模型对数据细节“记忆”过度。

解决过拟合的方法如下：

• 增加数据：扩展数据集规模，加入更多样本。

• 正则化：在损失函数中加入正则项（如 L1 或 L2 正则化），限制参数的规模。

• Dropout：在训练过程中随机丢弃部分神经元，防止过于依赖特定特征。

- 早停（early stopping）：在验证集上性能停止提升时提前结束训练。

② 欠拟合（underfitting）。欠拟合是指模型在训练数据和测试数据上都表现不好，说明模型对数据的特征学习不足。造成欠拟合的原因如下：

- 模型过于简单，无法充分学习数据特征。
- 特征提取不足或数据预处理不完善。
- 训练时间不足，未达到最佳性能。

解决欠拟合的方法如下：

- 增加模型复杂度：添加更多的隐藏层或增加每层神经元的数量。
- 改进特征工程：提取更有意义的特征或加入更多有效特征。
- 延长训练时间：确保模型充分学习数据模式。
- 调参：调整学习率等超参数，优化模型性能。

总之，过拟合和欠拟合实际上是模型复杂度的两端表现。我们的目标是找到适当的模型复杂度，使模型既能够很好地学习训练数据，又能在未见过的数据上表现出色。

5.3 激活函数与损失函数

激活函数和损失函数是神经网络中两个关键的“魔法武器”，它们帮助网络从数据中“学会”做决策。激活函数就像是神经元的大脑开关，决定了信息是否可以通过神经元传递，常见的激活函数（如 ReLU）就像是一个过滤器，能让网络快速“醒过来”，做出非线性的判断。而损失函数能够计算出模型预测结果与真实答案之间的差距，然后告诉网络该如何调整自己，才能变得更聪明、更精准。可以把激活函数看作是神经元的思考过程，而损失函数就是它的自我批评过程，二者配合得当，才能让神经网络不断提高、不断进步。

5.3.1 激活函数的种类与选择

激活函数在神经网络中起着至关重要的作用，就像是每个神经元的大脑“开关”。它决定了神经元是否要“激活”并传递信息到下一层。如果没有激活函数，神经网络就只能做线性运算，无法解决复杂的非线性问题。而通过激活函数，神经网络能实现复杂的模式识别，比如图像识别、语音识别等。常见的激活函数包括 Sigmoid、ReLU 和 Tanh 等，它们各有优缺点，神经网络会根据不同情况选择最适合的“开关”。

（1）常用激活函数

在实际应用中，常用的激活函数如下。

① ReLU（rectified linear unit）。ReLU 是最常用的激活函数之一，其定义为 $\mathrm{ReLU}(x) = \max(0, x)$。它的优点是计算简单、速度快，并且能够有效地缓解梯度消失问题，尤其适用于深度神经网络。ReLU 在正区间输出原值，而在负区间输出零，因此能引入非线性特征。ReLU 的缺点是可能导致“死神经元”问题，即某些神经元在训练过程中始终无法激活，导致它们的权重无法更新。

② Sigmoid。Sigmoid 函数将输入映射到 0 ～ 1，公式为 $\mathrm{Sigmoid}(x) = 1 / (1 + \exp(-x))$。它通常用于二分类问题中，将输出解释为概率。尽管 Sigmoid 输出平滑且易于理解，但它容易导致梯度消失问题，尤其在深层网络中。此外，由于其输出值为 0 或 1，学习过程可能会变得缓慢。

③ Tanh。Tanh（双曲正切函数）将输入映射到 −1 ～ 1，公式为 $\mathrm{Tanh}(x) = (\exp(x) - \exp(-x)) / (\exp(x) + \exp(-x))$。与 Sigmoid 函数类似，Tanh 也具有平滑的输出，但它的输出范

围更广，减少了梯度消失问题的影响。Tanh 的缺点是它依然容易受到梯度消失问题的困扰，尤其在网络较深时。

④ Leaky ReLU。

Leaky ReLU 是 ReLU 的改进版本，它在负区间也输出一个小的负值，公式为 Leaky ReLU$(x)=\begin{cases}x & 若x\geqslant 0\\ \alpha x & 若x<0\end{cases}$。其中，$\alpha$ 是一个很小的常数（如 0.01）。Leaky ReLU 解决了 ReLU 的“死神经元”问题，因为即使输入为负，输出也不会为零，从而可以继续进行学习。

⑤ Softmax。Softmax 函数常用于多分类问题的输出层。它将输入的向量转换为一个概率分布，输出值的总和为 1，公式为 Softmax(x_i) = exp(x_i) / sum(exp(x_j))。Softmax 适用于需要将网络输出解释为类别概率的场景，如图像分类中的多分类任务。

（2）激活函数的选择

选择合适的激活函数对于神经网络的训练和性能至关重要。激活函数的作用是引入非线性特征，使得神经网络能够学习复杂的模式。一般来说，ReLU 及其变种（如 Leaky ReLU）因其计算简便且能够缓解梯度消失问题，常被用于隐藏层。而对于输出层，Sigmoid 常用于二分类任务，Softmax 则适用于多分类任务。选择激活函数时，需要根据任务的性质、网络的深度以及训练过程中的梯度问题来决定。比如，若网络较深，ReLU 常常能提供较好的训练效果，而 Sigmoid 和 Tanh 则可能因梯度消失问题导致训练速度较慢。

5.3.2 损失函数的作用与类型

损失函数在神经网络中起着至关重要的作用，它就像是神经网络的“眼睛”，帮助它看清自己哪里做错了。简单来说，损失函数是用来衡量神经网络输出和真实答案之间差距的工具。神经网络每训练一次，就会计算一个“损失值”，这个值越小，代表模型的预测越准确。通过不断优化损失函数，神经网络才能一点点地改进自己，变得越来越聪明。

（1）损失函数的作用

通过定义损失函数，网络可以利用梯度下降等优化算法调整参数，使预测结果逐渐接近真实值。损失函数的选择通常取决于任务类型：在回归任务中，均方误差（MSE）常被使用；而在分类任务中，交叉熵损失（cross-entropy loss）是最常用的选项。一个好的损失函数能够准确反映预测结果的偏差，进而引导模型朝着正确方向优化，从而提升整体性能。

（2）常用的损失函数

① 均方误差（mean squared error, MSE）。均方误差是回归问题中常用的损失函数，用于衡量预测值与真实值之间的差距。它更关注较大的预测误差，对离群点较敏感，因此适合需要精确数值预测的场景。

② 平均绝对误差（mean absolute error, MAE）。平均绝对误差通过计算预测值与真实值的绝对差值来评估模型的误差。相比于均方误差，它对离群点的影响较小，更适合对异常值不敏感的回归任务。

③ 交叉熵损失（cross-entropy loss）。交叉熵损失是分类问题中最常用的损失函数，用于评估模型预测的概率分布与真实分布的接近程度。它在二分类和多分类任务中表现出色，特别适合处理概率输出的模型。

④ Hinge 损失。Hinge 损失主要用于支持向量机模型，通过最大化分类边界的间隔，提升分类的准确性。它适合需要明确区分正负类别的二分类任务。

⑤ KL 散度（Kullback-Leibler divergence, KL divergence）。KL 散度用于衡量预测分布与真

实分布之间的差异，常见于需要优化概率分布的场景，比如语言模型或生成模型的训练。

⑥ 自定义损失函数。在实际应用中，根据具体任务需求，用户可以设计定制化的损失函数。例如，可以同时考虑误差大小和分布特性，为复杂的实际问题提供灵活的优化手段。

5.3.3 激活函数与损失函数的结合

激活函数和损失函数虽然看似独立，但它们在神经网络中的作用是密切相关的。激活函数决定了神经网络中每个神经元的“激活状态”，即是否输出某个信息，而损失函数则衡量了网络输出与实际结果之间的差距。为了让神经网络能高效学习，激活函数和损失函数需要根据任务的不同来配合选择。

（1）激活函数与损失函数的匹配

在神经网络中，激活函数和损失函数的匹配关系直接影响模型的训练效果。不同任务类型需要选择合适的激活函数与损失函数搭配。例如，在回归问题中，输出层通常使用线性激活函数或不使用激活函数，与均方误差（MSE）或平均绝对误差（MAE）等损失函数搭配。对于二分类任务，Sigmoid 激活函数与二元交叉熵损失函数是常见组合。而在多分类任务中，Softmax 激活函数通常与分类交叉熵损失函数匹配，能够很好地处理多个类别的概率分布。选择合理的激活函数与损失函数组合，可以有效提升模型的性能和收敛速度。

（2）分类问题的激活与损失

• 分类问题（如判断图片是猫还是狗）通常使用 Softmax 激活函数和交叉熵损失函数的组合。Softmax 函数可以把每个类别的得分转化成一个概率值（比如，猫有 80% 的概率，狗有 20% 的概率）。接着，交叉熵损失函数计算预测概率和实际标签之间的差距。如果你预测概率和真实标签相差很大，交叉熵的损失就会很大，表示你模型做得不好；反之，损失小，模型就比较准确。

• Softmax 函数在这里的作用就是将多个类别的得分转换为概率分布，交叉熵函数则衡量这些概率分布与真实类别的差距。这样，模型通过最小化交叉熵损失，逐渐调整自己的参数，使得每次预测都尽量准确。

（3）回归问题的激活与损失：ReLU 与均方误差

• 回归问题（如预测明天的气温）通常使用 ReLU 激活函数和均方误差（MSE）损失函数的组合。ReLU 激活函数的作用是让输出值始终为非负（即温度不能为负数），如果值小于零，就被调整为零，这样符合实际预期。而均方误差损失函数则是通过计算预测值与实际值之间的差异，并对这个差异进行平方来进行优化。误差越小，表示模型的预测越接近实际值。就像你预测明天的气温，预测值和实际值之间的差距越小，你的预测就越准确，均方误差就会越小。

• ReLU 使得神经网络的输出更加简洁，避免了负值的“无用”输出，而均方误差则通过对错误的平方惩罚较大的误差，促使模型更加准确地调整预测。最终，神经网络通过不断调整自己的参数，尽量减少预测误差。

5.4 深度学习模型

深度学习模型就像是一位超级厨师，能够从海量的食材中找到最合适的组合，做出最完美的菜肴。你给它一堆原材料（数据），它通过层层“切菜”“调味”步骤，把这些杂乱无章的信息整理、加工，最终输出你想要的结果。例如，在图像识别中，深度学习模型就像一个专业的摄影师，它能通过分析一张图片的每一个像素，逐层抽象出其中的特征，最后告诉你这是一只猫还是一只狗。通过多个"隐藏层"的不断传递，模型逐渐提升自己对复杂问题的理解能力，最终帮助我们解决如语音识别、自动驾驶等复杂问题，展现出超乎想象的智能。

5.4.1 深度学习中的网络模型

深度学习中的网络模型是一种复杂的神经网络模型，由多个神经元层堆叠而成，能够自动学习数据中的特征。深度学习尤其擅长处理大规模和高维度数据，如图像、语音和自然语言等。深度学习中的网络模型能够从原始数据中自动提取特征，而不依赖于手动设计特征。常用的深度学习中的网络模型如下。

① 多层感知机（MLP）。多层感知机是一种基础的前馈神经网络，适用于处理结构化数据。它由输入层、隐藏层和输出层组成，通过全连接层将特征输入网络进行计算。MLP 擅长捕获数据中的非线性关系，但对高维数据或序列数据效果有限。

② 卷积神经网络（CNN）。卷积神经网络以其在图像处理任务中的出色表现而闻名。它通过卷积层提取局部特征，再利用池化层进行降维，以减少参数。CNN 广泛应用于图像分类、目标检测和医学影像分析等领域。

③ 循环神经网络（RNN）。循环神经网络是一种擅长处理序列数据的模型，其隐藏状态能够捕获时间序列中的上下文信息。RNN 在自然语言处理、时间序列预测和语音识别中有广泛应用，但容易受到梯度消失问题的影响。

④ 长短期记忆网络（LSTM）。LSTM 是 RNN 的改进版本，能够更好地捕获长距离依赖关系。通过引入遗忘门、输入门和输出门，LSTM 有效缓解了梯度消失问题，适用于长序列的自然语言处理和时间序列分析任务。

⑤ Transformer。Transformer 是一种基于自注意力机制的深度学习模型，广泛应用于自然语言处理和生成任务。它摒弃了传统 RNN 的时间依赖结构，支持并行计算，并催生了许多强大的语言模型，如 BERT 和 GPT。

⑥ 自编码器（Autoencoder）。自编码器是一种用于无监督学习的模型，通过编码器将数据压缩到低维空间，再通过解码器重建数据。自编码器在特征提取、降维和异常检测中表现出色。

⑦ 生成对抗网络（GAN）。GAN 由生成器和判别器组成，通过对抗训练生成高质量的样本。GAN 在图像生成、数据增强和艺术创作等领域显示了巨大潜力，但训练时需要处理模式崩溃等问题。

⑧ 图神经网络（GNN）。图神经网络适用于处理图结构数据，通过节点间信息的传递与聚合来学习图的特征。GNN 被广泛应用于社交网络分析、推荐系统和分子结构建模等场景。

⑨ 注意力机制模型。注意力机制能够动态地为输入特征分配权重，关注与任务相关的重要信息。它作为深度学习的一个模块，已经被集成到许多模型中，如 Transformer 和 GAN。

上述模型各有特点，选择适合的模型需要结合具体任务的数据特点和目标需求。

注意：机器学习模型与深度学习模型的对比如表 5-2 所示。

表 5-2　机器学习模型与深度学习模型的对比

特性	机器学习模型	深度学习模型
特征提取	依赖手动特征提取，特征工程至关重要	能自动从数据中学习特征
适用数据规模	适用于中小规模的数据集	能处理大规模、高维度数据，如图像、语音等

续表

特性	机器学习模型	深度学习模型
计算资源	对计算资源需求较少	需要大量计算资源，依赖 GPU 等加速硬件
模型复杂性	模型较简单，参数较少	模型复杂，包含多层神经元和大量参数
可解释性	模型易于解释	模型较为“黑箱”，难以解释内在工作机制
应用场景	回归、分类、聚类、特征选择等	图像识别、语音识别、自然语言处理、生成模型等

机器学习模型适合数据结构明确、特征容易提取的任务，如房价预测、信用评分等。深度学习模型则在复杂、非结构化数据的应用中表现出色，如图像识别、语音识别、自动驾驶等。

5.4.2 前馈神经网络

前馈神经网络（feedforward neural network, FNN）是一种基础的人工神经网络，主要用于分类和回归任务。在 FNN 中，信息从输入层经过一个或多个隐藏层逐层传递，最终到达输出层。每个神经元通过激活函数对接收到的加权输入进行处理，生成输出。

前馈神经网络（FNN）就像是一条单向的快递通道，信息从输入层开始，经过隐藏层的处理，最终输出结果。每个神经元就像是一个处理节点，接收前一个节点传来的信息，然后做出决定并将结果传递给下一个节点。整个过程是单向的，信息从输入流向输出，绝不会回头。这种结构简单、直观，非常适合处理一些不需要记忆、只需要根据当前输入做出判断的问题。

实例 5-1：构建前馈神经网络模型（源码路径：codes/5/Qian.py）

在本实例中使用 Keras 构建一个基本的神经网络来分类手写数字（MNIST 数据集），通过矩阵运算将输入特征向量与权重矩阵相乘，从而计算每层神经元的激活值，实现前馈传播。在反向传播过程中，线性代数用于计算梯度，通过矩阵运算更新权重，优化模型性能。

```
import matplotlib.pyplot as plt
from tensorflow.keras.datasets import mnist
from tensorflow.keras.models import Sequential
from tensorflow.keras.layers import Dense
from tensorflow.keras.utils import to_categorical
# 设置中文字体，解决中文乱码
plt.rcParams['font.sans-serif'] = ['SimHei']  # 使用黑体
plt.rcParams['axes.unicode_minus'] = False  # 显示负号
# 加载MNIST数据集
(X_train, y_train), (X_test, y_test) = mnist.load_data()

# 数据预处理
X_train = X_train.reshape(-1, 28 * 28).astype('float32') / 255.0  # 将每张图片展平并归一化
X_test = X_test.reshape(-1, 28 * 28).astype('float32') / 255.0
y_train = to_categorical(y_train, num_classes=10)  # 进行独热编码
y_test = to_categorical(y_test, num_classes=10)

# 构建前馈神经网络模型
model = Sequential()
model.add(Dense(128, activation='relu', input_shape=(28 * 28,)))  # 第一层，128个神经元
model.add(Dense(64, activation='relu'))  # 第二层，64个神经元
model.add(Dense(10, activation='softmax'))  # 输出层，10个神经元（10个类别）
```

```
    # 编译模型
    model.compile(optimizer='adam', loss='categorical_crossentropy',
metrics=['accuracy'])

    # 训练模型
    history = model.fit(X_train, y_train, epochs=10, batch_size=32, validation_
split=0.2)

    # 可视化训练过程
    plt.figure(figsize=(12, 5))

    # 精度
    plt.subplot(1, 2, 1)
    plt.plot(history.history['accuracy'], label='训练精度')
    plt.plot(history.history['val_accuracy'], label='验证精度')
    plt.title('模型精度')
    plt.xlabel('Epoch')
    plt.ylabel('精度')
    plt.legend()

    # 损失
    plt.subplot(1, 2, 2)
    plt.plot(history.history['loss'], label='训练损失')
    plt.plot(history.history['val_loss'], label='验证损失')
    plt.title('模型损失')
    plt.xlabel('Epoch')
    plt.ylabel('损失')
    plt.legend()

    plt.tight_layout()
    plt.show()

    # 评估模型
    test_loss, test_accuracy = model.evaluate(X_test, y_test)
    print(f'测试损失: {test_loss:.4f}, 测试精度: {test_accuracy:.4f}')
```

上述代码的实现流程如下：

- 数据加载：使用 load_data 加载 MNIST 数据集。
- 数据预处理：将图片展平并进行归一化处理，然后进行独热编码。
- 模型构建：定义一个简单的前馈神经网络模型，包括输入层、隐藏层和输出层。
- 前向传播：输入数据通过网络层层传递，每层进行线性变换（矩阵乘法）和激活函数处理。
- 损失计算：通过交叉熵损失函数计算模型输出与实际标签之间的差异。
- 反向传播：计算损失函数相对于权重的梯度，通过矩阵运算更新权重，以优化模型。
- 训练和评估：迭代进行前向传播和反向传播，训练模型，并在测试集上评估模型性能。
- 可视化：使用 matplotlib 可视化决策边界和模型的分类效果，如图 5-1 所示。

5.4.3 卷积神经网络

卷积神经网络（CNN）是一种深度学习模型，主要用于图像处理、计算机视觉和其他相关领域。CNN 的设计灵感来自生物视觉系统，通过模拟人类大脑的视觉处理方式，能够有效地识别和提取图像中的特征。CNN 的主要组成如下。

① 卷积层（convolutional layer）。卷积层是 CNN 的核心，用于提取输入数据中的局部特征。通过卷积操作，卷积核（过滤器）在输入数据上滑动，提取边缘、纹理等低级或高级

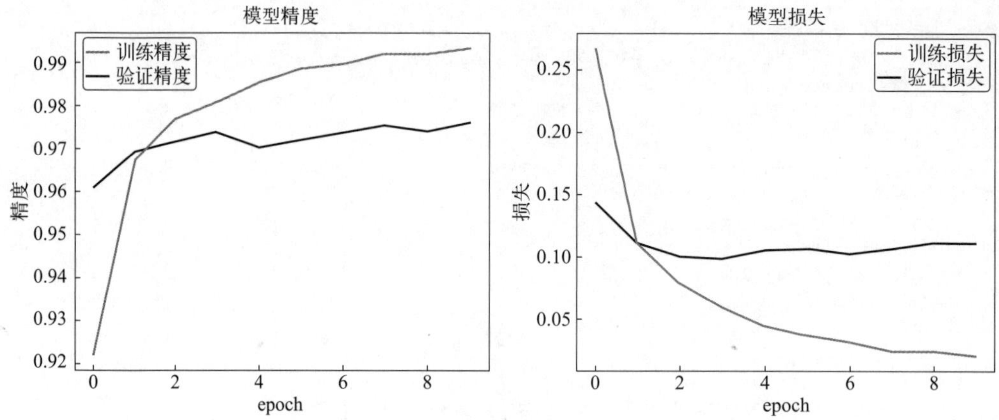

图 5-1 决策边界和模型的分类效果的可视化图

特征。卷积操作不仅能够减少参数，还保留了数据的空间结构信息。

② 激活函数（activation function）。在卷积层后通常会加入非线性激活函数（如 ReLU），用于引入非线性特性，使网络能够学习和表达更复杂的模式。如果没有激活函数，网络将退化为线性模型，难以处理非线性问题。

③ 池化层（pooling layer）。池化层用于对特征图进行降维，减小计算复杂度，同时增强模型的平移不变性。常见的池化操作包括最大池化（max pooling）和平均池化（average pooling）。池化操作能够保留主要特征，过滤掉冗余信息。

④ 全连接层（fully connected layer）。全连接层将池化层输出的特征图展平为一维向量，并通过线性变换生成分类或回归的最终结果。全连接层通过学习权重实现特征的全局组合，用于综合处理所有提取的特征。

⑤ 正则化层（normalization layer）。正则化层，如批归一化（batch normalization），用于加速网络收敛并防止过拟合。它通过归一化输入数据的分布，使模型训练更稳定、效果更好。

⑥ Dropout 层。Dropout 是一种随机丢弃神经元的正则化技术，用于防止模型过拟合。通过在训练过程中随机移除部分神经元，Dropout 能够强制模型学习更加鲁棒的特征表示。

⑦ 输出层（output layer）。输出层根据任务的要求，使用适当的激活函数（如 Softmax 或 Sigmoid）输出最终结果。分类任务中通常采用 Softmax 生成每个类别的概率分布，而回归任务中使用线性激活函数直接输出值。

实例 5-2： 实现卷积神经网络（CNN）模型（源码路径：codes/5/Juan.py）

在本实例中，CNN 通过矩阵运算实现卷积和池化操作，从而提取图像特征并降低维度。全连接层则利用矩阵乘法将提取到的特征映射到最终的分类输出，实现对输入数据的线性组合。

```
import numpy as np
import matplotlib.pyplot as plt
from keras.datasets import mnist
from keras.models import Sequential
from keras.layers import Conv2D, MaxPooling2D, Flatten, Dense
from keras.utils import to_categorical

# 设置中文字体，解决中文乱码
plt.rcParams['font.sans-serif'] = ['SimHei']  # 使用黑体
```

```
    plt.rcParams['axes.unicode_minus'] = False  # 显示负号

    # 加载MNIST数据集
    (X_train, y_train), (X_test, y_test) = mnist.load_data()
    X_train = X_train.reshape(X_train.shape[0], 28, 28, 1).astype('float32') / 255
    X_test = X_test.reshape(X_test.shape[0], 28, 28, 1).astype('float32') / 255
    y_train = to_categorical(y_train, 10)
    y_test = to_categorical(y_test, 10)

    # 构建CNN模型
    model = Sequential()
    model.add(Conv2D(32, kernel_size=(3, 3), activation='relu', input_shape=(28, 28,
1)))
    model.add(MaxPooling2D(pool_size=(2, 2)))
    model.add(Conv2D(64, kernel_size=(3, 3), activation='relu'))
    model.add(MaxPooling2D(pool_size=(2, 2)))
    model.add(Flatten())
    model.add(Dense(128, activation='relu'))
    model.add(Dense(10, activation='softmax'))

    # 编译模型
    model.compile(loss='categorical_crossentropy', optimizer='adam',
metrics=['accuracy'])

    # 训练模型
    history = model.fit(X_train, y_train, validation_data=(X_test, y_test), epochs=5,
batch_size=200)

    # 可视化训练过程
    plt.figure(figsize=(12, 5))
    plt.subplot(1, 2, 1)
    plt.plot(history.history['accuracy'], label='训练准确率')
    plt.plot(history.history['val_accuracy'], label='验证准确率')
    plt.title('训练与验证准确率')
    plt.xlabel('轮次')
    plt.ylabel('准确率')
    plt.legend()

    plt.subplot(1, 2, 2)
    plt.plot(history.history['loss'], label='训练损失')
    plt.plot(history.history['val_loss'], label='验证损失')
    plt.title('训练与验证损失')
    plt.xlabel('轮次')
    plt.ylabel('损失')
    plt.legend()

    plt.tight_layout()
    plt.show()

    # 测试模型
    test_loss, test_accuracy = model.evaluate(X_test, y_test)
    print(f'测试损失: {test_loss:.4f}, 测试准确率: {test_accuracy:.4f}')
```

上述代码的实现流程如下：

① 数据准备：加载 MNIST 手写数字数据集，并将数据“reshape”为适合 CNN 输入的格式，标准化到 [0, 1] 范围。

② 模型构建：

- 使用 Conv2D 层进行卷积操作，利用滤波器提取特征。
- 使用 MaxPooling2D 层进行池化操作，减少特征图的维度。

• 使用 Flatten 层将多维特征转换为一维向量，以便传入全连接层。

• 最后使用 Dense 层进行分类。

③ 模型训练：通过 fit 方法训练模型，并记录训练和验证过程中的准确率和损失。

④ 可视化：使用 matplotlib 可视化训练过程中的精度、准确率和损失变化。模型精度、损失曲线的可视化图如图 5-2 所示，展示了模型在训练过程中的精度和损失随 epoch 变化的趋势。训练与验证损失曲线的可视化图如图 5-3 所示，展示了模型在训练过程中的准确率和损失随轮次变化的趋势。

⑤ 模型评估：在测试集上评估模型的性能，打印输出下面的结果：

```
    300/300 [==============================] - 4s 11ms/step - loss: 0.2488 - accuracy:
0.9304 - val_loss: 0.0628 - val_accuracy: 0.9808
    Epoch 2/5
    300/300 [==============================] - 3s 10ms/step - loss: 0.0635 - accuracy:
0.9802 - val_loss: 0.0423 - val_accuracy: 0.9853
    Epoch 3/5
    300/300 [==============================] - 3s 10ms/step - loss: 0.0444 - accuracy:
0.9861 - val_loss: 0.0442 - val_accuracy: 0.9851
    Epoch 4/5
    300/300 [==============================] - 3s 10ms/step - loss: 0.0343 - accuracy:
0.9895 - val_loss: 0.0363 - val_accuracy: 0.9878
    Epoch 5/5
    300/300 [==============================] - 3s 10ms/step - loss: 0.0267 - accuracy:
0.9922 - val_loss: 0.0304 - val_accuracy: 0.9903
    313/313 [==============================] - 1s 1ms/step - loss: 0.0304 - accuracy: 0.9903
    测试损失: 0.0304, 测试准确率: 0.9903
```

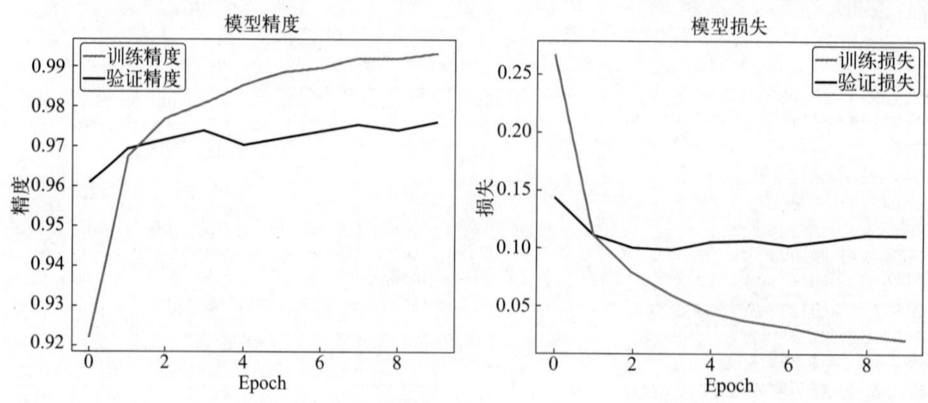

图 5-2　模型精度、模型损失曲线的可视化图

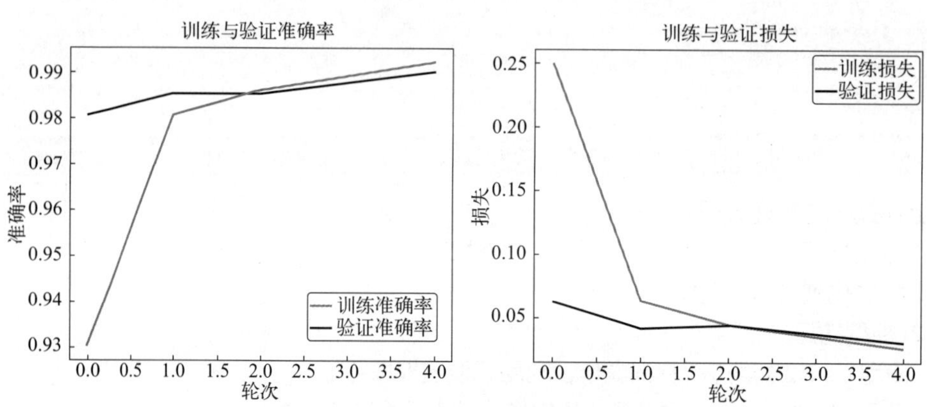

图 5-3　训练与验证损失曲线的可视化图

5.4.4 循环神经网络

循环神经网络（RNN）是一种专门用于处理序列数据的神经网络架构，通过在时间步之间传递隐藏状态，使得网络能够记住先前的信息，从而有效捕捉时间序列的动态特征。RNN 被广泛应用于自然语言处理、语音识别和时间序列预测等任务。RNN 是一种用于处理序列数据的神经网络架构，其基本概念如下。

① 序列处理能力。RNN 擅长处理序列数据，如时间序列、语音信号和文本数据。它通过在时间步之间共享权重，实现对上下文信息的建模，使得模型能够捕捉输入数据的时间依赖关系。

② 隐状态（hidden state）。RNN 通过隐状态将历史信息编码到一个固定大小的向量中。每个时间步的隐状态不仅依赖于当前的输入，还依赖于前一时间步的隐状态，从而实现对过去信息的记忆。

③ 参数共享。RNN 的参数（权重矩阵）在所有时间步之间共享，使得模型能够在不同长度的序列上高效工作，同时大幅减少参数数量，避免过于复杂的模型设计。

④ 时间步计算。在每个时间步，RNN 根据当前输入和前一时间步的隐状态，计算新的隐状态和输出。这个逐步计算的过程使 RNN 适合处理动态的、逐步生成的数据。

⑤ 梯度消失与爆炸问题。由于 RNN 需要在序列中进行长时间的梯度传播，其训练可能会面临梯度消失或梯度爆炸的问题，从而影响对长序列的建模能力。这是标准 RNN 的一大限制。

⑥ 可扩展性。RNN 可以扩展为多种变体，如长短时记忆网络（LSTM）和门控循环单元（GRU），以增强对长距离依赖关系的建模能力，并缓解梯度消失问题。

实例 5-3：使用线性代数实现循环神经网络模型（源码路径：codes/5/Xun.py）

在本实例中，RNN 的状态转移依赖于线性代数的矩阵运算，例如，在计算当前隐藏状态时使用的权重矩阵和输入矩阵的乘法，这为模型在序列数据上的有效学习提供了基础。

```
import numpy as np
import matplotlib.pyplot as plt
from keras.models import Sequential
from keras.layers import SimpleRNN, Dense
from keras.utils import to_categorical
from sklearn.model_selection import train_test_split
# 设置中文字体，解决中文乱码
plt.rcParams['font.sans-serif'] = ['SimHei']  # 使用黑体
plt.rcParams['axes.unicode_minus'] = False  # 显示负号
# 生成一些模拟序列数据
def generate_data(num_samples, timesteps, input_dim, num_classes):
    X = np.random.rand(num_samples, timesteps, input_dim)
    y = np.random.randint(0, num_classes, num_samples)
    y = to_categorical(y, num_classes)
    return X, y

# 设置参数
num_samples = 1000
timesteps = 10
input_dim = 5
num_classes = 3

# 生成数据
X, y = generate_data(num_samples, timesteps, input_dim, num_classes)

# 划分训练集和测试集
X_train, X_test, y_train, y_test = train_test_split(X, y, test_size=0.2, random_
state=42)
```

```
    # 构建RNN模型
    model = Sequential()
    model.add(SimpleRNN(32, input_shape=(timesteps, input_dim), return_sequences=False))
    model.add(Dense(num_classes, activation='softmax'))

    # 编译模型
    model.compile(loss='categorical_crossentropy', optimizer='adam', metrics=['accuracy'])

    # 训练模型
    history = model.fit(X_train, y_train, validation_data=(X_test, y_test), epochs=10,
batch_size=32)

    # 可视化训练过程
    plt.figure(figsize=(12, 5))

    # 绘制准确率
    plt.subplot(1, 2, 1)
    plt.plot(history.history['accuracy'], label='训练准确率')
    plt.plot(history.history['val_accuracy'], label='验证准确率')
    plt.title('训练与验证准确率')
    plt.xlabel('轮次')
    plt.ylabel('准确率')
    plt.legend()

    # 绘制损失
    plt.subplot(1, 2, 2)
    plt.plot(history.history['loss'], label='训练损失')
    plt.plot(history.history['val_loss'], label='验证损失')
    plt.title('训练与验证损失')
    plt.xlabel('轮次')
    plt.ylabel('损失')
    plt.legend()

    plt.tight_layout()
    plt.show()
```

上述代码的实现流程如下：

• 数据生成：使用 generate_data 函数生成随机的序列数据，包含多个时间步和特征维度。

• 模型构建：使用 keras 构建一个简单的 RNN 模型。SimpleRNN 层实现了 RNN 的状态转移，利用线性代数中的矩阵乘法来计算当前隐藏状态。

• 训练过程：通过调用 fit 方法进行训练，并记录训练和验证的损失与准确率。

• 可视化：绘制训练过程中的准确率和损失曲线的可视化图，以便观察模型的学习情况，如图 5-4 所示。

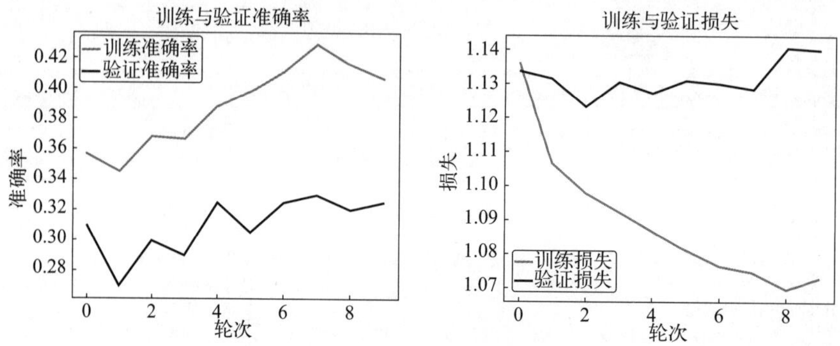

图 5-4　准确率和损失曲线的可视化图

5.4.5 长短期记忆网络

长短期记忆网络（long short-term memory，LSTM）是一种特殊类型的循环神经网络（RNN），旨在处理和预测时间序列数据中的长距离依赖关系，可以灵活记住需要保留的重要信息，同时丢弃无关信息。LSTM 的设计旨在克服传统 RNN 在长序列中训练时遇到的梯度消失和爆炸问题，尤其是在需要长时间记忆的任务中，比如语音识别、机器翻译和文本生成等。LSTM 网络的基本结构如下。

① 记忆单元（cell state）。LSTM 的核心是记忆单元，它可以沿时间步保持和传递信息。记忆单元通过门控机制来控制信息的保存和丢弃，从而实现对长期依赖的建模能力。

② 遗忘门（forget gate）。遗忘门决定当前时间步哪些信息需要从记忆单元中删除。它根据当前输入和上一时间步的隐状态，生成一个介于 0 和 1 之间的值来控制信息的遗忘程度。

③ 输入门（input gate）。输入门决定哪些新的信息可以添加到记忆单元中。它利用一个激活函数，将当前输入和上一隐状态的组合映射到一个介于 0 和 1 之间的值，从而控制新信息的写入强度。

④ 候选信息（candidate values）。LSTM 为当前时间步生成候选信息，这些信息可能会被添加到记忆单元中。候选信息通过当前输入和上一隐状态经过一个激活函数计算得到。

⑤ 输出门（output gate）。输出门控制当前时间步记忆单元的信息有多少被暴露为隐状态供下一时间步使用。它根据当前输入和记忆单元的状态，生成一个 0 和 1 之间的值，调整输出的内容和强度。

⑥ 隐状态（hidden state）。隐状态是 LSTM 输出的短期信息表示，结合当前时间步的输出门和记忆单元内容计算得到，并在时间步之间传递。

实例 5-4：实现一个长短期记忆网络（LSTM）模型（源码路径：codes/5/Ls.py）

在本实例的 LSTM 的各个层之间，输入、权重矩阵、偏置项等均采用矩阵运算（如点乘、加法）来进行信息传递和状态更新。LSTM 通过线性变换将输入序列表示为高维特征向量，这对于捕捉序列中的复杂模式和关系至关重要。

```
import numpy as np
import matplotlib.pyplot as plt
from keras.models import Sequential
from keras.layers import LSTM, Dense
from sklearn.preprocessing import MinMaxScaler
# 设置中文字体，解决中文乱码
plt.rcParams['font.sans-serif'] = ['SimHei']  # 使用黑体
plt.rcParams['axes.unicode_minus'] = False  # 显示负号
# 生成合成时间序列数据
def generate_data(seq_length):
    x = np.linspace(0, 100, seq_length)
    y = np.sin(x) + np.random.normal(0, 0.1, seq_length)  # 添加噪声
    return y

# 创建数据集
seq_length = 200
data = generate_data(seq_length)

# 数据预处理
data = data.reshape(-1, 1)
scaler = MinMaxScaler(feature_range=(0, 1))
data = scaler.fit_transform(data)
```

```
# 创建输入输出序列
def create_dataset(data, time_step=1):
    X, y = [], []
    for i in range(len(data) - time_step - 1):
        X.append(data[i:(i + time_step), 0])
        y.append(data[i + time_step, 0])
    return np.array(X), np.array(y)

# 设置时间步
time_step = 10
X, y = create_dataset(data, time_step)
X = X.reshape(X.shape[0], X.shape[1], 1)

# 构建LSTM模型
model = Sequential()
model.add(LSTM(50, return_sequences=True, input_shape=(X.shape[1], 1)))
model.add(LSTM(50))
model.add(Dense(1))

# 编译模型
model.compile(optimizer='adam', loss='mean_squared_error')

# 训练模型
model.fit(X, y, epochs=100, batch_size=32)

# 预测
predictions = model.predict(X)

# 反归一化
predictions = scaler.inverse_transform(predictions)
y = scaler.inverse_transform(y.reshape(-1, 1))

# 可视化结果
plt.figure(figsize=(12, 6))
plt.plot(y, label='真实值', color='blue')
plt.plot(predictions, label='LSTM预测值', color='red')
plt.title('LSTM时间序列预测')
plt.xlabel('时间步')
plt.ylabel('值')
plt.legend()
plt.show()
```

上述代码的实现流程如下：

• 数据生成：生成一个带噪声的正弦波作为时间序列数据。

• 数据预处理：使用 MinMaxScaler 对数据进行归一化处理，确保模型训练的稳定性。

• 创建输入输出序列：将时间序列数据转换为适合 LSTM 输入的格式。每个输入序列的长度为 time_step，输出为该序列后面的一个值。

• 构建 LSTM 模型：使用 keras 构建一个简单的 LSTM 模型，包含两个 LSTM 层和一个输出层。

• 训练与预测：训练模型并进行预测。

• 可视化：使用 matplotlib 绘制真实值与 LSTM 预测值的可视化图，便于比较模型的表现情况，如图 5-5 所示。

5.4.6 生成对抗网络

生成对抗网络（GAN）是一种深度学习架构，首次由 Ian Goodfellow 等在 2014 年提出。

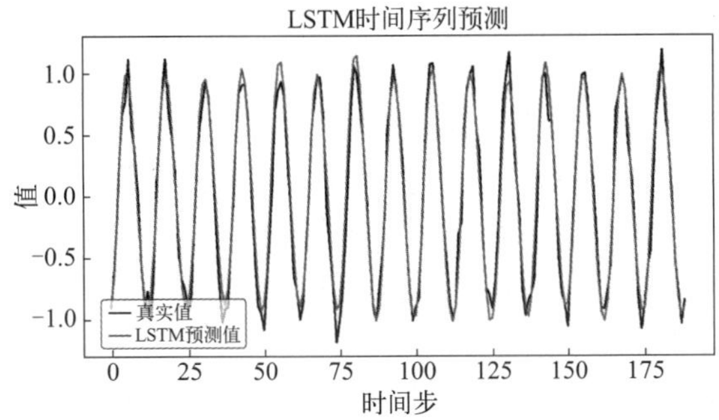

图 5-5　真实值与 LSTM 预测值的可视化图

GAN 由两个主要部分组成：生成器（generator）和判别器（discriminator），它们在一个对抗的过程中共同训练，旨在生成逼真的数据样本。

（1）基本概念

① 生成器。生成器负责从随机噪声中生成逼真的数据样本。其目标是尽可能欺骗判别器，让判别器无法分辨生成的数据与真实数据之间的差异。

② 判别器。判别器是一个分类模型，用于判断输入数据是真实数据还是生成数据。其目标是最大化识别真实数据和生成数据的准确率。

③ 对抗训练。GAN 通过对抗训练的方式进行优化：生成器和判别器在训练过程中相互博弈，生成器试图生成更真实的数据以欺骗判别器，而判别器试图提高对真假样本的辨别能力。

④ 均衡状态。训练的最终目标是达到一个均衡状态，即判别器无法区分真实数据和生成数据（判别的准确率接近 50%），此时生成器生成的数据分布与真实数据分布非常接近。

总之，GAN 因其能够生成高质量数据的能力，被广泛应用于图像生成、文本生成、风格转换、数据增强等领域。

（2）训练过程

GAN 的训练过程包含生成器和判别器的对抗训练，它们通过一个博弈的过程不断优化彼此的表现。具体的训练过程如下：

① 初始化。生成器和判别器的神经网络参数被随机初始化。生成器的任务是生成逼真的数据，判别器的任务是区分真实数据与生成的数据。

② 判别器训练。在每一轮训练中，判别器首先接收两个数据集：

• 真实数据：从真实数据分布中获取的样本。

• 生成数据：通过生成器生成的假数据。

判别器的目标是尽可能准确地识别数据的真实性，即对真实数据输出“1”表示真实，对生成数据输出“0”表示假。判别器通过最小化其错误来更新参数，通常采用二元交叉熵损失函数来评估它的分类错误。

③ 生成器训练。生成器的训练则依赖于判别器的反馈。生成器通过生成数据并尝试“欺骗”判别器，使得判别器错误地认为生成的数据是真实的。生成器的目标是最小化判别器的误分类概率，生成器的损失函数是基于判别器的输出进行定义的，它希望判别器将生成数据分类为“真实”（即输出“1”）。因此，在训练过程中：判别器的目标是最大化其区分真实和虚假数据的能力，生成器的目标是最大化判别器对生成数据的误判率（即判别器认为生成数据是“真实”的概率）。

④ 损失函数：

• 判别器损失：通常使用二元交叉熵损失函数，它衡量判别器将真实样本标记为“1”

和将生成样本标记为“0”的错误。

• 生成器损失：生成器的损失函数衡量判别器错误地认为生成样本是“真实”的程度，即生成器希望判别器输出“1”对于生成的样本。

⑤ 迭代过程。首先，使用真实数据和生成数据训练判别器，更新判别器的参数。然后，固定判别器的参数，训练生成器，更新生成器的参数。这一过程会反复进行，直到生成器生成的样本质量足够好，判别器无法有效区分真假数据。

⑥ 停止标准。在理想情况下，训练过程会收敛，判别器无法有效区分真实数据和生成数据。此时，生成器能够生成非常真实的样本。但是，GAN 的训练往往不容易收敛，可能出现模式崩溃（mode collapse）等问题，导致生成器只能生成少数几种样本。

总之，GAN 的训练过程本质上是一个博弈过程，生成器和判别器不断优化，生成器尝试生成越来越真实的样本，而判别器则试图提高区分真实和生成样本的能力。这个过程依赖于生成器和判别器之间的相互博弈和对抗，最终实现生成高质量的样本。

实例 5-5：实现一个生成对抗网络（GAN）（源码路径：codes/5/Qiang.py）

在本实例中，通过线性变换将潜在空间的噪声向量映射为图像，形成生成的样本。同时，判别器通过矩阵运算评估输入样本的真假，从而指导生成器改进生成的图像质量。

```
import numpy as np
import matplotlib.pyplot as plt
from keras.datasets import mnist
from keras.models import Sequential
from keras.layers import Dense, Reshape, Flatten, Dropout
from keras.layers import LeakyReLU
from keras.optimizers import Adam

# 加载MNIST数据集
(X_train, _), (_, _) = mnist.load_data()
X_train = X_train / 255.0  # 归一化
X_train = X_train.reshape(X_train.shape[0], 28, 28, 1)

# 设置超参数
img_shape = (28, 28, 1)
•atent_dim = 100
epochs = 500
batch_size = 128

# 判别器模型
def build_discriminator():
    model = Sequential()
    model.add(Flatten(input_shape=img_shape))
    model.add(Dense(512))
    model.add(LeakyReLU(alpha=0.2))
    model.add(Dropout(0.3))
    model.add(Dense(256))
    model.add(LeakyReLU(alpha=0.2))
    model.add(Dropout(0.3))
    model.add(Dense(1, activation='sigmoid'))  # 输出真假
    model.compile(loss='binary_crossentropy', optimizer=Adam(0.0002, 0.5),
metrics=['accuracy'])
    return model

# 生成器模型
def build_generator():
    model = Sequential()
    model.add(Dense(256, input_dim=latent_dim))
    model.add(LeakyReLU(alpha=0.2))
```

```
    model.add(Dense(512))
    model.add(LeakyReLU(alpha=0.2))
    model.add(Dense(1024))
    model.add(LeakyReLU(alpha=0.2))
    model.add(Dense(np.prod(img_shape), activation='tanh'))
    model.add(Reshape(img_shape))
    return model

# 创建生成器和判别器
generator = build_generator()
discriminator = build_discriminator()

# GAN模型
discriminator.trainable = False
gan_input = Sequential()
gan_input.add(generator)
gan_input.add(discriminator)
gan_input.compile(loss='binary_crossentropy', optimizer=Adam(0.0002, 0.5))

# 可视化生成的图片
def visualize_generated_images(generator):
    noise = np.random.normal(0, 1, size=[10, latent_dim])
    generated_images = generator.predict(noise)
    generated_images = generated_images.reshape(10, 28, 28)

    plt.figure(figsize=(10, 1))
    for i in range(generated_images.shape[0]):
        plt.subplot(1, 10, i + 1)
        plt.imshow(generated_images[i], interpolation='nearest', cmap='gray')
        plt.axis('off')
    plt.tight_layout()
    plt.show()

# 训练GAN
def train_gan(epochs, batch_size):
    for epoch in range(epochs):
        # 生成假样本
        noise = np.random.normal(0, 1, size=[batch_size, latent_dim])
        generated_images = generator.predict(noise)

        # 获取真实样本
        idx = np.random.randint(0, X_train.shape[0], batch_size)
        real_images = X_train[idx]

        # 合并真实和假样本
        real_images = real_images.reshape(batch_size, 28, 28, 1)
        combined_images = np.concatenate([real_images, generated_images])
        labels = np.concatenate([np.ones(batch_size), np.zeros(batch_size)])

        # 训练判别器
        d_loss = discriminator.train_on_batch(combined_images, labels)

        # 训练生成器
        noise = np.random.normal(0, 1, size=[batch_size, latent_dim])
        labels_g = np.ones(batch_size)  # 生成器希望判别器将其判断为真实样本
        g_loss = gan_input.train_on_batch(noise, labels_g)

        # 每100轮输出损失
        if epoch % 100 == 0:
            print(f'Epoch: {epoch}, D Loss: {d_loss[0]}, G Loss: {g_loss}')

    # 训练结束后生成图像
    visualize_generated_images(generator)
```

```
# 开始训练
train_gan(epochs, batch_size)
```

对上述代码的具体说明如下：

• 数据加载与预处理：从 keras 库加载 MNIST 数据集，并对图像进行归一化处理，将数据转换为适合模型输入的格式。

• 模型构建：定义生成器和判别器模型。生成器通过随机噪声生成假图像，判别器用于区分真实图像和生成图像。

• 模型编译：编译判别器和 GAN 模型，指定损失函数和优化器。

• 训练过程：在每个训练周期中，先训练判别器，然后训练生成器。记录损失值并可视化生成的图像。

•结果展示：训练完成后，可视化展示生成的样本图像，以验证生成器的效果，如图 5-6 所示。

图 5-6　生成的样本图像的可视化图

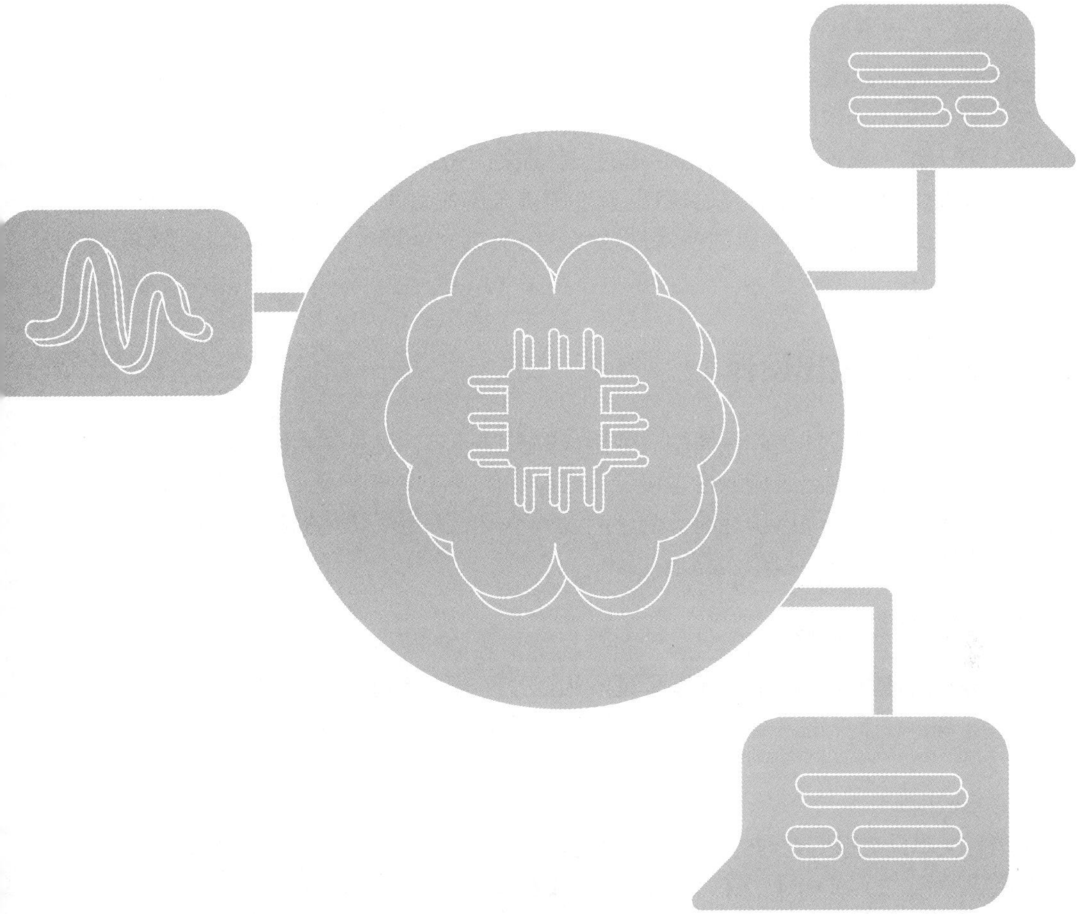

第6章 大模型的输入与输出解析

本章围绕大模型的输入输出设计与解析展开，详细探讨如何高效地管理数据流、优化数据结构，以及设计合理的输入输出接口。首先，重点解析输入数据的类型、格式及其标准化预处理方法，并深入探讨输出结构的设计原则和接口实现。随后，分析数据流的设计管理、批处理与缓存优化，以及数据流性能提升的关键策略。最后，对模型输出的解析和后处理进行全面介绍，包括格式规范化、分类结果处理、序列化操作以及可视化手段的应用。

6.1 大模型输入输出设计

大模型的输入输出设计是确保模型高效运作的关键环节，涵盖输入数据的类型、格式及其标准化处理，以及输出结构的合理设计。通过优化输入输出接口，可以实现数据流的高效传递和处理，提升整体系统性能。合理的设计不仅能满足多样化的应用需求，还可以为后续的输出解析与模型优化奠定基础。

6.1.1 输入数据类型与格式

大模型的输入数据类型与格式是模型理解和处理任务的基础，决定了模型适用的任务范围和性能表现。在下面的内容中，将详细讲解大模型的常用输入数据的类型、具体格式要求等。

（1）文本数据

自然语言文本是大模型处理的主要数据类型之一，如句子、段落、代码片段等。

• 原始字符串：如 JSON、TXT、CSV 中的字段。

• Token 序列：经过分词、编码后生成的整数序列（如 BERT 或 GPT 使用的 Token ID）。

• 特殊标记：包括开始（<START>）、结束（<END>）、填充（<PAD>）等标记，以适应模型的输入长度要求。

在处理文本数据时需要统一编码格式（如 UTF-8），并考虑去除噪声（如 HTML 标签、无意义字符）和标准化（如小写化、去停用词）。

（2）图像数据

图像作为二维像素矩阵，通常以 RGB 或灰度值表示。

• 文件格式：JPEG、PNG、BMP 等。

• 数组格式：如 NumPy 数组（$H \times W \times C$）或张量格式（$C \times H \times W$，适配深度学习框架，如 PyTorch）。

• 编码处理：归一化到 [0,1] 范围或标准化（减去均值、除以标准差）。

在处理图像数据时需要固定分辨率（如 224×224 像素或 512×512 像素），通常使用插值技术调整大小。同时，需要批处理时需按统一格式存储和加载。

（3）音频数据

音频数据是一维时间序列，代表随时间变化的振幅值。

• 文件格式：WAV、MP3、FLAC 等。

• 表示形式：原始波形、Mel 频谱图、MFCC（Mel 频率倒谱系数）等特征表示。

• 采样率：常见采样率为 16kHz 或 44.1kHz，以平衡质量与存储需求。

在处理音频数据时要统一采样率并归一化振幅。对于长音频，需分段处理，短音频则需填充或重复以满足模型输入要求。

（4）视频数据

视频是图像帧序列，通常伴随音频。常见格式有：

• 文件格式：MP4、AVI、MOV 等。

• 数据形式：帧序列（如 $T \times H \times W \times C$）或提取特征（如光流、关键帧）。

• 编码方式：通过 OpenCV、FFmpeg 等工具提取帧，使用时间步或间隔来减少冗余。

在处理视频数据时选取关键帧，统一分辨率与帧率，必要时同步音视频流。

（5）多模态数据

多模态数据是多种类型数据的组合，如文本 - 图像、图像 - 音频。

• 联合表示：例如，文本使用 Token 序列，图像作为特征向量。

• 序列对：如文本和图像的配对，用特定分隔符连接（如 CLIP 模型中的格式）。

• 对齐方式：如时间戳对齐（音视频）、语义对齐（图像描述与文字）。

在处理多模态数据时需要设计跨模态对齐机制，确保不同模态数据对齐后的表示一致。

（6）输入格式设计的原则

• 统一性：所有输入需转换为模型兼容的张量格式，确保批处理操作的无缝执行。

• 规范性：根据数据特点选择适合的标准格式，如图像的预训练模型要求归一化到特定均值和标准差。

• 高效性：格式应便于加载和预处理，例如，使用内存映射文件（如 HDF5）或数据加载库（如 TensorFlow Dataset、PyTorch Dataloader）。

• 扩展性：输入格式应支持未来任务的扩展需求，例如，加入新的模态数据时无须大规模调整。

6.1.2　输入的预处理与标准化

输入的预处理与标准化是大模型应用中不可或缺的一环，旨在将原始数据转化为模型能够高效处理的形式，提升数据的质量和一致性，从而提高模型的训练和推理性能。

（1）预处理与标准化的目的

• 数据质量提升：去除噪声、异常值或冗余信息，确保数据的可信度和代表性。

• 格式标准化：将多样化的数据转换为模型兼容的统一格式。

•加速模型收敛：通过归一化、去均值等操作减小输入数据分布的差异，提升训练效率。

（2）处理技术

输入的预处理与标准化是模型处理数据的第一步，旨在将原始数据转换为一致且模型兼容的格式，同时去除噪声、优化数据分布，以提高模型的训练和推理效率。

① 归一化（normalization）。归一化将数据缩放到指定范围（如 [0,1] 或 [−1,1]），确保不同特征的值在同一量级上，避免某些特征因数值过大或过小对模型训练产生不均衡影响。

② 去均值与标准化（mean normalization and standardization）。通过调整数据均值为 0、标准差为 1，使数据分布更加平衡，有助于加速模型训练和提升稳定性。

下面是一个 Python 实例，展示了对大模型的输入数据进行预处理和标准化。这里以图像数据为例，展示从原始图像加载到模型兼容的输入形式的全过程，包括尺寸调整、归一化以及批处理。

实例 6-1： 对大模型的输入数据进行预处理和标准化（源码路径：codes/6/Chu.py）

具体实现代码如下。

```
import numpy as np
import cv2
```

```
import matplotlib.pyplot as plt
from tensorflow.keras.preprocessing.image import ImageDataGenerator

# 示例图像路径
image_path = "example.jpg"

# 1. 加载图像
def load_image(image_path):
    image = cv2.imread(image_path)
    image = cv2.cvtColor(image, cv2.COLOR_BGR2RGB)   # 转换为RGB
    return image

# 2. 调整图像尺寸到模型所需（如224×224）
def resize_image(image, target_size=(224, 224)):
    return cv2.resize(image, target_size)

# 3. 归一化图像像素值到 [0, 1] 范围
def normalize_image(image):
    return image / 255.0

# 4. 应用通道标准化 (使用ImageNet标准均值和标准差)
def standardize_image(image):
    mean = np.array([0.485, 0.456, 0.406])
    std = np.array([0.229, 0.224, 0.225])
    return (image - mean) / std

# 5. 显示原始图像与预处理后的图像
def visualize_images(original, processed):
    fig, axes = plt.subplots(1, 2, figsize=(10, 5))
    axes[0].imshow(original)
    axes[0].set_title("Original Image")
    axes[0].axis("off")

    axes[1].imshow(np.clip(processed, 0, 1))  # 处理后的图像可能有负值，需clip
    axes[1].set_title("Preprocessed Image")
    axes[1].axis("off")
    plt.show()

# 主程序
if __name__ == "__main__":
    # 加载原始图像
    image = load_image(image_path)

    # 预处理图像
    resized_image = resize_image(image)
    normalized_image = normalize_image(resized_image)
    standardized_image = standardize_image(normalized_image)

    # 可视化
    visualize_images(image, standardized_image)
```

上述代码的实现流程如下：

• 加载图像：使用 OpenCV 加载图像文件，并将其颜色空间从 BGR 转换为 RGB 格式，以便后续处理和显示。

• 调整尺寸：将图像缩放到标准模型输入尺寸（如 224 × 224 像素），保证输入尺寸一致性，以适配深度学习模型。

• 归一化像素值：将像素值从 [0, 255] 范围映射到 [0, 1]，避免数值过大对模型训练或推理产生不利影响。

• 标准化通道：基于 ImageNet 的通道均值和标准差，对图像数据进行标准化处理，使

数据分布更适合预训练模型。

• 可视化处理前后效果：显示原始图像与标准化后的图像进行对比，验证预处理的正确性，如图 6-1 所示。

(a) 处理前　　(b) 处理后

图 6-1　处理前、后的效果

6.1.3　输出结构的设计

大模型的输出结构设计需要根据任务类型、数据需求和应用场景来规划，以确保输出结果能够被有效解析、存储和利用。概括来说，大模型输出结构的基本设计原则如下：

• 任务相关性：输出结构应紧密围绕任务目标。例如，分类任务输出类别概率，生成任务输出序列结果。

• 可扩展性：输出结构应便于扩展，以适应未来可能增加的功能或需求。

• 易解析性：输出设计应简洁直观，便于后续程序进行处理或用户直接理解。

• 效率与存储：尽量减少冗余数据，优化输出效率，降低存储成本。

在下面的内容中，列出了典型任务的输出结构的设计方法。

① 分类任务：输出类别的概率分布，通常为一个一维向量，其中每个元素表示属于该类别的概率。

• 示例：[0.1, 0.3, 0.6]（表示 3 个类别的概率分布）。

• 优化方向：结合 Softmax 层，确保概率归一化。

② 回归任务：输出为实数值或向量，用于预测连续变量（如价格、温度等）。

• 示例：[42.5] 或 [3.2, −1.4, 0.8]。

• 优化方向：保证数值范围符合实际需求，避免不合理输出。

③ 序列生成任务：输出为一个序列，可能是文本、图像像素或其他嵌入表示。

• 示例：[“Hello” , “world” , “!”] 或 [101, 567, 23]（词表索引序列）。

• 优化方向：通过结束标记（如 <EOS>）明确序列终止。

④ 多任务输出：针对多任务模型，可设计多分支结构，每个任务对应一个输出。

• 示例：{ “classification” : [0.7, 0.2, 0.1], “regression” : [42.3]}。

• 优化方向：合理组织输出结构，便于解析。

⑤ 多模态任务：输出包含多个模态的结果，例如，同时输出文本描述和图像生成结果。

• 示例：{ “text” : “A cat on a table” , “image” : “<binary_data>” }。

• 优化方向：对模态结果分离存储，减少解析复杂性。

下面的实例展示了设计和组织一个输出结构的方法，以便模型的结果能够被清晰地表示、解析和扩展。本实例以一个多任务模型为例，该模型同时完成分类和回归任务。

实例 6-2：设计和组织大模型的输出结构（源码路径：codes/6/Outt.py）

具体实现代码如下。

```
import json

# 定义多任务模型的输出结构
def model_output_structure(classification_result, regression_result, metadata=None):
    """
    组织模型输出的结构化结果。

    :param classification_result: 分类结果，包含类别标签和概率分布
    :param regression_result: 回归结果，输出实数值或向量
    :param metadata: 可选元信息，如推理时间、模型版本
    :return: 结构化输出
    """
    output = {
        "classification": {
            "label": classification_result["label"],
            "confidence": classification_result["confidence"],
            "probabilities": classification_result.get("probabilities", [])
        },
        "regression": {
            "value": regression_result
        },
        "metadata": metadata or {}
    }
    return output

# 模拟模型的输出结果
def simulate_model_output():
    classification_result = {
        "label": "cat",
        "confidence": 0.95,
        "probabilities": [0.95, 0.03, 0.02]  # 三个类别的概率
    }
    regression_result = 42.8  # 假设是房屋价格预测结果
    metadata = {
        "inference_time_ms": 12.5,
        "model_version": "v1.2.3"
    }
    return model_output_structure(classification_result, regression_result,
metadata)

# 保存输出为JSON格式文件
def save_output_to_json(output, filename="model_output.json"):
    with open(filename, "w") as f:
        json.dump(output, f, indent=4)
    print(f"Output saved to {filename}")

# 主程序
if __name__ == "__main__":
    # 模拟获取模型输出
    structured_output = simulate_model_output()

    # 打印输出结果
    print("Structured Output:")
    print(json.dumps(structured_output, indent=4))

    # 保存到文件
    save_output_to_json(structured_output)
```

对上述代码的具体说明如下：

- 分类任务输出：包含类别标签、置信度和完整的概率分布，便于后续分析。
- 回归任务输出：直接输出预测值，简洁易用。
- 元信息：如推理时间和模型版本，为调试和监控提供有用信息。
- 扩展性：输出结构设计灵活，易于增加其他任务的结果（如多模态任务）。

执行后会输出：

```
Structured Output:
{
    "classification": {
        "label": "cat",
        "confidence": 0.95,
        "probabilities": [
            0.95,
            0.03,
            0.02
        ]
    },
    "regression": {
        "value": 42.8
    },
    "metadata": {
        "inference_time_ms": 12.5,
        "model_version": "v1.2.3"
    }
}
Output saved to model_output.json
```

6.1.4 输入输出接口设计

输入输出接口是大模型与外部世界交互的关键环节，直接影响模型的使用效率、用户体验以及系统的可扩展性。一个好的接口设计应遵循高效性、通用性和易用性原则，并根据具体任务场景优化实现。

- 输入接口：接收来自用户或其他系统的数据，并将其转换为模型可理解的格式。
- 输出接口：将模型的预测结果组织成清晰的结构，供用户或后续系统使用。

例如，一个图片分类模型的输入接口接收图像文件，输出接口返回类别标签及其置信度。

（1）输入接口设计

•支持多种数据类型：输入接口需支持不同格式的数据，如文本（字符串）、图像（矩阵）和音频（波形数据）。例如，文本分类模型接收 {“text”:“你好”}，图像分类模型接收图片文件。

• 输入校验与预处理：在接口中添加校验机制，确保数据格式和内容符合模型要求。例如，检查图像尺寸是否符合模型输入要求（如 224×224 像素）或文本是否超出长度限制。

• 提供多种调用方式：例如，文件接口可以供用户上传文件（如图片、音频），用户通过 API 接口发送数据（如 JSON 或 Base64 编码图像）。

（2）输出接口设计

• 标准化输出结构：输出结果应采用标准格式，以便于解析和传输。常见格式包括 JSON（结构化数据，适合多任务结果）和 CSV（适合批量处理结果）。

• 可扩展性：为未来任务扩展预留字段，如增加多模态模型的结果。例如，同时输出分类结果和生成的文本描述。

• 元信息输出：提供推理时间、模型版本等元信息，便于调试和监控。

下面的实例展示了基于 Flask 框架实现大模型输入输出接口的方法。本实例实现了一个文本分类任务的输入输出接口，支持用户通过 API 提交文本并获取分类结果和置信度。

实例 6-3： 大模型的输入输出接口（源码路径：codes/6/Jie.py）

具体实现代码如下。

```
from flask import Flask, request, jsonify
import time

# 初始化 Flask 应用
app = Flask(__name__)

# 模拟分类模型
def classify_text(text):
    """
    模拟分类模型的推理逻辑
    :param text: 输入文本
    :return: 分类标签和置信度
    """
    # 简单模拟，根据文本内容分类
    if "天气" in text:
        return "weather_query", 0.98
    elif "你好" in text or "hello" in text.lower():
        return "greeting", 0.95
    else:
        return "unknown", 0.50

# 输入输出接口
@app.route('/classify', methods=['POST'])
def classify():
    """
    文本分类接口
    """
    # 记录请求处理开始时间
    start_time = time.time()

    # 获取用户输入数据
    data = request.get_json()

    # 检查输入是否有效
    if not data or 'text' not in data:
        return jsonify({"error": "Invalid input", "message": "The 'text' field is
required."}), 400

    text = data['text']

    # 调用模型进行推理
    label, confidence = classify_text(text)

    # 记录推理时间
    inference_time_ms = (time.time() - start_time) * 1000

    # 返回结果
    response = {
        "label": label,
        "confidence": confidence,
        "metadata": {
            "inference_time_ms": round(inference_time_ms, 2),
            "model_version": "v1.0"
        }
```

```
    }
    return jsonify(response)

# 主函数
if __name__ == '__main__':
    # 启动 Flask 服务
    app.run(debug=True, host='0.0.0.0', port=5000)
```

对上述代码的具体说明如下：

• 框架选用：使用 Flask 框架实现轻量级的 RESTful API。

• 模型模拟：classify_text 模拟一个简单的文本分类模型，根据关键字返回标签和置信度。

• 输入校验：检查是否传入了 JSON 数据，验证输入中是否包含 text 字段。

• 推理逻辑：调用模型函数对输入文本进行分类。记录推理时间，作为元信息返回给用户。

• 输出设计：输出包含分类标签（label）、置信度（confidence）和元信息（metadata），如推理时间和模型版本。

• 错误处理：当输入格式不符合要求时，返回统一的错误信息。

运行上面的程序启动本地 Flask 服务器，然后使用 curl 命令或 Postman 测试接口，发送 POST 请求：

```
curl -X POST http://127.0.0.1:5000/classify \
-H "Content-Type: application/json" \
-d '{"text": "今天的天气真好！"}'
```

执行成功后会返回分类结果及相关元信息：

```
{
    "label": "weather_query",
    "confidence": 0.98,
    "metadata": {
        "inference_time_ms": 1.23,
        "model_version": "v1.0"
    }
}
```

6.2　数据流和数据结构

数据流和数据结构是大模型处理数据的核心，直接影响系统的效率和性能。合理的数据流设计与管理可确保数据在输入、处理和输出阶段高效传递，而优化的数据结构可以提升存储和计算的速度。通过批处理、缓存机制以及性能优化技术，可以有效降低延迟、提高吞吐量，为大模型的运行提供坚实基础。

6.2.1　数据流的设计与管理

数据流的设计与管理是大模型系统开发中的核心任务，涉及数据在不同阶段的流转和控制。科学合理的数据流设计可以提升系统的效率、降低延迟，并确保数据在整个流程中的一致性和完整性。

（1）什么是数据流

数据流是指数据从输入到输出的全过程，包括数据的采集、预处理、传递、存储、处理和返回结果等环节。一个清晰的数据流能使系统高效地处理多种任务，确保数据正确到达目标组件。

（2）数据流设计的关键原则

• 清晰性：数据流需要结构化，明确每一步操作的输入、输出和目的。例如，图像分类系统的数据流从图像上传开始，经过预处理、模型推理、结果解析，最后返回标签。

• 高效性：数据流设计应尽量减少重复处理和数据传输开销，例如，通过批量处理方式同时传递多个数据点，提升吞吐量。

• 鲁棒性：数据流必须具备应对异常和错误的能力，确保系统稳定运行。例如，在输入数据不完整时，数据流自动丢弃问题数据而不中断整个流程。

（3）数据流的管理技术

•模块化设计：将数据流分解为多个模块，例如，数据采集、预处理、推理、后处理等，每个模块独立为一部分功能。

• 流控机制：使用流量控制机制（如缓冲区或队列）管理数据流量，避免输入过多导致系统崩溃。例如，对实时数据流进行分段处理，每秒限制最大输入数据量。

• 异步处理：数据流中的某些环节可以采用异步机制，以减少整体延迟。例如，在模型推理阶段，预处理与后续步骤异步执行。

• 监控与日志：数据流需要全程监控，记录关键指标（如数据流量、处理时延），并保存日志以便于排查问题。例如，在数据流中加入性能计数器，记录推理时间和失败率。

通过合理设计和管理数据流，可以确保大模型在高效处理任务的同时，具备良好的扩展性和鲁棒性，为复杂应用场景提供可靠支持。下面是一个基于流式数据处理的实例，演示了设计和管理一个简单数据流的过程。在本实例中以文本分类为背景，采用队列和多线程的方式处理数据流，确保数据在预处理、推理和后处理阶段高效流转。

实例 6-4：设计和管理一个数据流（源码路径：codes/6/LIu.py）

具体实现代码如下。

```
import queue
import threading
import time

# 定义全局队列用于数据流管理
data_queue = queue.Queue()  # 输入数据队列
result_queue = queue.Queue()  # 输出结果队列
output_lock = threading.Lock()  # 用于保护终端输出

# 模拟数据流的三个阶段
def data_preprocessing():
    """模拟数据的预处理阶段"""
    while True:
        try:
            # 从数据队列获取输入
            data = data_queue.get(timeout=1)
            with output_lock:
                print(f"Preprocessing data: {data}")
            preprocessed_data = data.lower().strip()  # 简单的文本预处理
            # 将预处理结果传递到下一阶段
            time.sleep(0.5)  # 模拟耗时
            result_queue.put(preprocessed_data)
            data_queue.task_done()
        except queue.Empty:
            break
```

```
def model_inference():
    """模拟模型推理阶段"""
    while True:
        try:
            # 从结果队列获取预处理后的数据
            preprocessed_data = result_queue.get(timeout=1)
            with output_lock:
                print(f"Model inference on: {preprocessed_data}")
            # 模拟分类模型推理
            if "hello" in preprocessed_data:
                result = {"label": "greeting", "confidence": 0.95}
            elif "weather" in preprocessed_data:
                result = {"label": "weather_query", "confidence": 0.92}
            else:
                result = {"label": "unknown", "confidence": 0.50}
            time.sleep(1)  # 模拟耗时
            # 输出推理结果
            with output_lock:
                print(f"Result: {result}")
            result_queue.task_done()
        except queue.Empty:
            break

# 数据流管理函数
def manage_data_stream(input_data):
    """管理数据流"""
    with output_lock:
        print("Starting data stream...")
    # 将数据放入输入队列
    for data in input_data:
        data_queue.put(data)
    with output_lock:
        print("All data queued for processing.")

    # 启动线程执行数据流各阶段任务
    threads = []
    preprocessing_thread = threading.Thread(target=data_preprocessing)
    inference_thread = threading.Thread(target=model_inference)
    threads.append(preprocessing_thread)
    threads.append(inference_thread)

    # 启动线程
    for thread in threads:
        thread.start()

    # 等待线程完成任务
    for thread in threads:
        thread.join()

    with output_lock:
        print("Data stream processing complete.")

# 测试数据流管理
if __name__ == "__main__":
    input_data = [
        "Hello, how are you?",
        "What's the weather like today?",
        "Random text without specific meaning."
    ]
    manage_data_stream(input_data)
```

对上述代码的具体说明如下：

• 输入队列和结果队列：data_queue 用于存储原始输入数据，result_queue 用于存储预处理后的数据和模型推理结果。

• 预处理阶段：通过线程从 data_queue 获取数据，进行文本归一化（如小写化、去除空格）后存入 result_queue。

• 推理阶段：从 result_queue 获取预处理后的数据，模拟模型推理并打印分类结果。

• 线程锁（threading.Lock）：使用 output_lock 保护打印语句，确保每次打印内容完整且不被其他线程打断。所有 print 操作均被包裹在 with output_lock 块中，避免了输出的交错和混乱。

• 任务管理与同步：使用 queue.Queue 提供的 task_done 和 join 方法管理数据队列，确保每个任务完整执行。

执行后会输出：

```
Starting data stream...
All data queued for processing.
Preprocessing data: Hello, how are you?
Preprocessing data: What's the weather like today?
Model inference on: hello, how are you?
Preprocessing data: Random text without specific meaning.
Result: {'label': 'greeting', 'confidence': 0.95}
Model inference on: what's the weather like today?
Result: {'label': 'weather_query', 'confidence': 0.92}
Model inference on: random text without specific meaning.
Result: {'label': 'unknown', 'confidence': 0.5}
Data stream processing complete.
```

6.2.2 数据结构的选择与优化

在大模型的构建和应用中，数据结构的选择与优化是模型性能和准确性的重要保障。一个高效的数据结构能够加速模型训练和推理，降低资源消耗，并提高处理复杂任务的能力。

（1）数据结构选择的考虑因素

• 任务需求：数据结构的选择取决于具体的任务。例如，文本处理通常使用字符串或张量，而图像处理需要多维数组（如 NumPy 数组或 PyTorch 张量）。

• 数据规模：数据规模越大，越需要高效的存储和操作。例如，大规模图数据使用稀疏矩阵以节省内存，而不是密集矩阵。

• 存储与检索效率：数据结构应在内存和时间复杂度之间找到平衡。例如，使用哈希表（字典）进行快速查找，或用队列实现数据流管理。

• 并行性支持：数据结构需要支持高效的并行计算，如批量处理中的张量操作。

（2）数据结构优化的技术

• 量化：通过低精度数据类型（如 INT8）替代高精度浮点类型（如 FP32）减少存储需求。

• 稀疏性利用：剔除权重矩阵中的零值，仅存储非零值及其索引。

• 多层索引：如倒排索引用于快速文本查询。

• 高效检索算法：如 KD 树加速近邻搜索。

• 内存分配优化：使用固定内存块分配减少碎片，利用共享内存技术在多任务间重用数据。

• 并行与分布式支持：数据切片和分片使得数据结构适应多 GPU 或多节点的训练。使用框架（如 Dask）优化分布式存储和计算。

（3）数据结构优化的案例

• 文本任务（NLP）：使用基于字典的词表映射将文本转为索引序列，再转换为张量输入模型。

• 图任务（GNN）：使用稀疏矩阵表示节点间的连接关系，结合高效的稀疏张量运算库。

• 推荐系统：使用嵌入向量和哈希表进行用户与物品的高效匹配。

这些不仅是工程实现的重点，也帮助我们理解复杂系统设计的核心。下面是一个简单的文本任务实例，展示了将文本通过词表映射转换为索引序列，进一步转化为张量并作为模型输入的用法。

实例 6-5： 将文本通过词表映射转换为索引序列（源码路径：codes/6/Wen.py）

具体实现代码如下。

```
import torch

# 定义词表
vocab = {
    "hello": 1,
    "world": 2,
    "how": 3,
    "are": 4,
    "you": 5,
    "unknown": 0  # 用于未出现在词表中的单词
}

# 定义一个简单的句子
sentences = [
    "Hello world",
    "How are you",
    "This is an unknown test"
]

# 文本预处理：小写化、分词
def preprocess(sentence):
    return sentence.lower().split()

# 将句子转化为索引序列
def text_to_sequence(sentence, vocab):
    tokens = preprocess(sentence)
    return [vocab.get(token, vocab["unknown"]) for token in tokens]

# 将多个句子转化为张量
def batch_to_tensor(sentences, vocab):
    sequences = [text_to_sequence(sentence, vocab) for sentence in sentences]
    max_len = max(len(seq) for seq in sequences)  # 找出最长序列
    padded_sequences = [seq + [0] * (max_len - len(seq)) for seq in sequences]  #
补齐到相同长度
    return torch.tensor(padded_sequences)

# 将句子转化为张量
input_tensor = batch_to_tensor(sentences, vocab)

# 输出结果
print("词表:", vocab)
print("输入句子:", sentences)
print("张量表示:\n", input_tensor)
```

对上述代码的具体说明如下：

• 词表定义：使用 Python 字典构建词表（vocab），每个单词映射到一个整数索引，未在词表中出现的单词映射为 0。

- 文本预处理：对输入的句子进行小写化和分词（将句子拆分为单词列表）。
- 映射到索引序列：使用词表将分词结果转化为对应的索引序列。
- 张量化处理：找到输入序列中最长的句子，使用 0 补齐其他序列到相同长度，然后转化为 PyTorch 张量以供模型处理。

执行后会输出：

```
词表：{'hello': 1, 'world': 2, 'how': 3, 'are': 4, 'you': 5, 'unknown': 0}
输入句子：['Hello world', 'How are you', 'This is an unknown test']
张量表示：
 tensor([[1, 2, 0, 0, 0],
        [3, 4, 5, 0, 0],
        [0, 0, 0, 0, 0]])
```

6.2.3 数据批处理与缓存

在大模型的训练与推理过程中，数据批处理和缓存是关键技术。通过合理的批处理设计和高效的缓存策略，可以显著提高系统的吞吐量、降低资源消耗并保障模型的稳定运行。

（1）数据批处理（batch processing）

批处理是将数据分组为固定大小的小批量（batch），依次输入模型，而非一次性处理所有数据。批处理的核心目标是利用硬件加速，最大化计算资源的使用效率。

① 批处理的优点：

- 提高效率：减少频繁的数据加载和计算切换，提高硬件利用率。
- 稳定训练：通过均匀的梯度计算，避免单一数据样本对模型更新造成过大波动。
- 支持并行性：特别适用于 GPU、TPU 等硬件，可同时处理多个样本。

② 批处理的关键参数：

- 批量大小（batch size）：通常为 32、64、128 等。过小可能导致硬件资源浪费，过大则可能超出显存限制。
- 随机化（shuffling）：在训练中随机排列数据，以减少模型对样本顺序的依赖。
- 动态填充（padding）：对于变长数据（如文本），在批处理时通过填充将序列对齐。

③ 批处理的实现方式：使用深度学习框架（如 PyTorch 的 DataLoader 或 TensorFlow 的 tf.data）批量加载数据。

（2）数据缓存（caching）

数据缓存是指将部分常用数据保存在内存或磁盘中，减少重复读取或计算的开销，从而加速数据的访问速度。缓存策略对大模型尤其重要，因为大规模数据集的频繁加载可能成为系统的瓶颈。

① 缓存的作用：

- 加速数据读取：避免频繁访问磁盘。
- 减少重复计算：将常用特征或中间结果缓存，减少重复计算。
- 节省资源：缓解存储 I/O 的压力。

② 缓存策略：

- 全量缓存：将所有数据加载到内存中（适用于小型数据集）。
- 分块缓存：分批将数据加载到内存，逐步替换已使用的数据块。
- 预加载：在当前批次处理时，提前加载下一批次数据。

• 分布式缓存：在多节点系统中共享缓存内容，提高系统整体效率。

③ 缓存工具与框架：

• 内存缓存：如 Python 的 functools.lru_cache。

• 磁盘缓存：如 joblib.Memory、LMDB。

• 分布式缓存：如 Redis 或 Spark 的 RDD。

在实际应用中，批处理和缓存往往结合使用。例如，在批处理中动态加载和预处理数据，同时缓存已加载的数据，以便重复使用。在训练过程中，将计算后的特征缓存，供后续的推理或增量训练使用。下面是一个结合数据批处理和缓存的实例，展示了在 NLP 任务中实现批处理和中间结果缓存，以提高数据加载和处理效率。

实例 6-6：在 NLP 任务中实现批处理和缓存（源码路径：codes/6/Huan.py）

具体实现代码如下。

```
import os
import torch
from torch.utils.data import DataLoader, Dataset
import pickle

# 自定义数据集
class TextDataset(Dataset):
    def __init__(self, data, vocab, cache_dir="./cache"):
        self.data = data
        self.vocab = vocab
        self.cache_dir = cache_dir
        os.makedirs(self.cache_dir, exist_ok=True)  # 确保缓存目录存在

    def __len__(self):
        return len(self.data)

    def __getitem__(self, idx):
        cache_path = os.path.join(self.cache_dir, f"sample_{idx}.pkl")

        # 如果缓存存在，则加载缓存
        if os.path.exists(cache_path):
            with open(cache_path, "rb") as f:
                return pickle.load(f)

        # 否则计算样本，并存入缓存
        text = self.data[idx]
        tokens = self.preprocess(text)
        indices = self.text_to_indices(tokens)
        sample = {"text": text, "indices": indices}

        with open(cache_path, "wb") as f:
            pickle.dump(sample, f)

        return sample

    def preprocess(self, text):
        return text.lower().split()

    def text_to_indices(self, tokens):
        return [self.vocab.get(token, self.vocab["<UNK>"]) for token in tokens]

# 定义填充函数
def collate_fn(batch):
    # 获取最大长度
    max_len = max(len(sample["indices"]) for sample in batch)
```

```
        # 填充到相同长度
        for sample in batch:
            padded_indices = sample["indices"] + [0] * (max_len -
len(sample["indices"]))
            sample["indices"] = padded_indices

        # 转换为张量
        texts = [sample["text"] for sample in batch]
        indices = torch.tensor([sample["indices"] for sample in batch], dtype=torch.
long)

        return {"text": texts, "indices": indices}

    # 定义词表和数据
    vocab = {"hello": 1, "world": 2, "how": 3, "are": 4, "you": 5, "<UNK>": 0}
    texts = ["Hello world", "How are you", "Unknown data entry"]

    # 初始化数据集和 DataLoader
    dataset = TextDataset(texts, vocab)
    data_loader = DataLoader(dataset, batch_size=2, shuffle=True, collate_fn=collate_fn)

    # 模拟模型的简单推理
    def model_inference(batch):
        # 模拟模型输出
        return [{"label": "greeting", "confidence": 0.9}] * len(batch)

    # 批处理和推理
    print("Starting batch processing with caching...")
    for batch in data_loader:
        print("Original Text:", batch["text"])
        print("Token Indices (Padded):", batch["indices"])
        results = model_inference(batch["indices"])
        print("Inference Results:", results)
    print("Batch processing complete.")
```

对上述代码的具体说明如下：

• 数据批处理：使用 DataLoader 对数据进行分批加载，减少单次加载的数据量。

• 缓存策略：使用 pickle 将每个样本的预处理结果保存到磁盘，避免重复计算。支持动态更新缓存内容，以适应数据集的随机性。

• 高效推理：批量加载的 Token 索引直接输入推理函数，提高运行效率。

执行后会输出下面的结果，这说明程序已经成功进行了数据的批处理、填充以及推理操作。

```
    Starting batch processing with caching...
    Original Text: ['How are you', 'Unknown data entry']
    Token Indices (Padded): tensor([[3, 4, 5],
            [0, 0, 0]])
    Inference Results: [{'label': 'greeting', 'confidence': 0.9}, {'label': 'greeting',
'confidence': 0.9}]
    Original Text: ['Hello world']
    Token Indices (Padded): tensor([[1, 2]])
    Inference Results: [{'label': 'greeting', 'confidence': 0.9}]
    Batch processing complete.
```

6.3 输出解析与后处理

输出解析与后处理是大模型应用的关键环节，旨在将模型的原始输出转换为易于理解和使用的形式。它包括对输出格式进行规范化、处理分类和标注结果，以及利用序列化和反序列化技术存储或传输数据，同时支持可视化分析以更直观地呈现结果。通过合理的后处理，可以显著提升模型输出的可用性和用户体验，满足实际应用需求。

6.3.1 分类与标注结果的处理

大模型的分类与标注结果的处理是指对模型生成的分类或标注输出进行后续优化、提取和组织，以便更高效地满足应用场景的需求。这个过程在文本、图像、音频等多模态任务中尤为重要，处理后的结果通常需要具备准确性、一致性和实用性。

（1）分类与标注结果的特点

• 分类结果：通常是一个或多个类别的预测结果，例如，情感分析（正面、负面、中性）或文档分类。输出形式包括类别标签及其对应的置信度分数。

• 标注结果：涉及对输入数据进行细粒度的注释，例如，命名实体识别（NER）中的实体边界和类别。输出形式可能是标注的开始和结束位置、类别标签，或者图像中的目标边框和类别。

（2）分类与标注结果的处理方法

• 过滤与排序：按置信度分数对分类结果进行排序，仅保留高置信度的预测。删除置信度低于阈值的结果，减少噪声。

• 结果聚合：针对多分类器或多模型的输出，采用投票、加权平均等方法聚合结果。在多标签分类中，结合业务逻辑选择重要标签。

• 映射与重命名：将模型输出的类别标签映射为人类可读的名称或符合业务语境的标签。例如，将 POS 转为“正面情感”。

• 格式化与结构化：将结果转换为结构化数据格式（如 JSON、CSV）以便存储、传输或展示。对标注结果进行片段划分或索引结构优化。

• 处理错误与冲突：针对分类结果中的矛盾或标注结果中的重叠区域，通过规则或二次模型校正。使用领域知识解决置信度相近的分类结果冲突。

• 数据可视化：在分类任务中，绘制饼图、柱状图展示各类别分布。在标注任务中，绘制热力图或边界框增强对结果的理解。

下面是一个大模型分类与标注结果处理的实例，场景为自然语言处理（NLP）中的多任务学习，模型同时输出分类结果（情感分析）和标注结果 [命名实体识别（NER）]。程序将对这两类结果进行复杂的后处理，包括过滤、聚合、标签映射、格式化输出等。

实例 6-7： 大模型分类与标注结果处理（源码路径：codes/6/Biao.py）

具体实现代码如下。

```
import json

# 模拟的多任务模型输出
raw_model_output = {
    "classification": [
        {"label": "positive", "confidence": 0.85},
        {"label": "negative", "confidence": 0.10},
        {"label": "neutral", "confidence": 0.05}
    ],
    "ner": [
        {"entity": "Person", "value": "Alice", "start": 0, "end": 5, "confidence": 
0.95},
        {"entity": "Organization", "value": "OpenAI", "start": 15, "end": 21, 
"confidence": 0.88},
```

```
        {"entity": "Location", "value": "Paris", "start": 25, "end": 30,
"confidence": 0.6}
        ]
    }

    # 分类结果处理函数
    def process_classification_result(raw_data, threshold=0.1):
        # 过滤低置信度结果
        filtered_data = [item for item in raw_data if item["confidence"] >= threshold]
        # 重命名标签
        label_mapping = {"positive": "正面情感", "negative": "负面情感", "neutral": "中性
情感"}
        for item in filtered_data:
            item["label"] = label_mapping.get(item["label"], item["label"])
        # 提取最高置信度类别
        final_result = max(filtered_data, key=lambda x: x["confidence"])
        return filtered_data, final_result

    # 命名实体识别（NER）结果处理函数
    def process_ner_result(ner_output, threshold=0.7):
        # 过滤低置信度实体
        filtered_entities = [item for item in ner_output if item["confidence"] >=
threshold]
        # 格式化输出，提供语义描述
        processed_entities = []
        for item in filtered_entities:
            description = f"{item['value']} 是一个 {item['entity']}，位置索引
[{item['start']}, {item['end']}]"
            processed_entities.append({"entity": item["entity"], "value":
item["value"], "description": description})
        return processed_entities

    # 综合处理函数
    def process_multitask_output(model_output):
        # 处理分类结果
        classification_results, final_classification = process_classification_result(
            model_output["classification"]
        )

        # 处理NER结果
        ner_results = process_ner_result(model_output["ner"])

        # 构建综合结果
        final_output = {
            "classification": {
                "detailed_results": classification_results,
                "final_decision": final_classification
            },
            "ner": ner_results
        }
        return final_output

    # 执行综合处理
    processed_output = process_multitask_output(raw_model_output)

    # 打印处理后的结果
    print("综合处理后的输出：")
    print(json.dumps(processed_output, indent=2, ensure_ascii=False))
```

对上述代码的具体说明如下：

• 模型输出模拟：分类结果是一个类别列表，每个类别包含标签和置信度。NER 结果是

一个实体列表，包括实体类别、值、起止索引和置信度。

•分类结果处理：对置信度低于阈值（如 0.1）的类别进行过滤，将模型的英文标签（如 positive）映射为用户友好的中文标签（如“正面情感”）。然后提取置信度最高的类别作为最终分类结果。

• NER 结果处理：过滤掉低置信度的实体（如置信度低于 0.7），然后构建人类友好的语义描述，增加实体位置的可解释性。

• 综合处理：将分类结果和标注结果整合为一个字典，便于下游应用（如存储或展示）。

执行后会输出：

```
综合处理后的输出：
{
  "classification": {
    "detailed_results": [
      {
        "label": "正面情感",
        "confidence": 0.85
      },
      {
        "label": "负面情感",
        "confidence": 0.1
      }
    ],
    "final_decision": {
      "label": "正面情感",
      "confidence": 0.85
    }
  },
  "ner": [
    {
      "entity": "Person",
      "value": "Alice",
      "description": "Alice 是一个 Person，位置索引 [0, 5]"
    },
    {
      "entity": "Organization",
      "value": "OpenAI",
      "description": "OpenAI 是一个 Organization，位置索引 [15, 21]"
    }
  ]
}
```

6.3.2 序列化与反序列化

大模型的序列化与反序列化是指将模型、输入数据或输出结果转换为可存储和传输的格式（序列化），以及从这些格式中还原为可使用对象（反序列化）的过程。在实际应用中，使用序列化与反序列化的意义如下：

• 持久化存储：将训练后的大模型保存为文件，便于后续加载和使用。

• 跨平台传输：在分布式系统中传递模型权重、输入数据或推理结果。

• 优化加载速度：通过选择高效的序列化格式，减少加载时间。

下面是一个在大模型应用中实现序列化与反序列化的实例，展示了对模型实现权重处理、输入数据以及中间推理结果进行序列化和反序列化操作的方法，并结合了压缩和分片存储的优化技巧。

实例 6-8：对大模型实现序列化与反序列化处理（源码路径：codes/6/Chu.py）

具体实现代码如下。

```
import torch
import json
import os
import gzip
import pickle

# 模拟的大模型
class ComplexModel(torch.nn.Module):
    def __init__(self):
        super(ComplexModel, self).__init__()
        self.embedding = torch.nn.Embedding(100, 50)  # 词嵌入层
        self.fc1 = torch.nn.Linear(50, 128)           # 全连接层
        self.fc2 = torch.nn.Linear(128, 10)           # 输出层

    def forward(self, x):
        x = self.embedding(x)
        x = x.mean(dim=1)  # 简单的平均池化
        x = torch.relu(self.fc1(x))
        return torch.softmax(self.fc2(x), dim=1)

# 初始化模型和模拟数据
model = ComplexModel()
dummy_input = torch.randint(0, 100, (4, 10))  # 模拟批量输入数据

# 1. 模型权重的分片存储与加载
def save_model_in_chunks(model, base_path, chunk_size=1e6):
    """将模型权重分片存储"""
    state_dict = model.state_dict()
    os.makedirs(base_path, exist_ok=True)
    for name, param in state_dict.items():
        file_path = os.path.join(base_path, f"{name}.pt.gz")
        with gzip.open(file_path, 'wb') as f:
            pickle.dump(param.cpu(), f)
    print(f"模型已分片存储至: {base_path}")

def load_model_from_chunks(model, base_path):
    """从分片加载模型权重"""
    state_dict = {}
    for file in os.listdir(base_path):
        with gzip.open(os.path.join(base_path, file), 'rb') as f:
            param_name = file.replace('.pt.gz', '')
            state_dict[param_name] = pickle.load(f)
    model.load_state_dict(state_dict)
    print(f"模型已从分片加载完成。")

# 存储与加载模型
model_dir = "model_chunks"
save_model_in_chunks(model, model_dir)
loaded_model = ComplexModel()
load_model_from_chunks(loaded_model, model_dir)

# 2. 数据输入的序列化与反序列化
def save_data(data, file_path):
    """序列化输入数据"""
    with open(file_path, 'w') as f:
        json.dump(data, f)
    print(f"输入数据已保存至: {file_path}")

def load_data(file_path):
    """反序列化输入数据"""
```

```
    with open(file_path, 'r') as f:
        data = json.load(f)
    print(f"输入数据已加载: {data}")
    return data

input_data = {"batch_1": dummy_input.tolist()}
data_path = "input_data.json"
save_data(input_data, data_path)
loaded_input = load_data(data_path)

# 3. 中间推理结果的序列化与加载
def save_inference_results(results, file_path):
    """序列化推理结果"""
    with gzip.open(file_path, 'wb') as f:
        pickle.dump(results, f)
    print(f"推理结果已保存至: {file_path}")

def load_inference_results(file_path):
    """反序列化推理结果"""
    with gzip.open(file_path, 'rb') as f:
        results = pickle.load(f)
    print(f"推理结果已加载: {results}")
    return results

# 模型推理与结果存储
inference_results = []
with torch.no_grad():
    outputs = loaded_model(dummy_input)
    for i, output in enumerate(outputs):
        result = {"sample_id": i, "class_probs": output.tolist()}
        inference_results.append(result)

results_path = "inference_results.pkl.gz"
save_inference_results(inference_results, results_path)
loaded_results = load_inference_results(results_path)

# 清理临时文件
os.remove(data_path)
os.remove(results_path)
for file in os.listdir(model_dir):
    os.remove(os.path.join(model_dir, file))
os.rmdir(model_dir)
```

对上述代码的具体说明如下：

• 模型权重的分片存储与加载：借助 pickle 模块将模型的每个参数分别以压缩格式进行存储（.pt.gz 文件），通过分片存储减少大模型加载内存占用的压力。

• 数据输入的序列化与反序列化：将输入数据保存为 JSON 格式，易于阅读和跨平台使用。然后使用 Python 内置的 JSON 库进行序列化和反序列化操作。

• 推理结果的序列化与加载：将中间推理结果保存为压缩后的二进制文件，使用 gzip 减小文件大小。采用 Python 的 pickle 序列化方案处理推理结果，支持复杂的数据结构。

执行后会输出：

```
模型已分片存储至: model_chunks
模型已从分片加载完成。
输入数据已保存至: input_data.json
输入数据已加载: {'batch_1': [[28, 60, 12, 91, 12, 3, 76, 57, 92, 22], [12, 98, 12,
91, 90, 42, 92, 47, 38, 12], [50, 28, 23, 89, 96, 40, 60, 64, 76, 80], [53, 88, 7, 55,
22, 50, 96, 60, 22, 40]]}
```

```
推理结果已保存至: inference_results.pkl.gz
推理结果已加载: [{'sample_id': 0, 'class_probs': [0.10783557593822479,
0.09174969047307968, 0.10107501596212387, 0.10037141293287277, 0.102282091975212l,
0.0941074937582016, 0.10879591107368469, 0.0946111977l003723, 0.10206583887338638,
0.0971056967973709l]}, {'sample_id': 1, 'class_probs': [0.11010058224201202,
0.08987127989530563, 0.10581110417842865, 0.10950976610183716, 0.11389737576246262,
0.0937508717l792984, 0.10539267212152481, 0.089716605842l135, 0.09527348726987839,
0.0866762772202491 8]}, {'sample_id': 2, 'class_probs': [0.10552800446748734,
0.0920443907380104, 0.09689579904079437, 0.10336035490036011, 0.09880205988883972,
0.09447796642780304, 0.1139041930437088, 0.09587135165929794, 0.0950748473405838,
0.10404112935066223]}, {'sample_id': 3, 'class_probs': [0.1151733547449112,
0.0942122340202 3315, 0.1006040871143341, 0.11345737427473068, 0.09695523232221603,
0.09182598441839218, 0.1003783196210 8612, 0.09755376726388931, 0.09272253513336182,
0.09711717814207077]}]
```

6.3.3 输出后处理中的可视化

输出后处理中的可视化是帮助用户直观理解和分析大模型推理结果的重要手段，能够将复杂的模型输出转换为易于理解的图表、图像或交互式界面，适用于调试、分析和展示模型性能。在实际应用中，输出后处理中的可视化的主要方法如下：

• 分类任务的可视化：使用柱状图或饼图显示分类结果的分布和置信度。例如，将分类任务的结果按照类别绘制成概率分布图，直观展示模型的预测置信度。

• 回归任务的可视化：利用散点图或折线图对模型的预测值与真实值进行对比，分析预测误差。

• 自然语言生成任务：展示模型生成的文本，并标注生成过程中的注意力分布或其他中间状态。例如，使用热力图显示模型在文本生成过程中关注的关键词。

• 多模态任务的可视化：如图像和文本结合的任务，可以叠加注意力权重在图像上，展示模型如何对特定区域进行关注。

• 数据分布和性能分析：利用混淆矩阵、ROC 曲线、PR 曲线等方式评价模型性能，数据分布可视化能揭示输入数据的特性和模型在不同数据分布下的表现。

总之，可视化是大模型输出后处理不可或缺的一部分，它不仅是技术实现的重要步骤，更是数据与人沟通的桥梁。下面的实例，展示了对多分类任务的模型输出进行可视化的过程。在本实例中，模型预测了多张图片的类别，并生成了分类置信度分布。程序将结果以柱状图和热力图的形式进行可视化，以便分析模型的预测分布和关注区域。

实例 6-9：对多分类任务的模型输出进行可视化（源码路径：codes/6/Ke.py）

具体实现代码如下。

```
import numpy as np
import matplotlib.pyplot as plt
import seaborn as sns
import torch
import torch.nn.functional as F

# 模拟大模型输出
def simulate_model_output(batch_size, num_classes):
    # 随机生成模型输出 logits
    logits = torch.randn(batch_size, num_classes)
    probabilities = F.softmax(logits, dim=1)
    predictions = torch.argmax(probabilities, dim=1)
    return probabilities.numpy(), predictions.numpy()

# 数据预设
```

```
    batch_size = 5
    num_classes = 10
    class_labels = [f"Class {i}" for i in range(num_classes)]

    # 获取模型输出
    probabilities, predictions = simulate_model_output(batch_size, num_classes)

    # 对每个样本生成分类结果的柱状图
    def plot_classification_results(probabilities, predictions, class_labels):
        num_samples = probabilities.shape[0]
        for i in range(num_samples):
            plt.figure(figsize=(8, 5))
            plt.bar(class_labels, probabilities[i], color='skyblue')
            plt.title(f"Sample {i+1}: Predicted Class - {class_
labels[predictions[i]]}", fontsize=14)
            plt.xlabel("Classes", fontsize=12)
            plt.ylabel("Probability", fontsize=12)
            plt.xticks(rotation=45)
            plt.grid(axis='y', linestyle='--', alpha=0.7)
            plt.tight_layout()
            plt.show()

    # 绘制批量的分类置信度热力图
    def plot_confidence_heatmap(probabilities, class_labels):
        plt.figure(figsize=(10, 6))
        sns.heatmap(probabilities, annot=True, fmt=".2f", cmap="YlGnBu",
                    xticklabels=class_labels, yticklabels=[f"Sample {i+1}" for i in
range(probabilities.shape[0])])
        plt.title("Classification Confidence Heatmap", fontsize=14)
        plt.xlabel("Classes", fontsize=12)
        plt.ylabel("Samples", fontsize=12)
        plt.tight_layout()
        plt.show()

    # 调用可视化函数
    plot_classification_results(probabilities, predictions, class_labels)
    plot_confidence_heatmap(probabilities, class_labels)
```

对上述代码的具体说明如下：

• 模拟模型输出：使用 PyTorch 随机生成 logits，经过 Softmax 函数得到概率分布。然后生成每个样本的预测类别。

• 柱状图可视化：每个样本的分类概率用柱状图表示，突出模型对每个类别的信心强弱，显示预测类别的标签。例如，其中的一幅柱状图的效果如图 6-2 所示。

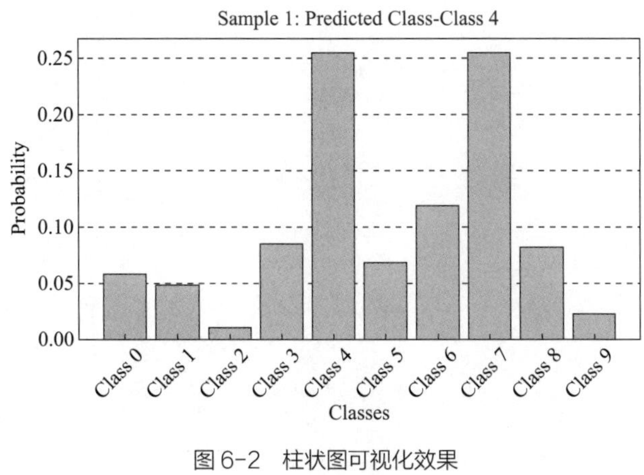

图 6-2　柱状图可视化效果

• 热力图可视化：使用热力图展示所有样本的分类置信度矩阵。热力图的颜色深浅表示模型对特定类别的信心强弱。热力图的可视化效果如图 6-3 所示。

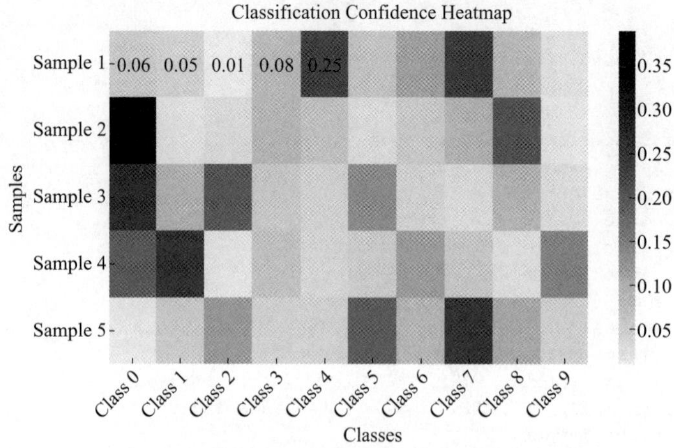

图 6-3　热力图可视化效果

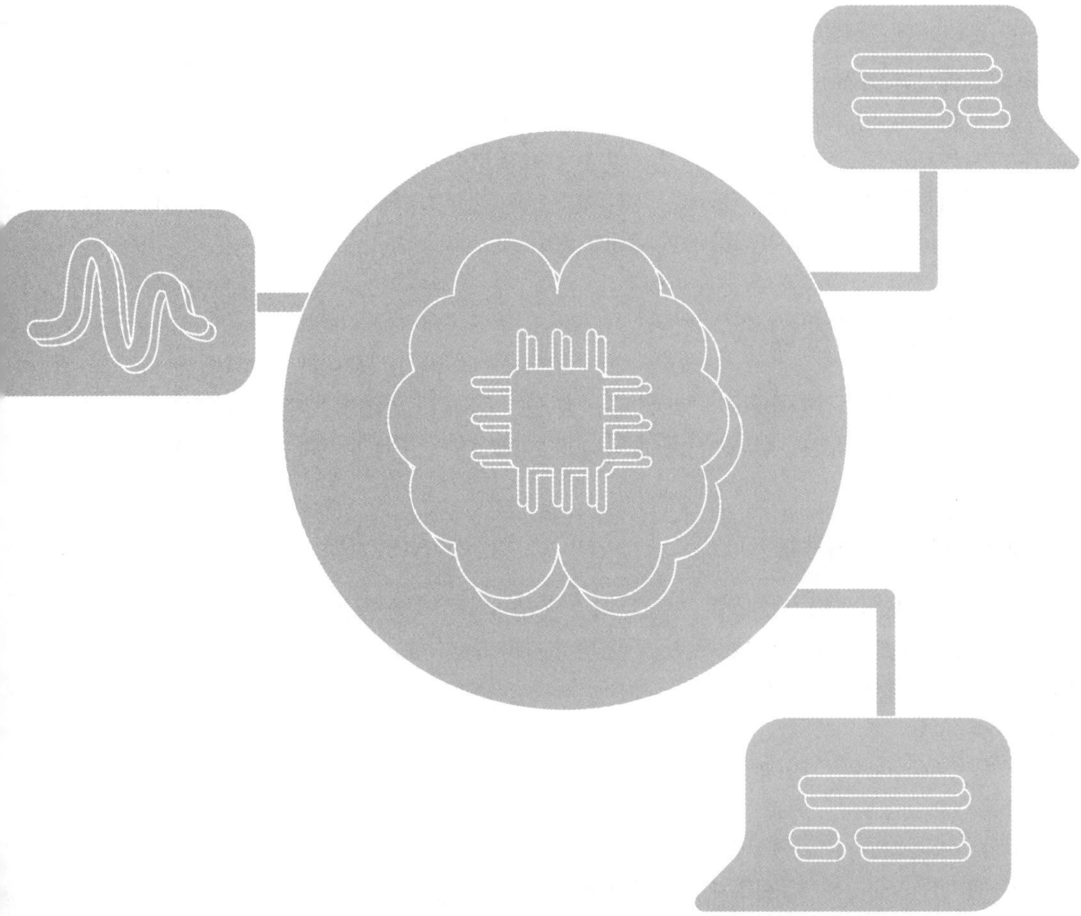

第7章

模型评估与解释

大模型的评估与解释旨在衡量模型性能和揭示其决策过程，确保结果的可靠性和透明性。评估通过指标（如准确率、F1 分数、BLEU 等）分析模型在特定任务上的表现，同时检测潜在的偏差和不足。解释则使用方法如注意力机制可视化、SHAP 值分析、对抗样本测试等，帮助理解模型的行为逻辑和对输入特征的依赖。评估与解释相结合，不仅验证模型效果，还增强了其在实际应用中的可信度和可控性。

7.1 模型评估的基本概念

模型评估是机器学习过程中不可或缺的一部分，它通过量化模型的性能来帮助我们理解模型的有效性和可靠性。准确的评估可以指导模型的选择和调整，以达到最佳的预测能力。

7.1.1 评估指标的定义与选择

评估指标是用来衡量模型性能的关键工具，它们提供了关于模型在特定任务上的表现的量化信息。评估指标的合适选择取决于问题的性质和具体需求。在实际应用中，常用的评估指标如下。

（1）分类任务

• 准确率（Accuracy）：正确预测的样本占总样本的比例。

• 精确率（Precision）：正确预测的真正样本占所有预测为正样本的比例。

• 召回率（Recall）：正确预测的真正样本占所有实际正样本的比例。

• F1 分数（F1-Score）：精确率和召回率的调和平均，适用于不平衡数据集。

（2）回归任务

• 均方误差（MSE）：预测值与实际值之间误差平方的平均值。

• 均方根误差（RMSE）：均方误差的平方根，更直观地反映误差大小。

• 平均绝对误差（MAE）：预测值与实际值之间绝对误差的平均值。

• 决定系数（R^2）：衡量模型对数据的解释能力，其值越接近 1 表示效果越好。

（3）生成任务（如文本生成、图像生成）

• BLEU：评价生成文本与参考文本相似性的指标，常用于机器翻译任务。

• ROUGE：衡量生成文本与参考文本的重叠部分，常用于摘要生成任务。

• FID（fréchet inception distance）：评估生成图像与真实图像的分布差异，常用于图像生成任务。

（4）排序和检索任务

• MAP（mean average precision）：平均准确率的均值，用于评价检索任务中结果的排序质量。

• NDCG（normalized discounted cumulative gain）：评估排序结果的相关性，考虑位置的影响。

（5）多模态任务

• Accuracy@K：前 K 个预测中包含正确答案的比例。

• Mean reciprocal rank（MRR）：根据排名评估预测结果的准确性。

（6）对抗鲁棒性

• 对抗攻击成功率：评估模型在对抗样本上的稳健性。

• 修复后的恢复率：执行防御措施后的模型表现。

注意：在选择评估指标时，需要考虑具体任务的目标。例如，在风险评估或医疗诊断中，召回率可能更重要，因为漏诊可能带来严重后果。反之，在某些商业应用中，精确率可能是优先考虑的因素。在实际应用中，理想的做法是结合多种评估指标，从不同角度全面评估模型性能，以便做出更为合理的决策。

7.1.2 评估指标的数学基础

在使用前面介绍的准确率、召回率等评估指标时，高等数学为各个指标的计算和理解提供了理论支持，具体说明如下。

① 准确率（Accuracy）的计算公式为

$$\text{Accuracy} = \frac{\text{TP} + \text{TN}}{\text{TP} + \text{TN} + \text{FP} + \text{FN}}$$

式中，TP（true positive）是真正样本（真阳性）；TN（true negative）是真负样本（真阴性）；FP（false positive）是假正样本（假阳性）；FN（false negative）是假负样本（假阴性）。准确率反映了模型整体正确预测的比例。

② 召回率（Recall）的计算公式为

$$\text{Recall} = \frac{\text{TP}}{\text{TP} + \text{FN}}$$

召回率衡量的是模型捕捉到的真正样本占实际正样本的比例，其值越高表示模型越能识别出真正样本。

③ 精确率（Precision）的计算公式为

$$\text{Precision} = \frac{\text{TP}}{\text{TP} + \text{FP}}$$

精确率指的是模型预测的正样本中真正样本的比例，高精确率意味着较少的假正样本。

④ F1 分数的计算公式为

$$\text{F1} = 2 \times \frac{\text{Precision} \times \text{Recall}}{\text{Precision} \times \text{Recall}}$$

F1 分数是精确率和召回率的调和平均，适用于需要平衡这两者的场景。

⑤ ROC 曲线的计算公式为

$$\text{TPR} = \frac{\text{TP}}{\text{TP} + \text{FN}}, \ \text{FPR} = \frac{\text{FP}}{\text{FP} + \text{TN}}$$

⑥ AUC

AUC 是 ROC 曲线下的面积，用于衡量模型在不同阈值下的性能。AUC 的取值范围为 0 ～ 1，越接近 1 表示模型性能越好。

上述数学公式为评估模型的性能提供了定量依据，理解这些数学基础有助于在不同应用场景中选择合适的评估指标，从而优化模型的表现。下面是一个使用 Python 训练神经网络模型来识别手写数字的实例，计算了模型的准确率，并生成了混淆矩阵和分类报告进行分析。

实例 7-1： 计算评估指标并利用准确率与统计优化模型（源码路径：codes/7/Zong.py）

具体实现代码如下。

```
import numpy as np
import matplotlib.pyplot as plt
from sklearn.metrics import confusion_matrix, classification_report, f1_score,
```

```
precision_score, recall_score
    import seaborn as sns
    import tensorflow as tf
    from tensorflow.keras import layers, models
    from scipy import stats

    # 1. 加载数据集
    mnist = tf.keras.datasets.mnist
    (x_train, y_train), (x_test, y_test) = mnist.load_data()

    # 2. 数据预处理
    x_train = x_train.astype('float32') / 255.0
    x_test = x_test.astype('float32') / 255.0
    x_train = np.reshape(x_train, (x_train.shape[0], 28, 28, 1))
    x_test = np.reshape(x_test, (x_test.shape[0], 28, 28, 1))

    # 3. 构建神经网络模型
    model = models.Sequential([
        layers.Conv2D(32, (3, 3), activation='relu', input_shape=(28, 28, 1)),
        layers.MaxPooling2D((2, 2)),
        layers.Flatten(),
        layers.Dense(128, activation='relu'),
        layers.Dense(10, activation='softmax')
    ])

    model.compile(optimizer='adam', loss='sparse_categorical_crossentropy',
metrics=['accuracy'])

    # 4. 训练模型
    history = model.fit(x_train, y_train, epochs=5, validation_split=0.1)

    # 5. 评估模型并计算置信区间
    test_loss, test_acc = model.evaluate(x_test, y_test)
    print(f'Test accuracy: {test_acc:.4f}')

    # 生成一次性预测结果
    y_pred_probs = model.predict(x_test)
    y_pred = np.argmax(y_pred_probs, axis=-1)  # 获取预测标签

    # 使用Bootstrap方法计算准确率的95%置信区间
    bootstrap_samples = 10
    accuracy_samples = []
    for _ in range(bootstrap_samples):
        indices = np.random.choice(len(x_test), len(x_test), replace=True)
        y_pred_sample = np.argmax(y_pred_probs[indices], axis=-1)
        accuracy_samples.append(np.mean(y_pred_sample == y_test[indices]))
    conf_interval = np.percentile(accuracy_samples, [2.5, 97.5])
    print(f'Accuracy 95% confidence interval: {conf_interval[0]:.4f} - {conf_
interval[1]:.4f}')

    # 6. 生成混淆矩阵和分类报告
    cm = confusion_matrix(y_test, y_pred, normalize='true')
    print(classification_report(y_test, y_pred))

    # 计算统计指标
    f1 = f1_score(y_test, y_pred, average='weighted')
    precision = precision_score(y_test, y_pred, average='weighted')
    recall = recall_score(y_test, y_pred, average='weighted')
    print(f'F1 Score: {f1:.4f}, Precision: {precision:.4f}, Recall: {recall:.4f}')

    # 7. 可视化混淆矩阵
    plt.figure(figsize=(10, 8))
```

```
    sns.heatmap(cm, annot=True, fmt='.2f', cmap='Blues', xticklabels=np.arange(10),
yticklabels=np.arange(10))
    plt.xlabel('Predicted')
    plt.ylabel('True')
    plt.title('Normalized Confusion Matrix')
    plt.show()

    # 8. 可视化一些预测结果并显示模型的不确定性
    plt.figure(figsize=(12, 6))
    for i in range(10):
        plt.subplot(2, 5, i + 1)
        plt.imshow(x_test[i].reshape(28, 28), cmap='gray')
        pred_conf = np.max(y_pred_probs[i])  # 获取最高概率作为模型置信度
        plt.title(f'Pred: {y_pred[i]}, True: {y_test[i]}\nConf: {pred_conf:.2f}')
        plt.axis('off')
    plt.show()
```

对上述代码的具体说明如下：

• 加载数据集：使用 TensorFlow 加载 MNIST 手写数字数据集，得到训练集和测试集。

• 数据预处理：对图像数据进行归一化处理（将像素值缩放到 [0, 1]），并调整图像形状为神经网络输入格式（28 × 28 × 1）。

• 构建神经网络模型：定义一个卷积神经网络（CNN），包括卷积层、池化层、全连接层和输出层。模型结构为经典的卷积层与池化层结合，适合图像分类。

• 训练模型：在训练集上训练模型，并用一部分数据进行验证，监控模型的学习情况。

• 评估模型并计算置信区间：在测试集上评估模型准确率，并使用 Bootstrap 方法计算模型准确率的 95% 置信区间，衡量模型性能的可靠性。

• 生成混淆矩阵和分类报告：生成混淆矩阵和分类报告，包括 F1 分数、精确率和召回率，分析模型在各类别上的表现。

•可视化混淆矩阵：绘制归一化的混淆矩阵热图，以观察模型在每个类别上的预测效果，如图 7-1 所示。

• 可视化预测结果及不确定性：展示部分测试图像的预测结果和模型的置信度（最高概率），直观展示模型预测表现和预测置信度，如图 7-2 所示。

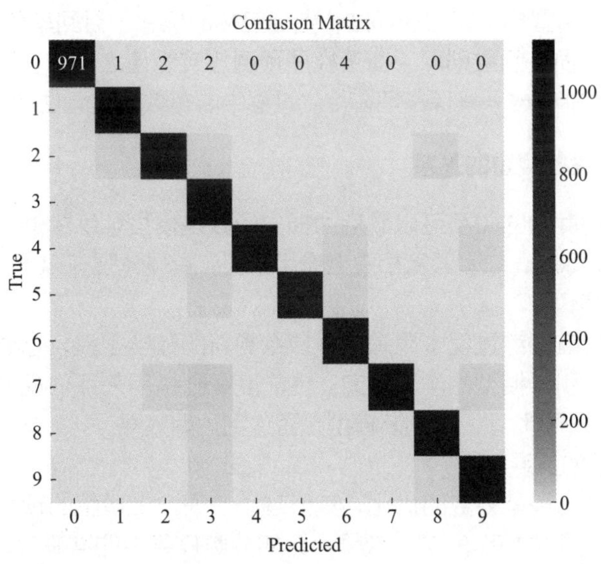

图 7-1　混淆矩阵的可视化图

运行后会输出如下分类报告，显示模型在各个手写数字类别上的性能指标。

```
              precision    recall  f1-score   support

           0       1.00      0.99      0.99       980
           1       0.99      0.99      0.99      1135
           2       0.99      0.98      0.98      1032
           3       0.95      1.00      0.97      1010
           4       0.99      0.98      0.99       982
           5       0.99      0.98      0.98       892
           6       0.97      0.99      0.98       958
           7       1.00      0.96      0.98      1028
           8       0.98      0.99      0.98       974
           9       0.99      0.97      0.98      1009

    accuracy                           0.98     10000
   macro avg       0.98      0.98      0.98     10000
weighted avg       0.98      0.98      0.98     10000
```

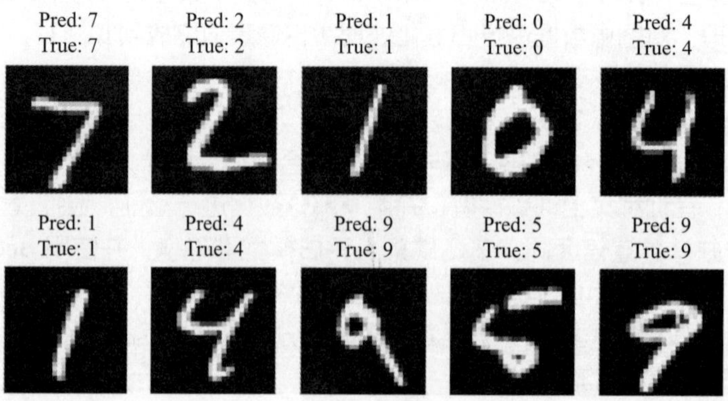

图 7-2 预测图

7.2 性能度量与损失函数

性能度量是评估模型预测能力的标准，指标包括准确率、召回率和 F1 分数等，帮助量化模型的分类效果。损失函数则用于衡量模型预测与实际值之间的差距，指导模型的训练和优化过程。两者相辅相成，确保模型在优化过程中能有效地提高性能。

7.2.1 损失函数与性能度量的关系

损失函数与性能度量的关系可以概括为损失函数是模型训练中的优化目标，而性能度量是模型效果的评价标准，二者紧密相关但作用不同，具体体现在以下几个方面。

（1）目的与作用不同

损失函数是模型在训练过程中用来指导参数更新的数学工具，它通过量化模型预测与真实值之间的误差，引导模型的学习方向。性能度量则是用来评估模型在实际任务中的表现，通常用在验证和测试阶段，以判断模型是否达到预期效果。

（2）优化与评估的关系

损失函数直接参与模型参数的优化，其值越小，理论上模型的预测越接近真实值。性能度量则从更高层次评价模型的实际效果，比如分类任务中的准确率、召回率、F1 分数，回归任务中的均方误差或 R^2。

（3）数学特性与设计目标

损失函数通常需要满足连续可导的特性，以便用于梯度下降等优化算法。例如，交叉熵损失和均方误差都具有良好的优化特性。

性能度量往往基于离散的预测结果，强调任务特定需求。比如，F1 分数适用于类别不平衡问题，而 AUC 衡量分类器的整体能力。

（4）实际应用中的桥接

在实际任务中，可以设计与性能度量更相关的损失函数，如基于 F1 分数的损失函数或加权损失函数，以便直接优化任务目标。同时，在模型评估时，可结合多种性能度量，全面反映模型效果，避免单一指标的局限性。

7.2.2 评估分类任务

在分类任务中，评估模型性能是验证其实际效果和可靠性的重要环节。常用的性能度量包括准确率、召回率、F1 分数以及 AUC 等，这些指标从不同角度衡量模型的分类能力。此外，通过校准曲线分析模型预测的置信度，以及利用 KL 散度和熵评估模型输出的确定性，可以进一步揭示模型性能的细节。

下面的实例实现了一个基于逻辑回归模型的分类任务，并对模型性能进行了全面评估。它包括从生成模拟数据、模型训练到性能分析的全流程，重点展示了模型预测结果的评估指标（如 ROC 曲线、混淆矩阵、精确率、召回率和 F1 分数）、置信区间估计、基于单次随机预测基准的假设检验、预测结果的不确定性分析（KL 散度和熵），以及模型校准（校准曲线与 Brier 分数）。此外，本实例还提供了多种可视化方法，有助于直观理解模型的预测效果与校准程度。

实例 7-2：评估逻辑回归模型（源码路径：codes/7/Xing.py）

具体实现代码如下。

```
    import numpy as np
    import pandas as pd
    import matplotlib.pyplot as plt
    from sklearn.model_selection import train_test_split
    from sklearn.metrics import roc_curve, auc, confusion_matrix, classification_report
    from sklearn.metrics import f1_score, precision_score, recall_score, brier_score_
loss
    from sklearn.linear_model import LogisticRegression
    from sklearn.calibration import calibration_curve
    from scipy.stats import ttest_ind, entropy
    from sklearn.utils import resample
    import seaborn as sns

    # 解决中文乱码8
    plt.rcParams['font.sans-serif'] = ['SimHei']
    plt.rcParams['axes.unicode_minus'] = False

    # 1. 生成模拟数据（健康状况预测）
    np.random.seed(42)
    n_samples = 1000
    X = np.random.rand(n_samples, 5)  # 特征数据
    y = (X.sum(axis=1) + np.random.randn(n_samples) * 0.5 > 2.5).astype(int)  # 人工生成
的标签（0表示健康，1表示疾病）

    # 2. 划分数据集
    X_train, X_test, y_train, y_test = train_test_split(X, y, test_size=0.3, random_
state=42)
```

```
    # 3. 构建模型并训练
    model = LogisticRegression()
    model.fit(X_train, y_train)

    # 4. 预测概率和标签
    y_pred_probs = model.predict_proba(X_test)[:, 1]
    y_pred = model.predict(X_test)

    # 5. 置信区间（Bootstrap法）
    n_bootstraps = 1000
    acc_samples = []
    for i in range(n_bootstraps):
        indices = np.random.choice(range(len(y_test)), len(y_test), replace=True)
        acc_samples.append((y_test[indices] == y_pred[indices]).mean())
    conf_interval = np.percentile(acc_samples, [2.5, 97.5])
    print(f"模型准确率95%置信区间: {conf_interval[0]:.3f} - {conf_interval[1]:.3f}")

    # 6. 假设检验（与基准模型比较）
    # 基准：随机预测的模型准确率
    random_acc = np.mean(np.random.choice([0, 1], size=len(y_test)) == y_test)
    t_stat, p_value = ttest_ind(acc_samples, [random_acc] * n_bootstraps)
    print(f"与随机预测相比的t检验: t统计量={t_stat:.3f}, p值={p_value:.3f}")

    # 7. ROC曲线和AUC
    fpr, tpr, _ = roc_curve(y_test, y_pred_probs)
    roc_auc = auc(fpr, tpr)
    plt.figure(figsize=(8, 6))
    plt.plot(fpr, tpr, color='red', lw=2, label=f'ROC曲线 (AUC = {roc_auc:.2f})')
    plt.plot([0, 1], [0, 1], color='red', linestyle='--')
    plt.xlabel('假阳性率')
    plt.ylabel('真正率')
    plt.title('ROC曲线和AUC')
    plt.legend()
    plt.show()

    # 8. 混淆矩阵和统计指标
    cm = confusion_matrix(y_test, y_pred)
    plt.figure(figsize=(8, 6))
    sns.heatmap(cm, annot=True, fmt='d', cmap='Blues')
    plt.xlabel('预测标签')
    plt.ylabel('真实标签')
    plt.title('混淆矩阵')
    plt.show()

    print("分类报告:\n", classification_report(y_test, y_pred))

    # 统计指标（精确率、召回率、F1分数）
    f1 = f1_score(y_test, y_pred)
    precision = precision_score(y_test, y_pred)
    recall = recall_score(y_test, y_pred)
    print(f"精确率: {precision:.3f}, 召回率: {recall:.3f}, F1分数: {f1:.3f}")

    # 9. KL散度和熵
    # 与完全不确定的模型输出（0.5）相比计算KL散度
    kl_div = entropy([0.5, 0.5], qk=[np.mean(y_pred_probs), 1 - np.mean(y_pred_
probs)])
    print(f"预测结果与随机预测的KL散度: {kl_div:.3f}")

    # 熵度量模型输出的不确定性
    avg_entropy = -np.mean(y_pred_probs * np.log2(y_pred_probs + 1e-9) + (1 - y_pred_
probs) * np.log2(1 - y_pred_probs + 1e-9))
```

```
print(f"模型输出平均熵: {avg_entropy:.3f}")

# 10. 校准曲线（Brier分数和校准曲线）
prob_true, prob_pred = calibration_curve(y_test, y_pred_probs, n_bins=10)
brier = brier_score_loss(y_test, y_pred_probs)
print(f"Brier分数: {brier:.3f}")

plt.figure(figsize=(8, 6))
plt.plot(prob_pred, prob_true, marker='o', color='blue', label='校准曲线')
plt.plot([0, 1], [0, 1], linestyle='--', color='red')
plt.xlabel('预测概率')
plt.ylabel('实际概率')
plt.title('校准曲线')
plt.legend()
plt.show()
```

对上述代码的具体说明如下：

- 置信区间：利用 Bootstrap 方法对模型准确率计算置信区间，以了解模型性能的稳定性。
- 假设检验：通过 t 检验比较模型与随机预测的差异，检验模型性能是否优于随机预测。
- ROC 曲线和 AUC：使用 ROC 曲线和 AUC 评估模型对健康状况分类的综合辨别能力，如图 7-3 所示。

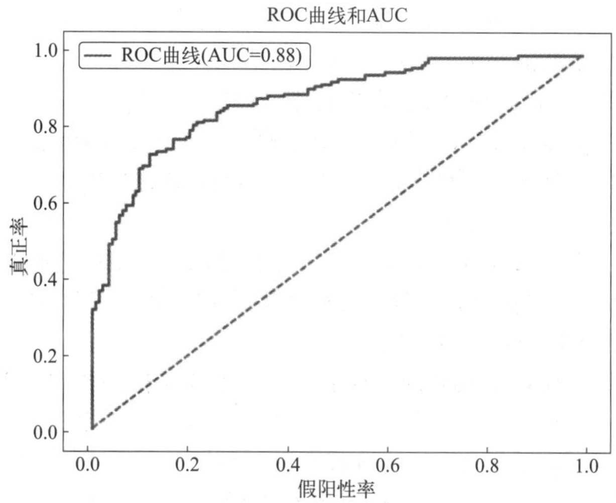

图 7-3　ROC 曲线和 AUC 图

- 混淆矩阵和统计指标：显示混淆矩阵和分类报告，提供精确率、召回率和 F1 分数等统计指标，如图 7-4 所示。
- KL 散度和熵：KL 散度衡量模型预测结果与随机预测的差异；熵反映模型输出的不确定性。
- 校准曲线和 Brier 分数：通过校准曲线和 Brier 分数评估模型的校准程度，确保预测概率准确反映实际情况，如图 7-5 所示。

7.3　模型解释性

模型解释性指的是理解和解释模型决策过程的能力，可帮助我们了解模型是如何得出特定预测的。良好的模型解释性不仅增强了用户的信任，还能够识别模型的潜在偏差和改进方向。

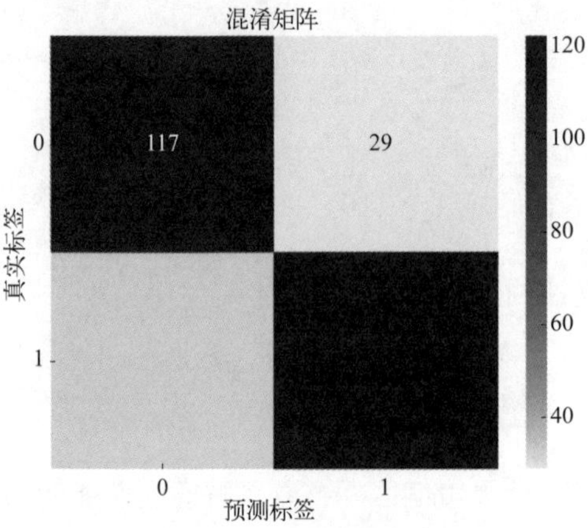

图 7-4　混淆矩阵图

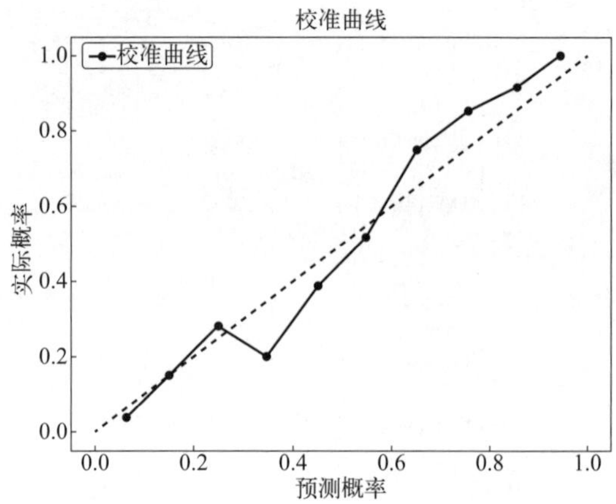

图 7-5　校准曲线图

7.3.1　模型解释性的基本概念

模型解释性是理解、验证和信任机器学习模型的关键因素，在确保模型的安全性、合规性和道德性方面起着重要作用。和模型解释性相关的基本概念如下。

① 全局解释性（global interpretability）。全局解释性是指从整体上理解模型的行为及其决策规则。例如，模型如何利用输入特征来构建预测，以及每个特征的重要性。全局解释性通常通过特征重要性分析、决策规则可视化或代理模型实现。

② 局部解释性（local interpretability）。局部解释性关注的是特定输入样本的预测结果。它旨在回答“为什么这个样本得到了这个预测”。例如，通过分析特定输入的特征贡献或生成反事实实例来揭示模型决策的依据。

③ 特征重要性（feature importance）。特征重要性用于衡量每个输入特征对模型预测结果的贡献程度。这可以通过分析训练数据或模型参数（如线性回归系数）来实现，也可以使用与模型无关的方法（如 SHAP、LIME）。

④ 反事实解释（counterfactual explanation）。反事实解释探索对输入数据的最小修改，使预测结果发生显著变化。它可以帮助理解哪些特征或特定值对模型决策影响最大。

⑤ 代理模型（surrogate model）。代理模型是一种简单、透明的模型（如线性回归或决策树），用于近似复杂模型的行为。通过训练代理模型在复杂模型的预测输出上生成数据，可以使代理模型提供更清晰的决策规则。

⑥ 可解释性工具（interpretability tools）。可解释性工具包括 SHAP（Shapley 值）、LIME（局部可解释模型）、integrated gradients（集成梯度）等，这些工具在解释深度学习和大模型的行为上尤为常用。

7.3.2　模型解释性实践

在信用风险评估中，解释模型的决策过程和评估其可靠性尤为重要。模型的解释性不仅能帮助我们理解特征对预测结果的贡献，还能通过分析模型的不确定性和校准程度提高我们对结果的信任度。特征重要性分析可以揭示哪些因素对模型预测影响最大，而校准曲线则可以衡量模型预测概率的准确性。此外，量化模型的不确定性有助于识别可能需要进行人工审核的高风险样本。下面通过一个随机森林模型的实例展示如何从特征重要性、不确定性度量和校准曲线等方面对模型进行解释和评估。

在下面的实例中，以信用风险评估为背景，通过随机森林模型对用户是否违约进行预测，涵盖了从数据生成到结果分析的完整流程。具体包括：使用随机森林模型训练和预测；计算模型预测的不确定性（使用熵度量）；分析特征重要性；评估模型的校准能力（校准曲线）；通过多种可视化手段展示预测不确定性的分布、特征重要性、模型校准效果，以及关键特征的分布情况，为模型解释与性能分析提供了全面的支持。

实例 7-3： 使用随机森林模型预测贷款的违约情况（源码路径：codes/7/Jie.py）

具体实现代码如下。

```
    import numpy as np
    import pandas as pd
    import matplotlib.pyplot as plt
    from sklearn.ensemble import RandomForestClassifier
    from sklearn.calibration import calibration_curve
    from sklearn.metrics import roc_curve, auc, confusion_matrix, f1_score, precision_
score, recall_score
    import seaborn as sns
    from scipy.stats import entropy

    # 1. 创建示例数据
    np.random.seed(42)
    n_samples = 1000
    data = pd.DataFrame({
        '年龄': np.random.randint(18, 70, size=n_samples),
        '年收入': np.random.normal(50000, 15000, size=n_samples),
        '信用评分': np.random.normal(650, 50, size=n_samples),
        '是否违约': np.random.binomial(1, 0.2, size=n_samples)
    })

    # 2. 特征和标签
    X = data[['年龄', '年收入', '信用评分']]
    y = data['是否违约']

    # 3. 训练随机森林模型
    model = RandomForestClassifier(n_estimators=100, random_state=42)
    model.fit(X, y)

    # 4. 计算模型不确定性度量（预测概率的熵）
    y_pred_probs = model.predict_proba(X)[:, 1]
    uncertainty = entropy(np.vstack([1 - y_pred_probs, y_pred_probs]), axis=0)   # 计算
熵值

    # 5. 特征重要性分析
    feature_importances = model.feature_importances_
    features = X.columns

    # 6. 校准曲线
    prob_true, prob_pred = calibration_curve(y, y_pred_probs, n_bins=10)

    # 7. 绘制各类可视化
    plt.rcParams['font.sans-serif'] = ['SimHei']   # 用来正常显示中文标签
    plt.rcParams['axes.unicode_minus'] = False   # 用来正常显示负号

    # （1）模型预测不确定性（熵）分布图
    plt.figure(figsize=(8, 6))
    sns.histplot(uncertainty, bins=30, kde=True, color='red')
    plt.xlabel('预测不确定性（熵）')
```

```
plt.ylabel('样本数量')
plt.title('预测不确定性分布')
plt.show()

# （2）特征重要性条形图
plt.figure(figsize=(8, 6))
plt.bar(features, feature_importances, color='red')
plt.xlabel('特征')
plt.ylabel('重要性得分')
plt.title('特征重要性分析')
plt.show()

# （3）校准曲线
plt.figure(figsize=(8, 6))
plt.plot(prob_pred, prob_true, marker='o', color='red', label='校准曲线')
plt.plot([0, 1], [0, 1], linestyle='--', color='gray')
plt.xlabel('预测概率')
plt.ylabel('实际概率')
plt.title('模型校准曲线')
plt.legend()
plt.show()

# （4）数据分布分析
plt.figure(figsize=(8, 6))
sns.kdeplot(data['年收入'], color='red', label='年收入分布')
plt.xlabel('年收入')
plt.ylabel('密度')
plt.title('年收入数据分布分析')
plt.legend()
plt.show()
```

对上述代码的具体说明如下：

• 预测不确定性度量：通过计算预测结果的熵来衡量模型对每个样本的置信度，熵越高表示不确定性越大。绘制了预测不确定性（熵）分布图，如图 7-6 所示。

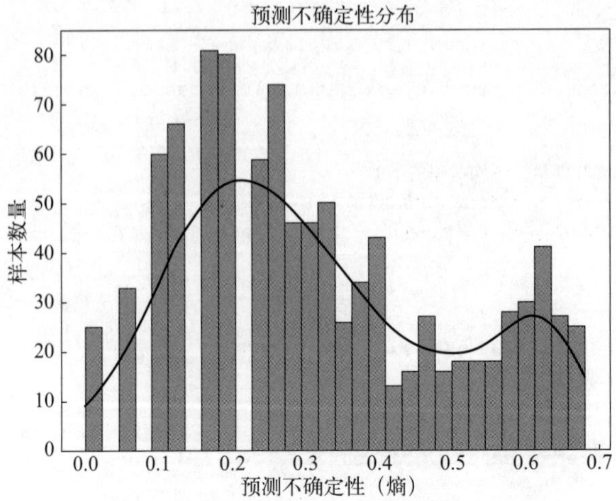

图 7-6　预测不确定性分布图

• 特征重要性分析：使用统计方法量化特征对模型的影响，绘制特征重要性条形图，解释模型决策时哪些因素更关键，如图 7-7 所示。

• 校准曲线：绘制模型的校准曲线图，如图 7-8 所示，用于评估模型预测概率的可靠性，越接近对角线表示模型越可靠。如果曲线偏离较多，说明模型预测概率不准确，需要调整。

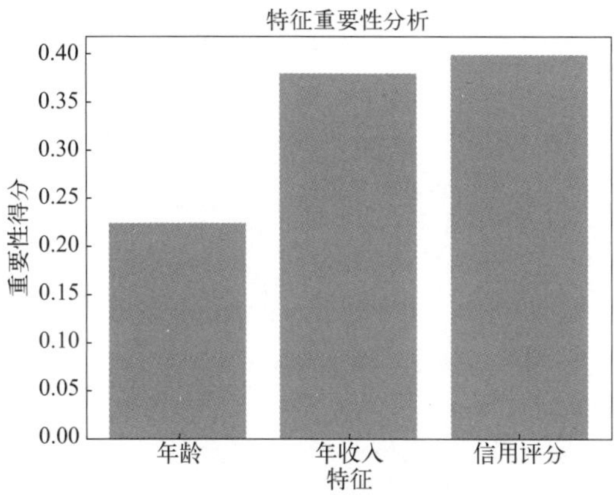

图 7-7　特征重要性条形图

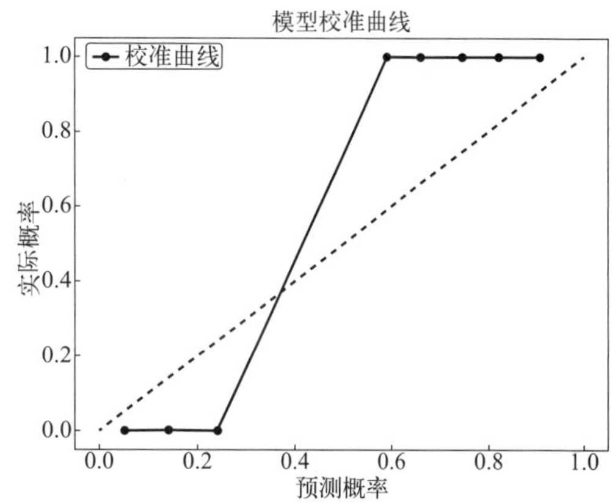

图 7-8　模型的校准曲线图

• 数据分布分析：绘制“年收入”的分布图，检查训练数据是否符合预期，确保模型输入分布的合理性，如图 7-9 所示。

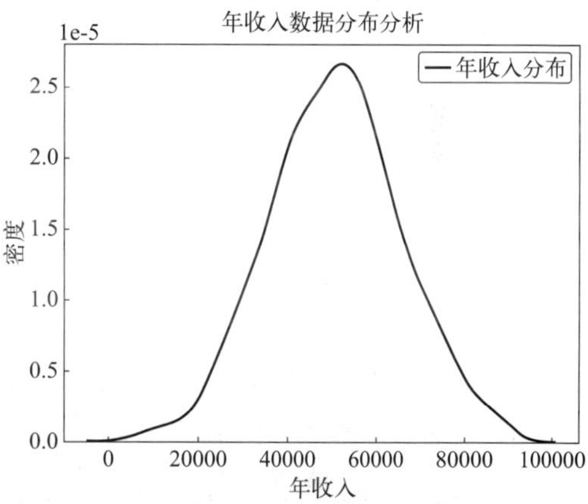

图 7-9　“年收入”分布图

7.4　灵敏度分析与梯度检查

在 AI 模型开发过程中，灵敏度分析通过计算模型性能度量相对于输入特征或参数的导数，评估模型对输入变化的敏感性，有助于识别对预测结果影响最大的特征。梯度检查则是通过比较数值梯度与解析梯度，验证反向传播算法的正确性，以确保模型训练的稳定性和可靠性。

7.4.1　概率与统计在灵敏度分析中的作用

在灵敏度分析中，概率与统计用于衡量和量化输入变量对模型输出的影响，从而识别哪些因素对结果最为敏感。通过概率分布和统计度量（如方差、标准差、相关系数）来分析输入变量的变化如何影响模型输出的波动，有助于揭示模型的关键驱动因素。同时，利用假设检验等统计方法可以判断变量变化是否显著影响结果，确保分析结果的统计显著性。这种分析在优化模型、减少不确定性和提升决策可靠性方面尤为重要。

下面的实例，通过训练随机森林模型对 Iris 数据集进行分类，并使用灵敏度分析评估各特征对模型预测结果的影响。具体来说，通过对测试集中每个特征引入小幅随机扰动，使用蒙特卡罗模拟计算扰动对模型准确率的影响，进而量化各特征的敏感性。最后，代码以条形图的形式直观展示了各特征的平均准确率及其标准差，帮助识别对于模型性能最重要的特征。

实例 7-4：使用灵敏度分析评估各特征对模型预测结果的影响（源码路径：codes/7/Ling.py）

具体实现代码如下。

```
import numpy as np
```

```
import pandas as pd
import matplotlib.pyplot as plt
from sklearn.datasets import load_iris
from sklearn.model_selection import train_test_split
from sklearn.metrics import accuracy_score
from sklearn.ensemble import RandomForestClassifier
from sklearn.preprocessing import StandardScaler
# 解决中文乱码
plt.rcParams['font.sans-serif'] = ['SimHei']
plt.rcParams['axes.unicode_minus'] = False

# 加载 Iris 数据集
data = load_iris()
X = pd.DataFrame(data.data, columns=data.feature_names)
y = pd.Series(data.target)

# 数据预处理
scaler = StandardScaler()
X_scaled = scaler.fit_transform(X)

# 训练模型（随机森林分类器）
X_train, X_test, y_train, y_test = train_test_split(X_scaled, y, test_size=0.2,
random_state=42)
model = RandomForestClassifier(n_estimators=100, random_state=42)
model.fit(X_train, y_train)

# 初步模型准确率
y_pred = model.predict(X_test)
accuracy = accuracy_score(y_test, y_pred)
print(f"初步模型准确率: {accuracy:.4f}")

# 6. 灵敏度分析：对每个特征进行扰动
perturbation_factor = 0.1  # 扰动比例
n_simulations = 1000  # 蒙特卡罗模拟次数
sensitivity_results = {feature: [] for feature in X.columns}

# 蒙特卡罗模拟：扰动数据并记录每次模拟的准确率
for i in range(n_simulations):
    for feature in X.columns:
        perturbed_X = X_test.copy()

        # 获取特征的列索引并对其进行扰动
        feature_index = X.columns.get_loc(feature)
        perturbation = np.random.randn(len(X_test)) * perturbation_factor *
perturbed_X[:,

feature_index]  # 使用X_test的样本数
        perturbed_X[:, feature_index] += perturbation  # 添加扰动

        # 重新预测扰动后的数据，并计算准确率
        y_perturbed_pred = model.predict(perturbed_X)
        accuracy = accuracy_score(y_test, y_perturbed_pred)
        sensitivity_results[feature].append(accuracy)

# 计算每个特征的灵敏度（敏感度）
sensitivity_mean = {feature: np.mean(scores) for feature, scores in sensitivity_
results.items()}
sensitivity_std = {feature: np.std(scores) for feature, scores in sensitivity_
results.items()}

# 打印灵敏度结果
print("灵敏度分析结果:")
```

```
    for feature in sensitivity_mean:
        print(f"{feature}: 平均准确率 = {sensitivity_mean[feature]:.4f}, 标准差 = 
{sensitivity_std[feature]:.4f}")

    # 7. 可视化灵敏度分析结果
    features = list(sensitivity_mean.keys())
    mean_accuracies = list(sensitivity_mean.values())
    std_accuracies = list(sensitivity_std.values())

    plt.figure(figsize=(10, 6))
    plt.bar(features, mean_accuracies, yerr=std_accuracies, capsize=5, color='pink', 
edgecolor='black')
    plt.xlabel('特征', fontsize=14)
    plt.ylabel('准确率', fontsize=14)
    plt.title('特征灵敏度分析', fontsize=16)
    plt.xticks(rotation=45)
    plt.tight_layout()
    plt.show()
```

对上述代码的具体说明如下：

• 加载数据集：使用 sklearn.datasets.load_iris 加载了 Iris 数据集。该数据集包含 4 个特征（花萼长度、花萼宽度、花瓣长度、花瓣宽度）和 3 个类别标签（鸢尾花的 3 个种类）。

•数据预处理：使用 StandardScaler 对特征数据进行标准化处理，使每个特征的均值为 0，方差为 1。

• 训练模型：使用 RandomForestClassifier 训练一个简单的分类器。分割数据集为训练集和测试集，训练模型并评估初始的准确率。

• 灵敏度分析：对每个特征进行扰动。在每次模拟中，对每个特征加入随机扰动并重新计算模型的准确率。通过多次模拟（蒙特卡罗方法），可以估算模型对每个特征扰动的灵敏度。

• 灵敏度计算：计算每个特征的平均准确率和标准差，用于衡量其灵敏度。

• 可视化：使用条形图显示每个特征的灵敏度分析结果，并在图中展示每个特征的标准差，以便可视化各特征对模型性能的影响，如图 7-10 所示。

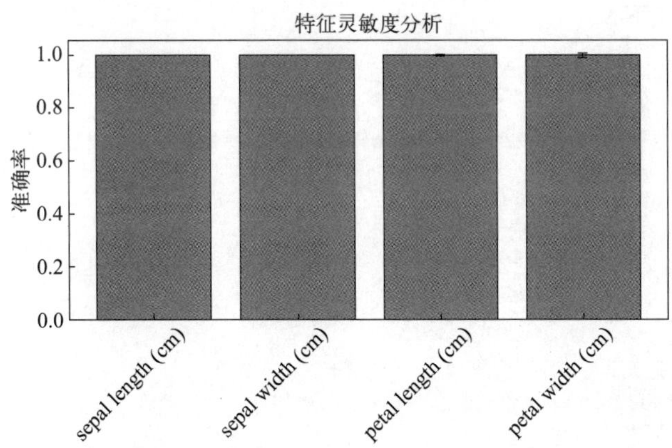

图 7-10　每个特征的灵敏度分析结果图

7.4.2 梯度检查

梯度检查是用来验证计算机程序中梯度计算是否正确的技术，通常应用于机器学习和深度学习模型的优化。梯度的准确性对于模型的训练和收敛至关重要，因此梯度检查是确保模型性能的重要步骤。

（1）梯度检查的作用

在机器学习中，梯度是损失函数关于模型参数的偏导数，表示损失函数在参数空间中的变化方向和速度。梯度的计算通常通过反向传播算法实现，但程序实现可能存在错误，因此需要进行检查。

（2）实现步骤

梯度检查的基本思想是使用数值方法近似计算梯度，并将其与解析梯度进行比较。实现梯度检查的具体步骤如下：

① 计算解析梯度：通过反向传播或链式法则计算损失函数相对于参数的梯度，记为 $\nabla L(\theta)$。

② 计算数值梯度：使用有限差分法近似计算梯度。对于参数 θ，计算数值梯度的公式为

$$\nabla L(\theta) \approx \frac{L(\theta + \epsilon) - L(\theta - \epsilon)}{2\epsilon}$$

式中，ϵ是一个非常小的正数（如 10^{-5}）。

③ 比较梯度：将解析梯度和数值梯度进行比较。可以使用以下公式计算相对误差。

$$\text{relative error} = \frac{|\nabla L_{\text{num}} - \nabla L_{\text{analytical}}|}{|\nabla L_{\text{num}} + \nabla L_{\text{analytical}}|}$$

如果相对误差很小（通常小于 10^{-7}），则说明梯度计算是正确的。

下面的实例在 CIFAR-10 数据集上训练了一个简单的卷积神经网络（CNN），结合梯度检查、Jacobian 矩阵计算、PCA 降维和相似度分析，对模型性能和特性进行了全面探索。本实例实现了模型训练和评估、梯度检查以验证梯度计算的正确性、Jacobian 矩阵的计算与可视化以分析输入和输出的关系，以及 PCA 降维和样本间相似度的可视化，有助于直观理解数据结构和模型行为。

实例 7-5： 对模型优化实现梯度检查（源码路径：codes/7/Ti.py）

具体实现代码如下。

```
    import torch
    import torchvision
    import torchvision.transforms as transforms
    import torch.nn as nn
    import torch.optim as optim
    import numpy as np
    import matplotlib.pyplot as plt
    from sklearn.decomposition import PCA
    from sklearn.metrics import pairwise_distances

    # 数据预处理和加载
    transform = transforms.Compose([
        transforms.ToTensor(),
        transforms.Normalize((0.5, 0.5, 0.5), (0.5, 0.5, 0.5))
    ])

    trainset = torchvision.datasets.CIFAR10(root='data', train=True, download=True, 
transform=transform)
    trainloader = torch.utils.data.DataLoader(trainset, batch_size=64, shuffle=True)

    # 定义一个简单的卷积神经网络
```

```
class SimpleCNN(nn.Module):
    def __init__(self):
        super(SimpleCNN, self).__init__()
        self.conv1 = nn.Conv2d(3, 16, 3, padding=1)
        self.conv2 = nn.Conv2d(16, 32, 3, padding=1)
        self.fc1 = nn.Linear(32 * 8 * 8, 128)
        self.fc2 = nn.Linear(128, 10)

    def forward(self, x):
        x = torch.relu(self.conv1(x))
        x = torch.max_pool2d(x, 2)
        x = torch.relu(self.conv2(x))
        x = torch.max_pool2d(x, 2)
        x = x.view(-1, 32 * 8 * 8)
        x = torch.relu(self.fc1(x))
        x = self.fc2(x)
        return x

# 使用 GPU 训练模型
device = torch.device("cuda" if torch.cuda.is_available() else "cpu")
model = SimpleCNN().to(device)
criterion = nn.CrossEntropyLoss()
optimizer = optim.Adam(model.parameters(), lr=0.001)

# 训练模型
epochs = 5
for epoch in range(epochs):
    model.train()
    running_loss = 0.0
    for inputs, labels in trainloader:
        inputs, labels = inputs.to(device), labels.to(device)
        optimizer.zero_grad()
        outputs = model(inputs)
        loss = criterion(outputs, labels)
        loss.backward()  # 反向传播，计算梯度
        optimizer.step()
        running_loss += loss.item()
    print(f'Epoch [{epoch + 1}/{epochs}], Loss: {running_loss /
len(trainloader):.4f}')

# 梯度检查函数
def gradient_check(model, inputs, target, epsilon=1e-8):
    model.eval()
    inputs.requires_grad = True
    outputs = model(inputs)
    loss = criterion(outputs, target)
    loss.backward()
    analytical_gradients = inputs.grad.clone()
    numerical_gradients = torch.zeros_like(inputs)

    for i in range(inputs.size(0)):
        for j in range(inputs.size(1)):
            for k in range(inputs.size(2)):
                for l in range(inputs.size(3)):
                    inputs_numerical = inputs.clone()
                    inputs_numerical[i, j, k, l] += epsilon
                    output_plus = model(inputs_numerical)
                    loss_plus = criterion(output_plus, target)
                    inputs_numerical[i, j, k, l] -= 2 * epsilon
                    output_minus = model(inputs_numerical)
                    loss_minus = criterion(output_minus, target)
```

```
                    numerical_gradients[i, j, k, l] = (loss_plus - loss_minus) / (2
* epsilon)

        # 计算相对误差
        relative_error = torch.abs(analytical_gradients - numerical_gradients) / (
                torch.abs(analytical_gradients) + torch.abs(numerical_gradients) + 1e-
8)

        # 统计分析误差
        error_values = relative_error.flatten().cpu().detach().numpy()
        mean_error = np.mean(error_values)
        std_error = np.std(error_values)
        conf_interval = [mean_error - 1.96 * std_error, mean_error + 1.96 * std_error]

        print(f"Max relative error: {relative_error.max().item()}")
        print(f"Mean error: {mean_error:.5f}")
        print(f"Standard deviation: {std_error:.5f}")
        print(f"95% confidence interval: [{conf_interval[0]:.5f}, {conf_
interval[1]:.5f}]")

        # 绘制梯度误差的直方图
        plt.figure(figsize=(10, 5))
        plt.hist(error_values, bins=50, color='blue', alpha=0.7, label='Gradient Error
Distribution')
        plt.axvline(mean_error, color='red', linestyle='dashed', linewidth=2,
label=f'Mean Error: {mean_error:.5f}')
        plt.axvline(conf_interval[0], color='green', linestyle='dashed', linewidth=2,
                    label=f'95% CI Lower: {conf_interval[0]:.5f}')
        plt.axvline(conf_interval[1], color='green', linestyle='dashed', linewidth=2,
                    label=f'95% CI Upper: {conf_interval[1]:.5f}')
        plt.xlabel('Gradient Error')
        plt.ylabel('Frequency')
        plt.legend(loc='upper right')
        plt.title('Distribution of Gradient Errors')
        plt.show()

    # 获取一个样本进行梯度检查
    testset = torchvision.datasets.CIFAR10(root='data', train=False, download=True,
transform=transform)
    testloader = torch.utils.data.DataLoader(testset, batch_size=1, shuffle=False)
    data_iter = iter(testloader)
    input_image, label = next(data_iter)

    input_image = input_image.to(device)
    label = label.to(device)

    # 执行梯度检查
    gradient_check(model, input_image, label)

    # 计算Jacobian矩阵
    def compute_jacobian(model, input_tensor):
        model.eval()
        input_tensor.requires_grad = True
        output = model(input_tensor)
        jacobian = torch.zeros((output.size(1), input_tensor.numel()))

        for i in range(output.size(1)):
            model.zero_grad()
            output[0, i].backward(retain_graph=True)
            jacobian[i] = input_tensor.grad.view(-1)

        return jacobian
```

```
    jacobian_matrix = compute_jacobian(model, input_image)

    # 可视化Jacobian矩阵
    plt.figure(figsize=(10, 5))
    plt.imshow(jacobian_matrix.cpu().detach().numpy(), aspect='auto', cmap='jet')
    plt.title('Jacobian Matrix')
    plt.colorbar()
    plt.show()

    # 数据降维和相似度计算
    def plot_pca_and_similarity(trainloader):
        # 获取数据样本
        images, labels = next(iter(trainloader))
        images = images.view(images.size(0), -1)  # 展平为二维数据
        # PCA降维
        pca = PCA(n_components=2)
        reduced_data = pca.fit_transform(images.cpu().detach().numpy())

        # 计算相似度（欧氏距离）
        distances = pairwise_distances(reduced_data)
        # 可视化PCA结果
        plt.figure(figsize=(10, 5))
        plt.scatter(reduced_data[:, 0], reduced_data[:, 1], c=labels.numpy(),
cmap='viridis', edgecolor='k', s=50)
        plt.title('PCA of CIFAR-10 Dataset')
        plt.xlabel('Principal Component 1')
        plt.ylabel('Principal Component 2')
        plt.colorbar(ticks=range(10), label='Classes', format='%d')
        plt.show()

    plot_pca_and_similarity(trainloader)
```

对上述代码的具体说明如下：

• 数据加载与预处理：使用 torchvision 加载 CIFAR-10 数据集，并对数据进行标准化。训练数据集以批量方式加载，以便于后续训练。

• 定义卷积神经网络：定义了一个简单的卷积神经网络 SimpleCNN，包括两个卷积层和两个全连接层。前向传播函数 forward 使用 ReLU 激活函数和最大池化层。

• 训练模型：使用交叉熵损失函数和 Adam 优化器，使模型在训练集上训练 5 个周期，并输出每个周期的平均损失。

• 梯度检查与统计分析：对输入的数值进行微小扰动，使用有限差分法计算梯度的数值解。计算数值梯度和解析梯度之间的相对误差，并使用概率与统计的方法进行分析。绘制梯度误差的直方图，展示误差分布的情况，以便分析梯度的稳定性，如图 7-11 所示。

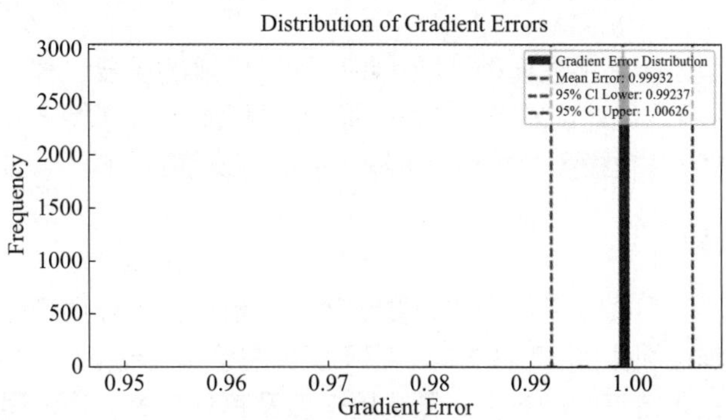

图 7-11 梯度误差直方图

• 计算 Jacobian 矩阵：定义 compute_jacobian 函数，通过对每个输出维度分别求导数，计算输入与输出之间的 Jacobian 矩阵。可视化该矩阵，以便分析模型输入对每个类别输出的敏感性，如图 7-12 所示。

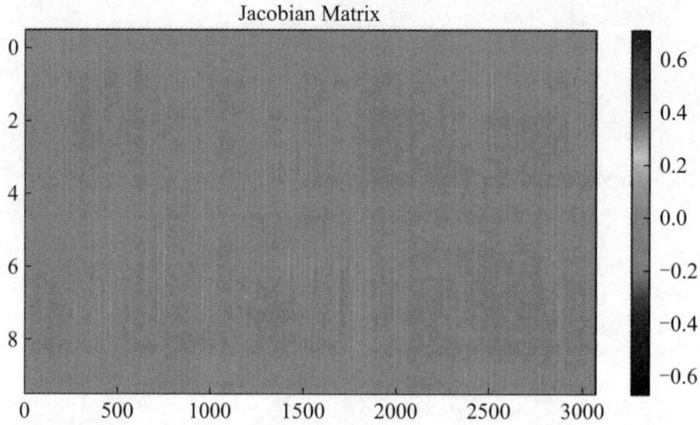

图 7-12　Jacobian 矩阵图

• 数据降维和样本相似度分析：使用 PCA 将样本数据降维到二维，并使用欧氏距离计算降维后数据之间的相似度。可视化降维后的数据分布，以便更直观地观察数据的分布结构和样本相似性，如图 7-13 所示。

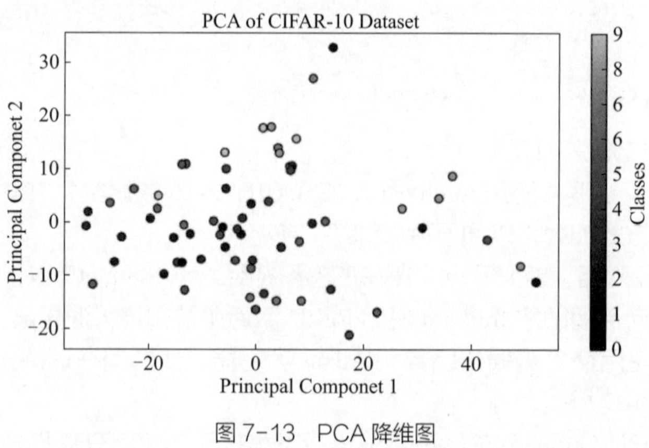

图 7-13　PCA 降维图

7.5　误差分析与模型诊断

误差分析与模型诊断是评估模型性能和识别潜在问题的重要过程，通过计算不同误差指标（如均方误差、平均绝对误差等）来量化模型的预测能力。概率与统计在这一过程中发挥着关键作用，有助于优化模型参数和分析输入特征对误差的影响，以实现更精确的预测。

7.5.1　误差分析介绍

误差分析是机器学习模型评估中的重要步骤，其量化和解释预测结果与真实值之间的偏差，以便识别模型的局限性和改进方向。它不仅关注整体性能指标（如准确率、召回率），还分析模型对不同输入特征的敏感性、预测置信度及其分布等。通过误差分析，可以揭示模型在特定条件下的弱点（如类间不平衡或噪声影响），并为优化模型架构、调整超参数或增加训练数据提供数据支持。

在下面的实例中，通过计算均值、标准差、均方误差（MSE）和均方根误差（RMSE），为模型评估提供量化指标。通过这些统计指标，可以更好地理解模型的性能和预测的可靠性。最后，误差的可视化揭示了模型在不同房价区间的预测精度和误差分布。

实例 7-6：使用加利福尼亚住房数据集进行线性回归分析（源码路径：codes/7/Wu.py）

具体实现代码如下。

```
import numpy as np
import matplotlib.pyplot as plt
from sklearn import datasets
from sklearn.model_selection import train_test_split
from sklearn.linear_model import LinearRegression
from sklearn.metrics import mean_squared_error
import seaborn as sns
# 解决中文乱码
plt.rcParams['font.sans-serif'] = ['SimHei']
plt.rcParams['axes.unicode_minus'] = False
# 使用加利福尼亚住房数据集
california = datasets.fetch_california_housing()
X = california.data
y = california.target

# 数据分割：训练集和测试集
X_train, X_test, y_train, y_test = train_test_split(X, y, test_size=0.2, random_
state=42)

# 使用线性回归模型
model = LinearRegression()
model.fit(X_train, y_train)

# 预测房价
y_pred = model.predict(X_test)

# 计算误差
errors = y_test - y_pred

# 计算误差的均值和标准差
mean_error = np.mean(errors)
std_error = np.std(errors)
mse = mean_squared_error(y_test, y_pred)
rmse = np.sqrt(mse)

# 输出统计量
print(f"误差均值：{mean_error:.4f}")
print(f"误差标准差：{std_error:.4f}")
print(f"均方误差 (MSE)：{mse:.4f}")
print(f"均方根误差 (RMSE)：{rmse:.4f}")

# 可视化误差的分布
plt.figure(figsize=(10, 6))
sns.histplot(errors, kde=True, bins=30, color='blue')
plt.title('预测误差分布')
plt.xlabel('误差值')
plt.ylabel('频数')
plt.grid(True)
plt.show()

# 可视化误差的散点图
plt.figure(figsize=(10, 6))
plt.scatter(y_test, errors, color='red', alpha=0.5)
```

```
plt.title('误差与实际房价的关系')
plt.xlabel('实际房价')
plt.ylabel('预测误差')
plt.grid(True)
plt.show()
```

上述代码计算了预测误差的均值、标准差、均方误差和均方根误差，评估模型的准确性。最后，通过直方图和散点图可视化了预测误差的分布及其与实际房价的关系，如图 7-14 和图 7-15 所示。

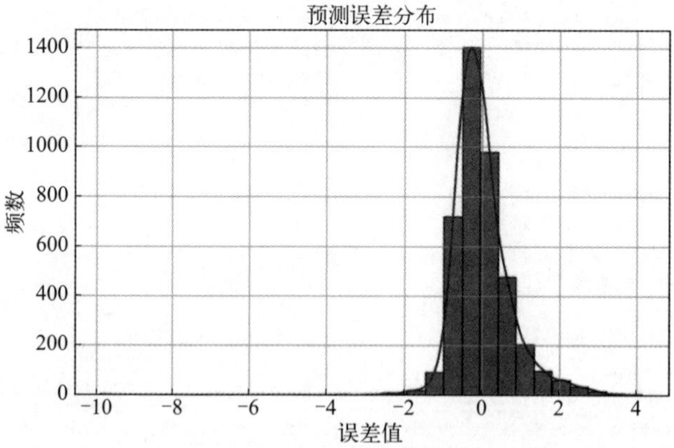

图 7-14　预测误差分布直方图

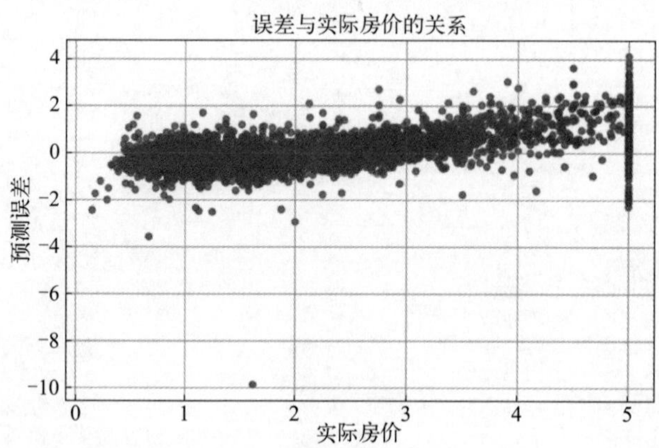

图 7-15　预测误差散点图

执行后还会输出模型的误差统计信息：

```
误差均值: 0.0035
误差标准差: 0.7456
均方误差 (MSE): 0.5559
均方根误差 (RMSE): 0.7456
```

7.5.2　模型诊断

模型诊断是机器学习和统计建模中一个重要的过程，旨在评估和改进模型的性能。通过对模型的诊断，可以识别潜在的问题，从而采取措施提高模型的准确性和鲁棒性。模型诊断的基本信息如下。

• 误差分析：检查模型的预测误差分布，确定是否存在系统性偏差或异常点，从而判断模型是否对特定类别或样本表现欠佳。

• 模型复杂性与过拟合：通过分析训练误差和验证误差的差异，判断模型是否存在过拟合或欠拟合问题，从而确定模型复杂度的合理性。

• 特征重要性：评估输入特征对预测结果的贡献，识别关键特征或冗余特征，为特征工程提供指导。

• 敏感性分析：通过扰动输入数据，观察模型预测结果的变化，衡量模型对输入特征的敏感程度。

• 不确定性量化：评估模型对预测结果的置信度，分析模型在不确定情况下的行为，以提升其稳健性。

• 校准评估：检查模型预测概率与实际发生率的匹配程度，确保模型的概率输出具备实际解释性。

通过模型诊断，能够有效发现模型在数据分布、结构设计、预测稳定性等方面的问题，为改进模型性能提供有力支持。在下面的实例中，利用误差分析、残差分析以及一些常用的统计量（如均值、标准差等）来深入理解模型的性能。在这个实例中，通过计算残差的均值、标准差、均方误差（MSE）和均方根误差（RMSE）来评估模型的预测精度。通过分析这些统计量，可以量化模型的偏差和稳定性，进而诊断模型是否存在过拟合或系统性误差。

实例 7-7：使用概率与统计诊断模型（源码路径：codes/7/Zhen.py）

具体实现代码如下。

```
    import torch
    import torch.nn as nn
    import torch.optim as optim
    import torchvision.transforms as transforms
    import torchvision.datasets as datasets
    import matplotlib.pyplot as plt
    import numpy as np

    # 数据预处理和加载
    transform = transforms.Compose([
        transforms.ToTensor(),
        transforms.Normalize((0.5,), (0.5,))
    ])

    trainset = datasets.MNIST(root='data', train=True, download=True,
transform=transform)
    trainloader = torch.utils.data.DataLoader(trainset, batch_size=64, shuffle=True)

    testset = datasets.MNIST(root='data', train=False, download=True,
transform=transform)
    testloader = torch.utils.data.DataLoader(testset, batch_size=64, shuffle=False)

    # 定义简单的神经网络
    class SimpleNN(nn.Module):
        def __init__(self):
            super(SimpleNN, self).__init__()
            self.fc1 = nn.Linear(28 * 28, 128)
            self.fc2 = nn.Linear(128, 64)
            self.fc3 = nn.Linear(64, 10)

        def forward(self, x):
            x = x.view(-1, 28 * 28)
            x = torch.relu(self.fc1(x))
```

```
        x = torch.relu(self.fc2(x))
        x = self.fc3(x)
        return x

# 训练模型
device = torch.device("cuda" if torch.cuda.is_available() else "cpu")
model = SimpleNN().to(device)
criterion = nn.CrossEntropyLoss()
optimizer = optim.Adam(model.parameters(), lr=0.001)

# 记录损失
losses = []
epochs = 5

for epoch in range(epochs):
    model.train()
    running_loss = 0.0
    for inputs, labels in trainloader:
        inputs, labels = inputs.to(device), labels.to(device)
        optimizer.zero_grad()
        outputs = model(inputs)
        loss = criterion(outputs, labels)
        loss.backward()
        optimizer.step()
        running_loss += loss.item()

    epoch_loss = running_loss / len(trainloader)
    losses.append(epoch_loss)
    print(f'Epoch [{epoch + 1}/{epochs}], Loss: {epoch_loss:.4f}')

# 测试模型
model.eval()
correct = 0
total = 0
predictions = []
actuals = []

with torch.no_grad():
    for inputs, labels in testloader:
        inputs, labels = inputs.to(device), labels.to(device)
        outputs = model(inputs)
        _, predicted = torch.max(outputs.data, 1)
        total += labels.size(0)
        correct += (predicted == labels).sum().item()
        predictions.extend(predicted.cpu().numpy())
        actuals.extend(labels.cpu().numpy())

accuracy = correct / total
print(f'Test Accuracy: {accuracy * 100:.2f}%')

# 计算残差
residuals = np.array(actuals) - np.array(predictions)

# 计算误差统计量
mean_error = np.mean(residuals)
std_error = np.std(residuals)
mse = np.mean(residuals ** 2)
rmse = np.sqrt(mse)

print(f"误差均值: {mean_error:.4f}")
print(f"误差标准差: {std_error:.4f}")
print(f"均方误差 (MSE): {mse:.4f}")
```

```
    print(f"均方根误差 (RMSE): {rmse:.4f}")

    # 绘制学习曲线
    plt.figure(figsize=(10, 5))
    plt.plot(losses, label='Training Loss', color='blue')
    plt.xlabel('Epoch')
    plt.ylabel('Loss')
    plt.title('Learning Curve')
    plt.legend()
    plt.grid()
    plt.show()

    # 绘制残差分布图
    plt.figure(figsize=(10, 5))
    plt.hist(residuals, bins=20, color='orange', alpha=0.7)
    plt.title('Residuals Distribution')
    plt.xlabel('Residuals')
    plt.ylabel('Frequency')
    plt.grid()
    plt.show()

    # 绘制残差散点图
    plt.figure(figsize=(10, 5))
    plt.scatter(range(len(residuals)), residuals, color='green', alpha=0.5)
    plt.title('Residuals Scatter Plot')
    plt.xlabel('Index')
    plt.ylabel('Residuals')
    plt.grid()
    plt.show()

    # 绘制误差均值和标准差
    plt.figure(figsize=(10, 5))
    plt.bar(['Mean Error', 'Standard Deviation'], [mean_error, std_error],
color=['blue', 'red'])
    plt.title('Error Analysis')
    plt.ylabel('Value')
    plt.grid()
    plt.show()
```

对上述代码的具体说明如下：

• 误差统计量的计算：计算了残差（实际值与预测值的差异），并进一步计算误差的均值、标准差、均方误差（MSE）和均方根误差（RMSE）。这些统计量有助于诊断模型的预测性能，反映模型在训练过程中的误差分布。

• 残差分布和散点图：通过绘制残差的直方图和散点图，可以直观地查看模型的误差是否遵循某种规律（如正态分布），以及是否存在系统性的预测误差。

• 误差分析：绘制了误差的均值和标准差图，以便直观展示模型误差的分布特征，帮助我们理解误差的波动性和模型的偏差。

执行后将绘制 4 幅可视化图，如图 7-16（a）～（d）所示。

• 训练损失曲线图显示了在每个训练周期（Epoch）中模型的训练损失（Loss）的变化趋势。

• 残差分布图展示了模型预测值与实际值之间的残差（即误差）的分布情况。

• 预测 - 实际值散点图展示了模型预测的标签与真实标签的关系。

• 均方误差 (MSE) 和均方根误差（RMSE）直方图可以展示每个测试数据点的 MSE 和 RMSE，评估模型在整体数据集上的误差分布。

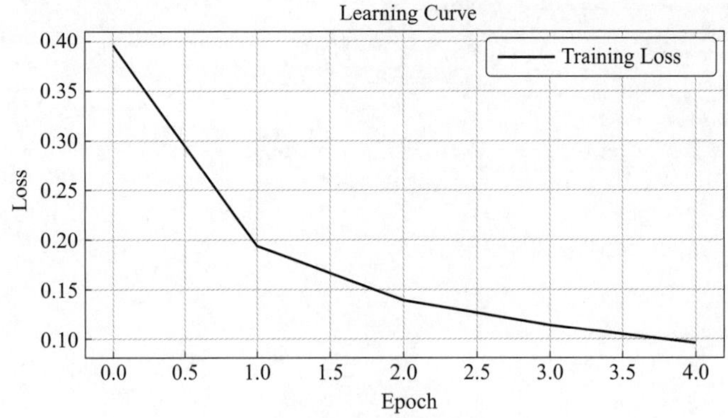

(a) 训练损失曲线图

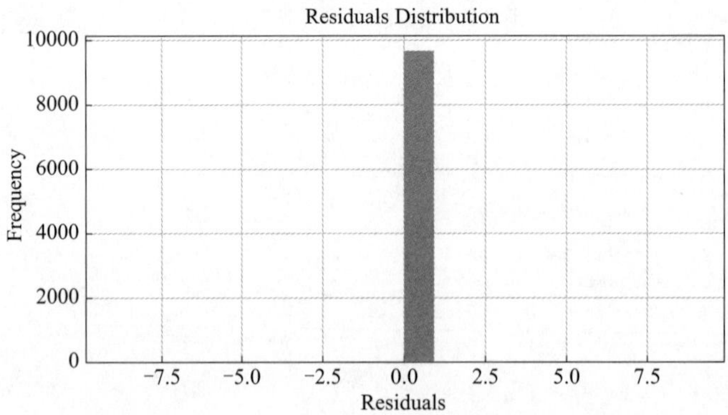

(b) 残差分布图

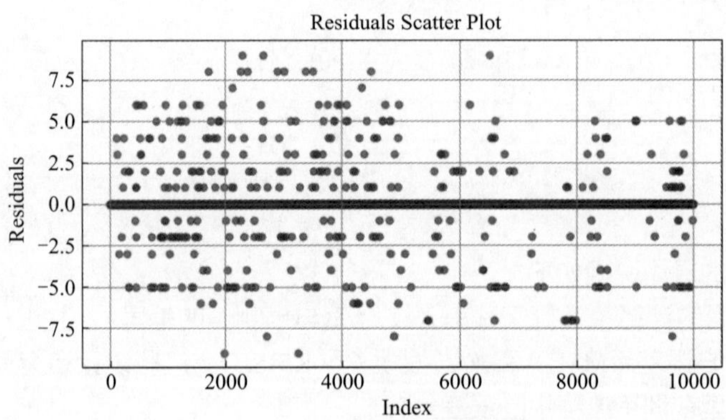

(c) 预测-实际值散点图

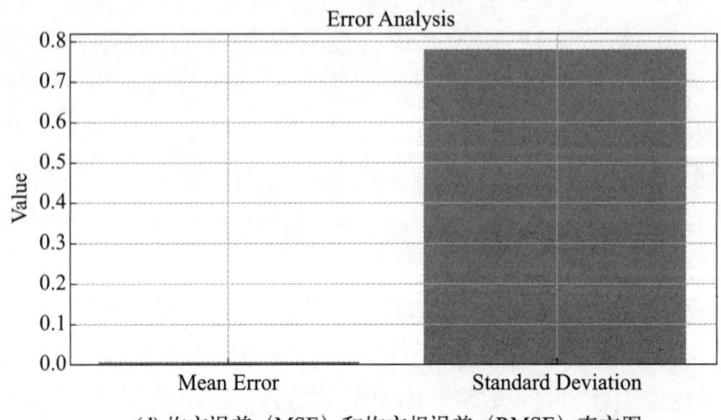

(d) 均方误差（MSE）和均方根误差（RMSE）直方图

图 7-16　可视化图

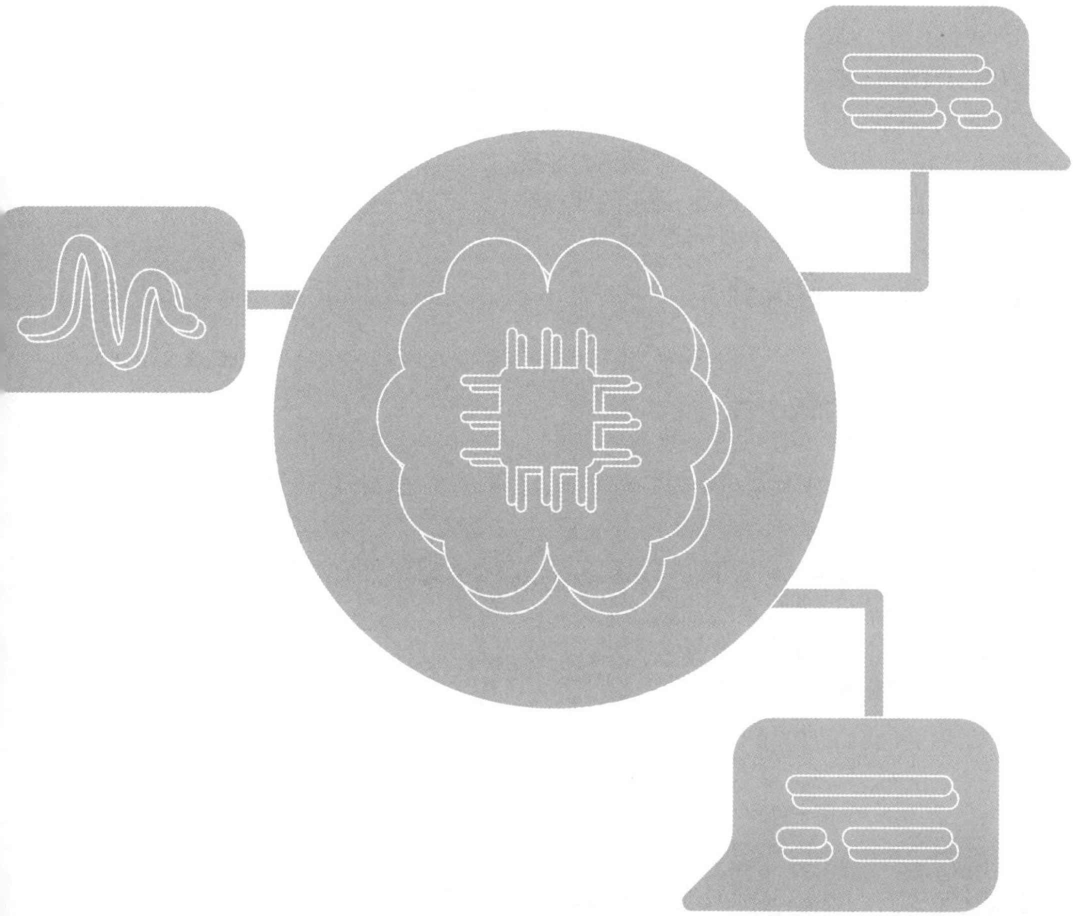

第 8 章

模型优化与加速

模型优化与加速是优化深度学习模型性能和效率的关键环节。优化包括超参数搜索、模型结构优化和剪枝量化等方法，旨在提升模型的准确性和泛化能力。加速则通过硬件（如GPU、TPU）优化、分布式计算、混合精度训练等技术，减少计算时间和资源消耗。两者结合不仅能提升模型训练和推理的速度，还能降低成本，广泛应用于高效机器学习应用场景。

8.1 模型优化和加速简介

模型优化和加速是现代人工智能和深度学习中不可或缺的技术环节，旨在提升模型的性能、效率以及实际应用的可行性。

（1）模型优化

在实际应用中，模型优化聚焦于提升模型的准确性、可解释性和资源利用效率，主要包括以下方法：

• 超参数调节：通过自动化或手动方式搜索最佳超参数组合（如学习率、批量大小）以优化模型性能。

• 模型架构设计：应用神经架构搜索（NAS）或由人工设计更高效的网络结构，如深度可分离卷积、残差网络等。

• 剪枝与量化：通过减少冗余参数或将模型权重压缩为低精度格式，在保证性能的同时减少计算和存储需求。

• 知识蒸馏：利用大模型的知识训练小模型，使小模型在保持高性能的同时更加高效。

（2）模型加速

模型加速专注于减少模型的训练和推理时间，主要包括以下方法：

• 硬件加速：利用 GPU、TPU 以及专用芯片（如 FPGA、ASIC）提升计算速度。

• 分布式与并行计算：在多机多卡环境中进行分布式训练，或利用数据并行、模型并行等技术充分利用计算资源。

• 混合精度训练：通过将模型权重和梯度切换为半精度（FP16）或更低，显著减少内存占用和计算时间。

•算子优化：针对特定硬件平台调整深度学习框架中的底层算子实现，以提高执行效率。

通过结合优化与加速技术，模型在性能和效率之间达成平衡，使得深度学习模型更适合大数据和实时应用场景，如自动驾驶、智能客服、实时翻译等。

8.2 梯度下降算法

梯度下降算法是模型优化中最常用的方法之一，旨在通过迭代调整模型参数来最小化损失。其基本原理是计算损失函数关于模型参数的梯度（即导数），并沿着梯度的反方向更新参数，以减少损失。

8.2.1 梯度下降算法的实现步骤

实现梯度下降算法的基本步骤如下：

① 初始化参数：随机初始化模型的参数（如权重和偏置）或使用特定的初始化方法（如Xavier 初始化）。

② 计算损失：根据当前参数和输入数据，计算损失函数值 $L(\theta)$ 。

③ 计算梯度：对损失函数 $L(\theta)$ 关于参数 θ 求梯度，表示为

$$\nabla \theta L(\theta)$$

④ 更新参数：根据学习率 η 和梯度，按规则更新参数，即

$$\theta = \theta - \eta \nabla J(\theta)$$

式中，θ 是模型参数；$\nabla J(\theta)$ 是损失函数关于参数的梯度。

⑤ 检查收敛条件：判断梯度的绝对值是否低于设定阈值，或者验证目标函数值的变化是否小于一定范围。如果满足条件，停止迭代；否则返回步骤②。

⑥ 输出最优参数：最后得到的 θ 为优化后的模型参数。

梯度下降算法是深度学习中的核心优化方法，其简单直观的机制使其适用于从线性回归到复杂神经网络的大多数机器学习模型。

8.2.2 使用梯度计算优化模型

梯度计算主要依赖反向传播算法，该算法通过链式法则高效地计算损失对各层参数的偏导数，从而指导每次权重更新。理解梯度的计算和传播过程，不仅是掌握深度学习模型的关键，更是开发高效算法和解决优化问题的重要基础。

下面的实例，实现了从头构建两层神经网络，其用于处理手写数字分类任务，完整展示了梯度计算在神经网络训练中的核心作用。本实例使用矩阵运算高效地计算了前向传播和反向传播中的梯度，从而实现了权重的快速更新。通过矩阵操作，模型能够处理高维数据并优化参数，使得训练过程更加高效和稳定。

实例 8-1：使用梯度计算优化模型（源码路径：codes/8/Ti.py）

具体实现代码如下。

```
import numpy as np
import matplotlib.pyplot as plt
from tensorflow.keras.datasets import mnist
from tensorflow.keras.utils import to_categorical

# 载入 MNIST 数据集
(X_train, y_train), (X_test, y_test) = mnist.load_data()

# 数据预处理
X_train = X_train.reshape(-1, 28 * 28) / 255.0  # 将图像展平并归一化
X_test = X_test.reshape(-1, 28 * 28) / 255.0

# 将标签进行独热编码
y_train = to_categorical(y_train, num_classes=10)
y_test = to_categorical(y_test, num_classes=10)

# 初始化参数
input_size = 28 * 28  # 输入层大小
hidden_size = 64      # 隐藏层大小
output_size = 10      # 输出层大小
learning_rate = 0.01
n_iterations = 1000
m = X_train.shape[0]

# 初始化权重
W1 = np.random.randn(input_size, hidden_size) * 0.01    # 输入层到隐藏层的权重
b1 = np.zeros((1, hidden_size))                         # 隐藏层的偏置
W2 = np.random.randn(hidden_size, output_size) * 0.01   # 隐藏层到输出层的权重
b2 = np.zeros((1, output_size))                         # 输出层的偏置
# 保存损失值
```

```
losses = []
# 训练模型
for iteration in range(n_iterations):
    # 前向传播
    Z1 = X_train.dot(W1) + b1  # 输入层到隐藏层
    A1 = np.maximum(0, Z1)       # ReLU 激活函数
    Z2 = A1.dot(W2) + b2         # 隐藏层到输出层
    exp_scores = np.exp(Z2)      # 计算指数
    A2 = exp_scores / np.sum(exp_scores, axis=1, keepdims=True)  # Softmax
    # 计算损失
    correct_logprobs = -np.log(A2[range(m), np.argmax(y_train, axis=1)])
    data_loss = np.sum(correct_logprobs) / m
    losses.append(data_loss)
    # 反向传播
    dZ2 = A2 - y_train            # 输出层的误差
    dW2 = A1.T.dot(dZ2) / m       # 权重更新
    db2 = np.sum(dZ2, axis=0, keepdims=True) / m  # 偏置更新
    dA1 = dZ2.dot(W2.T)           # 隐藏层的误差
    dZ1 = dA1 * (A1 > 0)          # ReLU 的导数
    dW1 = X_train.T.dot(dZ1) / m # 权重更新
    db1 = np.sum(dZ1, axis=0, keepdims=True) / m  # 偏置更新
    # 更新权重
    W1 -= learning_rate * dW1
    b1 -= learning_rate * db1
    W2 -= learning_rate * dW2
    b2 -= learning_rate * db2

# 可视化损失
plt.plot(losses)
plt.xlabel('Iteration')
plt.ylabel('Loss')
plt.title('Training Loss over Iterations')
plt.show()

# 测试模型
Z1_test = X_test.dot(W1) + b1
A1_test = np.maximum(0, Z1_test)
Z2_test = A1_test.dot(W2) + b2
predictions = np.argmax(Z2_test, axis=1)

# 打印测试集准确率
accuracy = np.mean(predictions == np.argmax(y_test, axis=1))
print(f'Test accuracy: {accuracy * 100:.2f}%')
```

对上述代码的具体说明如下：

• 数据加载与预处理：使用 Keras 加载 MNIST 数据集，并将图像展平为向量，归一化到 [0, 1] 范围内。将标签转换为独热编码形式。

• 初始化参数：初始化输入层到隐藏层和隐藏层到输出层的权重和偏置。

• 训练模型：在每次迭代中进行前向传播，计算损失，并使用反向传播算法计算梯度更新权重。这里的权重更新涉及了线性代数的矩阵运算。

• 可视化损失：使用 matplotlib 绘制训练过程中损失的变化，帮助监测模型训练的效果，如图 8-1 所示。

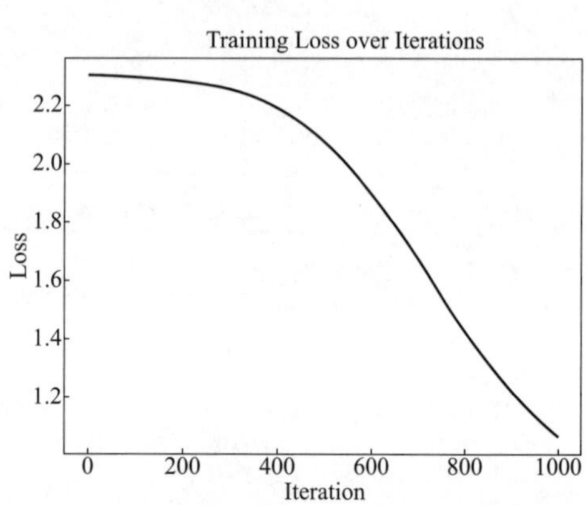

图 8-1　MNIST 数据集的可视化损失曲线图

• 测试模型：在测试集上进行预测，并计算模型的准确率。运行后会输出：

```
Test accuracy: 76.36%
```

8.2.3 随机梯度下降

随机梯度下降（stochastic gradient descent，SGD）是一种常用的优化算法，特别适用于大规模机器学习和深度学习任务。SGD 的核心思想是通过逐个样本或小批量（mini-batch）地更新模型参数，加速训练过程并提高收敛性。随机梯度下降的工作原理如下：

• 在标准的梯度下降算法中，损失函数的梯度是基于整个训练集计算的，可能会导致计算量庞大且速度较慢。

• 随机梯度下降通过仅使用一个样本（或一小部分样本）来计算梯度，从而快速更新参数，这意味着每次迭代的更新是基于一个样本的。

总之，线性代数在随机梯度下降中起到基础性作用，通过矩阵和向量运算高效地计算梯度和更新参数，确保模型训练的高效性与稳定性。在下面的实例中，通过矩阵运算高效地计算了前向传播中的预测值、损失以及反向传播中的梯度，从而实现了权重和偏置的快速更新。利用矩阵和向量操作，使得模型能够处理高维数据并优化参数，提高了训练的效率和稳定性。

实例 8-2：使用随机梯度下降优化模型（源码路径：codes/8/Sgd.py）

具体实现代码如下。

```
import numpy as np
import matplotlib.pyplot as plt
from tensorflow.keras.datasets import mnist
from tensorflow.keras.utils import to_categorical

# 载入 MNIST 数据集
(X_train, y_train), (X_test, y_test) = mnist.load_data()

# 数据预处理
X_train = X_train.reshape(-1, 28 * 28) / 255.0  # 将图像展平并归一化
X_test = X_test.reshape(-1, 28 * 28) / 255.0
y_train = to_categorical(y_train, num_classes=10)  # 独热编码
y_test = to_categorical(y_test, num_classes=10)

# 超参数
learning_rate = 0.01
n_iterations = 1000
batch_size = 64
m = X_train.shape[0]

# 初始化参数
input_size = 28 * 28  # 输入层大小
output_size = 10      # 输出层大小
W = np.random.randn(input_size, output_size) * 0.01  # 权重
b = np.zeros((1, output_size))                         # 偏置

# 保存损失值
losses = []

# 随机梯度下降
for iteration in range(n_iterations):
    # 随机选择一个小批量样本
    indices = np.random.choice(m, batch_size)
```

```
        X_batch = X_train[indices]
        y_batch = y_train[indices]

        # 前向传播
        Z = X_batch.dot(W) + b
        exp_scores = np.exp(Z)
        A = exp_scores / np.sum(exp_scores, axis=1, keepdims=True)  # Softmax

        # 计算损失
        correct_logprobs = -np.log(A[range(batch_size), np.argmax(y_batch, axis=1)])
        data_loss = np.sum(correct_logprobs) / batch_size
        losses.append(data_loss)

        # 反向传播
        dZ = A - y_batch  # 输出层的误差
        dW = X_batch.T.dot(dZ) / batch_size  # 权重更新
        db = np.sum(dZ, axis=0, keepdims=True) / batch_size  # 偏置更新

        # 更新权重
        W -= learning_rate * dW
        b -= learning_rate * db

    # 可视化损失
    plt.plot(losses)
    plt.xlabel('Iteration')
    plt.ylabel('Loss')
    plt.title('Loss over Iterations with SGD on MNIST')
    plt.show()

    # 测试模型
    Z_test = X_test.dot(W) + b
    exp_scores_test = np.exp(Z_test)
    A_test = exp_scores_test / np.sum(exp_scores_test, axis=1, keepdims=True)
    predictions = np.argmax(A_test, axis=1)

    # 打印测试集准确率
    accuracy = np.mean(predictions == np.argmax(y_test, axis=1))
    print(f'Test accuracy: {accuracy * 100:.2f}%')
```

上述代码的实现流程如下：

• 数据加载与预处理：使用 Keras 加载 MNIST 数据集，并将图像展平为向量，归一化到 [0, 1] 范围内。标签被转换为独热编码形式。

• 超参数设置：设置学习率、迭代次数和小批量样本大小。

• 初始化参数：随机初始化权重和偏置。

• 随机梯度下降：在每次迭代中，随机选择一个小批量样本进行训练。通过线性代数计算当前小批量样本的预测、损失和梯度，更新权重和偏置。

• 损失计算：在每次迭代后计算当前模型的损失，并将其记录下来以便后续可视化。

• 可视化：使用 matplotlib 绘制损失随迭代次数的变化，直观展示模型训练效果，如图 8-2 所示。

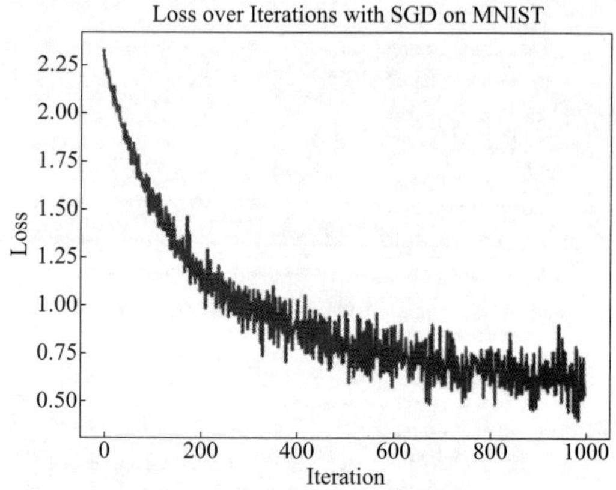

图 8-2 损失变化的可视化图

• 测试模型：在测试集上进行预测，并

计算模型的准确率，执行后会输出计算的准确率。

```
Test accuracy: 86.83%
```

8.2.4 动量法

动量法（Momentum）是一种优化算法，旨在加速梯度下降的收敛速度，并帮助其避免出现局部最优解。动量法通过引入动量的概念，结合前几次的梯度信息来调整当前的参数更新。动量法的核心思想是模仿物理中的动量概念。当参数更新时，不仅依赖当前的梯度，还要考虑之前梯度的“动量”，这样可以使得优化过程更为平滑，避免在陡峭的方向上过度更新，进而减少振荡现象。

在标准的随机梯度下降（SGD）中，参数更新公式为

$$\theta = \theta - \eta \nabla J(\theta)$$

而在动量法中，引入了一个动量变量 v 来积累过去的梯度，更新公式为

$$v = \beta v + (1-\beta)\nabla J(\theta)$$

$$\theta' = \theta - \eta v$$

式中，θ 是模型参数；η 是学习率； $\nabla J(\theta)$ 是损失函数的梯度； v 是动量变量；β 是动量衰减因子，通常设置为 0.9 或 0.99。

总之，动量法通过引入之前梯度的影响，提高了优化算法的稳定性和效率。下面是一个使用动量法优化模型的实例，针对 MNIST 数据集进行训练、优化和可视化操作。本实例利用矩阵和向量操作，使得优化过程更为高效，能够处理高维数据并加速收敛。

实例 8-3：使用动量法优化模型（源码路径：codes/8/Dong.py）

具体实现代码如下。

```
import numpy as np
import matplotlib.pyplot as plt
from tensorflow.keras.datasets import mnist
from tensorflow.keras.utils import to_categorical

# 载入 MNIST 数据集
(X_train, y_train), (X_test, y_test) = mnist.load_data()

# 数据预处理
X_train = X_train.reshape(-1, 28 * 28) / 255.0  # 将图像展平并归一化
X_test = X_test.reshape(-1, 28 * 28) / 255.0
y_train = to_categorical(y_train, num_classes=10)  # 独热编码
y_test = to_categorical(y_test, num_classes=10)

# 超参数
learning_rate = 0.01
n_iterations = 1000
batch_size = 64
beta = 0.9
m = X_train.shape[0]

# 初始化参数
input_size = 28 * 28  # 输入层大小
output_size = 10      # 输出层大小
W = np.random.randn(input_size, output_size) * 0.01  # 权重
b = np.zeros((1, output_size))                       # 偏置

# 初始化动量变量
```

```
v_W = np.zeros_like(W)
v_b = np.zeros_like(b)

# 保存损失值
losses = []

# 动量法训练
for iteration in range(n_iterations):
    # 随机选择一个小批量样本
    indices = np.random.choice(m, batch_size)
    X_batch = X_train[indices]
    y_batch = y_train[indices]

    # 前向传播
    Z = X_batch.dot(W) + b
    exp_scores = np.exp(Z)
    A = exp_scores / np.sum(exp_scores, axis=1, keepdims=True)  # Softmax

    # 计算损失
    correct_logprobs = -np.log(A[range(batch_size), np.argmax(y_batch, axis=1)])
    data_loss = np.sum(correct_logprobs) / batch_size
    losses.append(data_loss)

    # 反向传播
    dZ = A - y_batch  # 输出层的误差
    dW = X_batch.T.dot(dZ) / batch_size  # 权重更新
    db = np.sum(dZ, axis=0, keepdims=True) / batch_size  # 偏置更新

    # 更新动量
    v_W = beta * v_W + (1 - beta) * dW
    v_b = beta * v_b + (1 - beta) * db

    # 更新权重和偏置
    W -= learning_rate * v_W
    b -= learning_rate * v_b

# 可视化损失
plt.plot(losses)
plt.xlabel('Iteration')
plt.ylabel('Loss')
plt.title('Loss over Iterations with Momentum on MNIST')
plt.show()

# 测试模型
Z_test = X_test.dot(W) + b
exp_scores_test = np.exp(Z_test)
A_test = exp_scores_test / np.sum(exp_scores_test, axis=1, keepdims=True)
predictions = np.argmax(A_test, axis=1)

# 打印测试集准确率
accuracy = np.mean(predictions == np.argmax(y_test, axis=1))
print(f'Test accuracy: {accuracy * 100:.2f}%')
```

对上述代码的具体说明如下：

• 数据加载与预处理：使用 Keras 加载 MNIST 数据集，并将图像展平为向量，归一化到 [0, 1] 范围内。标签被转换为独热编码形式。

• 超参数设置：设置学习率、迭代次数、小批量样本大小和动量衰减因子。

• 初始化参数：随机初始化权重和偏置，并初始化动量变量。

• 动量法训练：在每次迭代中，随机选择一个小批量样本进行训练。通过线性代数计算

当前小批量样本的预测、损失和梯度，并更新动量和参数。

• 损失计算：在每次迭代后计算当前模型的损失，并将其记录下来以便后续可视化。

• 可视化：使用 matplotlib 绘制损失随迭代次数的变化的可视化图，直观展示模型训练效果，如图 8-3 所示。

• 测试模型：在测试集上进行预测，并计算模型的准确率。

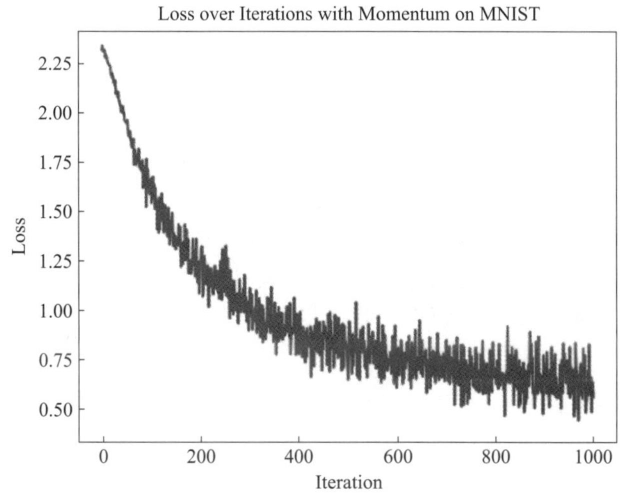

图 8-3　损失变化的可视化图

在上述代码中，线性代数的作用主要体现在以下几个方面：

• 高效的前向传播：通过矩阵乘法计算输入数据与权重之间的线性组合，快速得到模型的预测结果。

• 向量化计算：使用矩阵和向量操作进行 Softmax 输出和损失计算，使得多个样本的处理变得高效而简洁。

• 梯度计算：在反向传播中，利用矩阵运算快速计算权重和偏置的梯度，支持高效的参数更新。

• 动量更新：通过线性代数的加法和标量乘法实现动量变量的更新，结合过去的梯度信息，平滑参数调整，提高收敛速度。

总之，线性代数使得整个优化更加高效和稳定，能够有效处理高维数据。

8.2.5　自适应学习率算法

自适应学习率算法是一类能够动态调整学习率的优化算法，旨在提高模型训练的效率和效果。与固定学习率算法相比，自适应学习率算法可以根据参数的更新情况自动调整学习率，使得模型在不同阶段以更合适的速度进行学习。常用的自适应学习率算法如下。

① AdaGrad (adaptive gradient algorithm)。AdaGrad 根据历史梯度的平方和对学习率进行缩放，使得频繁更新的参数具有较小的学习率，而不常更新的参数具有较大的学习率，这样能有效处理稀疏数据问题，比如在自然语言处理和推荐系统中的应用。尽管 AdaGrad 收敛快，但学习率逐渐减小的问题可能导致后期训练速度变慢。

② RMSProp (root mean square propagation)。RMSProp 是对 AdaGrad 的改进，通过引入指数加权平均对梯度平方和进行平滑，解决了 AdaGrad 学习率衰减过快的问题。它特别适合深度学习中的长时间训练任务，有助于在复杂损失曲面上快速收敛。

③ Adam (adaptive moment estimation)。Adam 综合了动量方法和 RMSProp 的优点，不仅考虑梯度的一阶动量（均值），还考虑梯度的二阶动量（方差）。它在多数任务上表现出色，适用于大部分深度学习场景，是目前使用最广泛的优化算法之一。

④ Adadelta。Adadelta 是 AdaGrad 的另一种改进，通过限制累积平方梯度的窗口大小，避免学习率无限衰减，并用参数变化的比例替代全局学习率，使 Adadelta 对学习率不敏感，适用于不同任务的动态学习。

⑤ Nadam (Nesterov-accelerated adaptive moment estimation)。Nadam 是 Adam 的 变 种，引入了 Nesterov 动量优化思想，进一步提升了梯度方向的校正效果。它在快速收敛和全局优化上比 Adam 更具优势，适用于对收敛速度要求较高的任务。

下面是一个使用自适应学习率算法（Adam）优化的实例，其实现了一个基于 Adam 优化算法的两层神经网络，用于对 MNIST 数据集进行分类。通过手动定义网络结构、激活函数（ReLU 和 Softmax）、损失函数（交叉熵）和参数更新机制，用代码展示了完整的神经网络训练过程，包括前向传播、损失计算、反向传播计算梯度，以及使用 Adam 优化算法动态调整学习率以更新参数。最终，代码绘制了训练过程的损失曲线，用于评估模型优化效果。

实例 8-4：使用 Adam 优化模型（源码路径：codes/8/Zi.py）

具体实现代码如下。

```
import numpy as np
import matplotlib.pyplot as plt
from keras.datasets import mnist
from keras.utils import to_categorical

# 加载 MNIST 数据集
(X_train, y_train), (X_test, y_test) = mnist.load_data()
X_train = X_train.reshape(-1, 28 * 28).astype('float32') / 255
X_test = X_test.reshape(-1, 28 * 28).astype('float32') / 255
y_train = to_categorical(y_train, 10)
y_test = to_categorical(y_test, 10)

# 超参数
epochs = 10
batch_size = 64
learning_rate = 0.001
beta1 = 0.9
beta2 = 0.999

# 初始化参数
input_size = 28 * 28
hidden_size = 128
output_size = 10

W1 = np.random.randn(input_size, hidden_size) * 0.01
b1 = np.zeros((1, hidden_size))
W2 = np.random.randn(hidden_size, output_size) * 0.01
b2 = np.zeros((1, output_size))

# Adam 初始化
mW1, vW1 = np.zeros_like(W1), np.zeros_like(W1)
mb1, vb1 = np.zeros_like(b1), np.zeros_like(b1)
mW2, vW2 = np.zeros_like(W2), np.zeros_like(W2)
mb2, vb2 = np.zeros_like(b2), np.zeros_like(b2)

def softmax(x):
    x_shifted = x - np.max(x, axis=1, keepdims=True)  # 数值稳定性处理
    return np.exp(x_shifted) / np.sum(np.exp(x_shifted), axis=1, keepdims=True)
```

```
def forward(X):
    Z1 = np.dot(X, W1) + b1
    A1 = np.maximum(0, Z1)   # ReLU
    Z2 = np.dot(A1, W2) + b2
    A2 = softmax(Z2)
    return A1, A2

def compute_loss(A2, Y):
    m = Y.shape[0]
    log_likelihood = -np.log(A2[range(m), np.argmax(Y, axis=1)])
    return np.sum(log_likelihood) / m

# 训练模型
losses = []
for epoch in range(epochs):
    for i in range(0, X_train.shape[0], batch_size):
        X_batch = X_train[i:i + batch_size]
        Y_batch = y_train[i:i + batch_size]

        # 前向传播
        A1, A2 = forward(X_batch)
        loss = compute_loss(A2, Y_batch)
        losses.append(loss)

        # 反向传播
        m = Y_batch.shape[0]
        dZ2 = A2 - Y_batch
        dW2 = np.dot(A1.T, dZ2) / m
        db2 = np.sum(dZ2, axis=0, keepdims=True) / m

        dA1 = np.dot(dZ2, W2.T)
        dZ1 = dA1 * (A1 > 0)   # ReLU的导数
        dW1 = np.dot(X_batch.T, dZ1) / m
        db1 = np.sum(dZ1, axis=0, keepdims=True) / m

        # Adam 更新
        for param, dparam, m, v in zip([W1, b1, W2, b2],
                                        [dW1, db1, dW2, db2],
                                        [mW1, mb1, mW2, mb2],
                                        [vW1, vb1, vW2, vb2]):
            m = beta1 * m + (1 - beta1) * dparam
            v = beta2 * v + (1 - beta2) * (dparam ** 2)
            m_hat = m / (1 - beta1 ** (epoch + 1))
            v_hat = v / (1 - beta2 ** (epoch + 1))
            param -= learning_rate * m_hat / (np.sqrt(v_hat) + 1e-8)

# 可视化损失
plt.plot(losses)
plt.title('Training Loss over Epochs')
plt.xlabel('Iteration')
plt.ylabel('Loss')
plt.show()
```

上述代码的实现流程如下：

- 数据加载和预处理：使用 Keras 加载 MNIST 数据集，并进行标准化和独热编码。
- 参数初始化：随机初始化权重和偏置。
- Adam 算法实现：维护动量（m）和二阶矩（v）的估计，以动态调整学习率。
- 前向传播和反向传播：计算输出和损失，并使用矩阵运算更新参数。
- 可视化：通过 matplotlib 绘制训练过程中损失变化的可视化图，如图 8-4 所示。

8.3 模型优化算法

优化算法是机器学习和深度学习中用于调整模型参数以最小化损失函数的重要工具。其利用损失函数的导数信息，确定最佳参数更新方向和步长。常见的优化算法包括牛顿法与拟牛顿法，利用二阶导数和 Hessian 矩阵提高收敛速度。

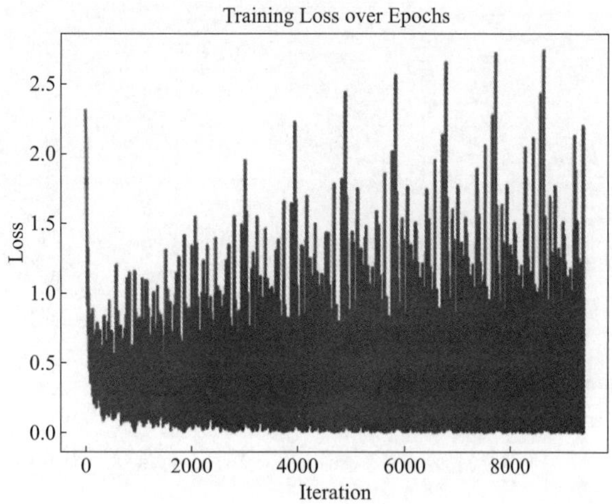

图 8-4 训练过程中损失变化的可视化图

8.3.1 牛顿法与拟牛顿法

牛顿法与拟牛顿法是用于解决模型优化问题的经典算法，尤其在求解最优化问题上具有广泛应用。

（1）牛顿法

牛顿法是一种利用函数二阶导数（即 Hessian 矩阵）信息的优化方法。它的基本思想是通过泰勒展开近似函数，并利用当前点的导数和 Hessian 矩阵来更新参数。具体步骤如下：

① 计算梯度和 Hessian 矩阵：计算损失函数的梯度 $\nabla J(\theta)$ 和 Hessian 矩阵 $\boldsymbol{H}(\theta)$。

② 更新规则：更新参数，有

$$\theta_{\text{new}} = \theta_{\text{old}} - \boldsymbol{H}(\theta_{\text{old}})^{-1}\nabla J(\theta_{\text{old}})$$

上述更新过程会根据 Hessian 矩阵调整步长，从而在极小化方向上快速收敛。

（2）拟牛顿法

拟牛顿法是对牛顿法的一种改进，主要目的是避免直接计算 Hessian 矩阵，因为计算 Hessian 矩阵及其逆的代价较高。拟牛顿法通过迭代地构造 Hessian 矩阵的近似值来提高效率。最常用的拟牛顿法是 BFGS 算法，其基本步骤如下：

① 初始估计：从一个初始参数 θ_0 开始，初始化 Hessian 矩阵的逆 $\boldsymbol{B}_0$（通常取为单位矩阵）。

② 更新规则：

• 在每次迭代中计算梯度 $\nabla J(\theta)$ 并更新参数

$$\theta_{\text{new}} = \theta_{\text{old}} - a\boldsymbol{B}_{\text{old}}\nabla J(\theta_{\text{old}})$$

• 通过梯度的变化更新 Hessian 矩阵的近似值

$$\boldsymbol{B}_{\text{new}} = \boldsymbol{B}_{\text{old}} + \frac{\boldsymbol{y}k\boldsymbol{y}_k^{\text{T}}}{\boldsymbol{y}_k^{\text{T}}\boldsymbol{S}_k} - \frac{\boldsymbol{B}_{\text{old}}\boldsymbol{S}_k\boldsymbol{S}_k^{\text{T}}\boldsymbol{B}_{\text{old}}}{\boldsymbol{S}_k^{\text{T}}\boldsymbol{B}_{\text{old}}\boldsymbol{S}_k}$$

式中，$\boldsymbol{S}_k$ 是参数更新的变化；$\boldsymbol{y}_k$ 是梯度变化的变化。

总之，牛顿法因其快速收敛性在某些问题上表现出色，但计算复杂度高。而拟牛顿法在效率与精度之间取得了良好平衡，常用于大规模优化问题。两者都广泛应用于机器学习和深度学习中的模型优化。下面是一个使用拟牛顿法（BFGS 算法）训练模型的实例，将对 scikit-learn 库中的鸢尾花数据集进行分类。在本实例的优化过程中使用了线性代数运算（矩阵乘法）来计算损失函数和更新权重。在决策边界的计算过程中依赖于输入特征与权重的线性组合，体现了线性代数的核心概念。

实例 8-5：使用拟牛顿法训练模型（源码路径：codes/8/Niu.py）

具体实现代码如下。

```
import numpy as np
import matplotlib.pyplot as plt
from sklearn.datasets import load_iris
from sklearn.model_selection import train_test_split
from scipy.optimize import minimize
import matplotlib

# 设置中文字体
matplotlib.rcParams['font.sans-serif'] = ['SimHei']  # 使用黑体
matplotlib.rcParams['axes.unicode_minus'] = False  # 解决负号显示问题

# 加载鸢尾花数据集
iris = load_iris()
X = iris.data[:, :2]  # 只选择前两个特征
y = iris.target

# 选择两类进行二分类
X = X[y != 2]  # 只选择前两类
y = y[y != 2]
X_train, X_test, y_train, y_test = train_test_split(X, y, test_size=0.2, random_
state=42)

# 定义逻辑回归的损失函数（负对数似然函数）
def loss_function(w, X, y):
    z = X.dot(w)
    return -np.sum(y * z - np.log(1 + np.exp(z)))

# 使用BFGS算法进行优化
initial_w = np.zeros(X_train.shape[1])  # 初始化参数
result = minimize(loss_function, initial_w, args=(X_train, y_train), method='BFGS')

# 输出优化结果
optimized_weights = result.x
print("优化后的权重:", optimized_weights)

# 可视化决策边界
def plot_decision_boundary(X, y, weights):
    x_min, x_max = X[:, 0].min() - 1, X[:, 0].max() + 1
    y_min, y_max = X[:, 1].min() - 1, X[:, 1].max() + 1
    xx, yy = np.meshgrid(np.arange(x_min, x_max, 0.01),
                         np.arange(y_min, y_max, 0.01))
    Z = np.dot(np.c_[xx.ravel(), yy.ravel()], weights)  # 权重与两个特征相乘
    Z = 1 / (1 + np.exp(-Z))  # 应用逻辑回归的Sigmoid函数
    Z = Z.reshape(xx.shape)

    plt.contourf(xx, yy, Z, levels=[0, 0.5, 1], alpha=0.3)
    plt.scatter(X[:, 0], X[:, 1], c=y, edgecolors='k')
    plt.xlabel('特征 1')
    plt.ylabel('特征 2')
    plt.title('决策边界')
    plt.show()

# 绘制决策边界
plot_decision_boundary(X_train, y_train, optimized_weights)
```

上述代码的实现流程如下：

- 数据加载：使用 load_iris 加载鸢尾花数据集，并选择前两类进行二分类。
- 损失函数：定义了逻辑回归的负对数似然函数，作为优化目标。
- 优化过程：使用 scipy.optimize.minimize 函数，选择 BFGS 算法来优化损失函数。

• 结果输出：打印输出优化后的权重。

•可视化：绘制决策边界可视化图，展示模型分类的效果，如图 8-5 所示。

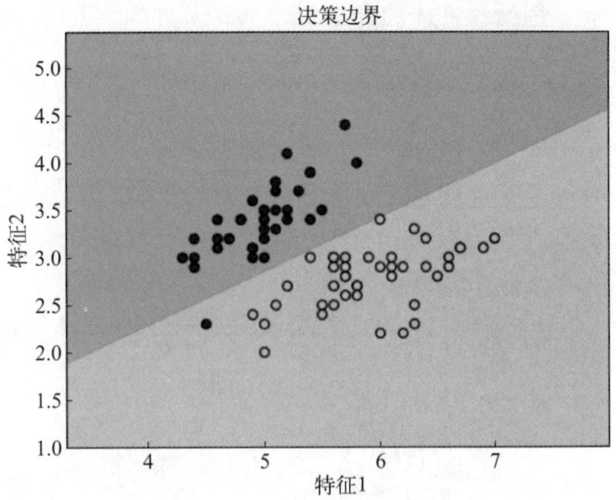

图 8-5 决策边界可视化图

8.3.2 自适应优化算法

自适应优化算法能够根据每个参数的历史梯度动态调整学习率，从而提高模型训练的效率和效果。下面将详细介绍两种常用的自适应优化算法。

（1）Adam 算法

Adam 算法结合了动量法和 RMSprop 的优点，通过计算梯度的一阶矩（均值）和二阶矩（未中心化的方差）来动态调整学习率。Adam 算法的优势在于其收敛速度快，适合处理大规模数据和高维参数。下面是一个使用 Adam 算法优化模型的实例，实现了一个使用 Adam 优化算法训练的逻辑回归模型，用于对 Iris 数据集中“virginica”类进行二分类。

实例 8-6：使用 Adam 算法优化模型（源码路径：codes/8/Ada.py）

具体实现代码如下。

```
import numpy as np
import matplotlib.pyplot as plt
from sklearn.datasets import load_iris
from sklearn.model_selection import train_test_split
from sklearn.preprocessing import StandardScaler
# Sigmoid激活函数
def sigmoid(x):
    return 1 / (1 + np.exp(-x)

# 计算损失函数
def compute_loss(y_true, y_pred):
    return -np.mean(y_true * np.log(y_pred + 1e-15) + (1 - y_true) * np.log(1 - y_
pred + 1e-15))

# Adam优化算法
def adam_optimizer(X, y, learning_rate=0.01, beta1=0.9, beta2=0.999, epsilon=1e-8,
epochs=1000):
    m, n = X.shape
    weights = np.zeros(n)
    m_t = np.zeros(n)
    v_t = np.zeros(n)

    losses = []

    for epoch in range(epochs):
        # 前向传播
        linear_model = np.dot(X, weights)
        y_pred = sigmoid(linear_model)
        # 计算损失
        loss = compute_loss(y, y_pred)
        losses.append(loss)
        # 计算梯度
        gradient = np.dot(X.T, (y_pred - y)) / m
```

```
            # 更新一阶矩和二阶矩
            m_t = beta1 * m_t + (1 - beta1) * gradient
            v_t = beta2 * v_t + (1 - beta2) * (gradient ** 2)
            # 计算偏置修正
            m_hat = m_t / (1 - beta1 ** (epoch + 1))
            v_hat = v_t / (1 - beta2 ** (epoch + 1))
            # 更新权重
            weights -= learning_rate * m_hat / (np.sqrt(v_hat) + epsilon)
        return weights, losses

    # 数据加载和预处理
    iris = load_iris()
    X = iris.data
    y = (iris.target == 2).astype(int)  # 选择"virginica"作为正类
    X_train, X_test, y_train, y_test = train_test_split(X, y, test_size=0.2, random_
state=42)

    # 特征标准化
    scaler = StandardScaler()
    X_train = scaler.fit_transform(X_train)
    X_test = scaler.transform(X_test)
    # 使用Adam优化器训练模型
    optimized_weights, losses = adam_optimizer(X_train, y_train)
    # 可视化损失函数
    plt.plot(losses)
    plt.title('Loss Function Over Epochs')
    plt.xlabel('Epochs')
    plt.ylabel('Loss')
    plt.grid()
    plt.show()
    # 输出优化后的权重
    print("优化后的权重:", optimized_weights)
```

对上述代码的具体说明如下：

- 数据集：使用 Iris 数据集，并将其处理为二分类问题。
- 模型：构建一个简单的逻辑回归模型，使用 Sigmoid 激活函数。
- Adam 算法：实现了 Adam 优化器，其中包括一阶矩和二阶矩的计算，展示了线性代数在参数更新中的作用。
- 可视化：可视化损失函数随训练轮数的变化，如图 8-6 所示。

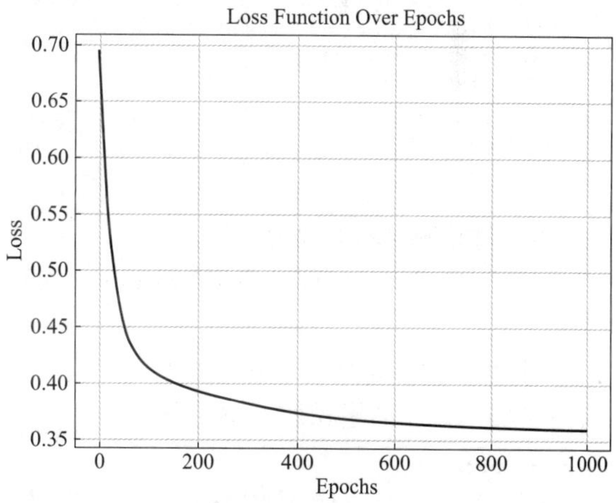

图 8-6　损失函数随训练轮数变化的可视化图

（2）RMSprop 算法

RMSprop（root mean square propagation）算法旨在解决学习率衰减问题，能够对每个参数的学习率进行自适应调整。下面是一个使用 RMSprop 算法更新模型参数的实例。使用 TensorFlow 和 Keras 构建并训练了一个卷积神经网络（CNN），对 MNIST 手写数字数据集进行分类。模型包含两层卷积和池化操作，接着通过全连接层进行分类，并使用 RMSprop 优化器和交叉熵损失函数进行优化。训练过程中记录了损失值和验证集性能，并通过可视化损失变化展示模型的收敛过程，方便观察训练与验证效果的差异。

实例 8-7：使用 RMSprop 优化算法更新模型参数（源码路径：codes/8/Rm.py）

具体实现代码如下。

```
import numpy as np
import matplotlib.pyplot as plt
import tensorflow as tf
from tensorflow.keras import layers, models

# 加载MNIST数据集
(X_train, y_train), (X_test, y_test) = tf.keras.datasets.mnist.load_data()
X_train = X_train.reshape((X_train.shape[0], 28, 28, 1)).astype('float32') / 255.0
X_test = X_test.reshape((X_test.shape[0], 28, 28, 1)).astype('float32') / 255.0

# 创建CNN模型
model = models.Sequential([
    layers.Conv2D(32, (3, 3), activation='relu', input_shape=(28, 28, 1)),
    layers.MaxPooling2D((2, 2)),
    layers.Conv2D(64, (3, 3), activation='relu'),
    layers.MaxPooling2D((2, 2)),
    layers.Flatten(),
    layers.Dense(64, activation='relu'),
    layers.Dense(10, activation='softmax')
])

# 编译模型，使用RMSprop优化器
model.compile(optimizer=tf.keras.optimizers.RMSprop(learning_rate=0.001),
              loss='sparse_categorical_crossentropy',
              metrics=['accuracy'])

# 训练模型，并记录损失
history = model.fit(X_train, y_train, epochs=10, batch_size=64, validation_
split=0.1)

# 可视化损失变化
plt.plot(history.history['loss'], label='Training Loss')
plt.plot(history.history['val_loss'], label='Validation Loss')
plt.title('Loss Over Epochs')
plt.xlabel('Epochs')
plt.ylabel('Loss')
plt.legend()
plt.grid()
plt.show()
```

对上述代码的具体说明如下：

• 数据加载与预处理：使用 TensorFlow 加载 MNIST 数据集，并将数据标准化为 [0, 1] 范围。

• 模型构建：构建一个简单的卷积神经网络，包括卷积层、池化层和全连接层。

• 编译与训练：使用 RMSprop 优化器编译模型。RMSprop 根据每个参数的历史梯度信息动态调整学习率，从而提高训练效率。训练过程中记录损失变化。

• 可视化：使用 matplotlib 绘制训练损失和验证损失的可视化图，如图 8-7 所示。

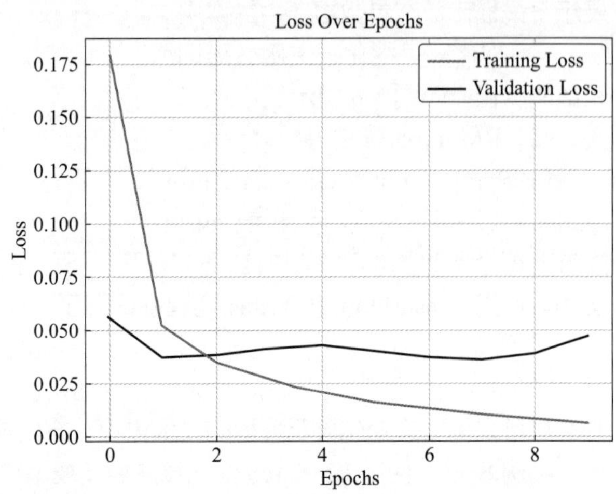

图 8-7　训练损失和验证损失的可视化图

8.3.3　二阶优化

二阶优化是一种利用二阶导数信息来加速和改善优化过程的方法。在优化问题中，通常我们希望找到一个损失函数的最小值。虽然一阶优化方法（如梯度下降）仅依赖于损失函数的一阶导数（即梯度），二阶优化方法则进一步利用二阶导数（即海森矩阵）来提供更丰富的信息。下面是一个使用海森矩阵进行优化的实例，使用一个简单的二次函数作为目标函数，并利用 SciPy 库中的优化工具实现海森矩阵的计算和应用。

实例 8-8：使用海森矩阵优化模型（源码路径：codes/8/Hai.py）

具体实现代码如下。

```
import numpy as np
import matplotlib.pyplot as plt
from sklearn.datasets import fetch_california_housing
from scipy.optimize import minimize
from mpl_toolkits.mplot3d import Axes3D

# 加载California housing数据集
data = fetch_california_housing()
X = data.data[:, :2]  # 只使用前两个特征
y = data.target

# 定义目标函数（最小化均方误差）
def objective_function(params):
    weights = params[0:2]  # 权重
    bias = params[2]        # 偏置
    predictions = X @ weights + bias
    return np.mean((predictions - y) ** 2)

# 定义梯度和海森矩阵
def gradient(params):
    weights = params[0:2]
    bias = params[2]
    predictions = X @ weights + bias
    error = predictions - y
    grad_weights = (2 / len(y)) * (X.T @ error)
    grad_bias = (2 / len(y)) * np.sum(error)
    return np.concatenate((grad_weights, [grad_bias]))

def hessian(params):
    weights = params[0:2]
    hess = np.zeros((3, 3))
    hess_weights = (2 / len(y)) * (X.T @ X)
    hess[0:2, 0:2] = hess_weights
    hess[2, 2] = 2 / len(y)
    return hess

# 初始化参数
initial_params = np.zeros(3)

# 使用SciPy的minimize函数，方法为牛顿法
result = minimize(objective_function, initial_params, method='Newton-CG',
                  jac=gradient, hess=hessian)

# 打印最佳参数和最小损失
print(f"Optimal Weights: {result.x[0:2]}")
print(f"Optimal Bias: {result.x[2]}")
print(f"Minimum MSE: {result.fun}")

# 可视化结果
```

```
fig = plt.figure()
ax = fig.add_subplot(111, projection='3d')

# 创建网格数据用于可视化
xx, yy = np.meshgrid(np.linspace(X[:, 0].min(), X[:, 0].max(), 100),
                     np.linspace(X[:, 1].min(), X[:, 1].max(), 100))
zz = xx * result.x[0] + yy * result.x[1] + result.x[2]

# 绘制目标函数表面
ax.plot_surface(xx, yy, zz, alpha=0.5, cmap='viridis')

# 绘制数据点
ax.scatter(X[:, 0], X[:, 1], y, color='r', s=10)

ax.set_xlabel('Feature 1')
ax.set_ylabel('Feature 2')
ax.set_zlabel('Target')
ax.set_title('Surface and Data Points')

plt.show()
```

对上述代码的具体说明如下：

• 数据集加载：使用 California housing 数据集中的前两个特征。

• 目标函数：定义了一个均方误差（MSE）目标函数 objective_function，尝试拟合数据。

• 梯度和海森矩阵：实现了计算梯度和海森矩阵的函数，用于优化模型。

• 优化：使用 SciPy 的 minimize 函数，以牛顿法为基础进行优化。

• 可视化：通过 3D 图展示拟合结果和数据点，直观展示模型表现，如图 8-8 所示。

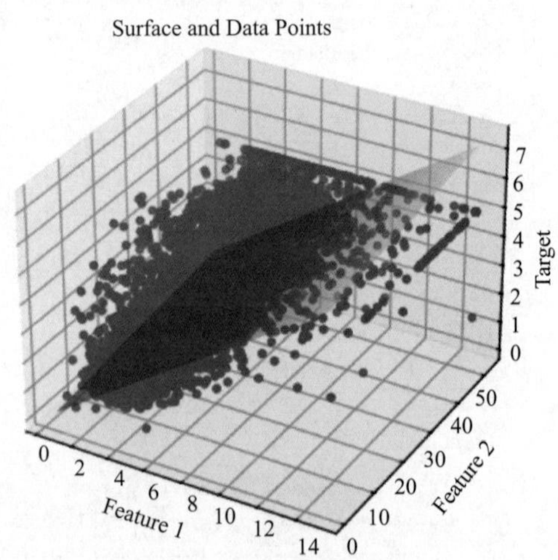

图 8-8　3D 图可视化图

8.4　正则化技术

正则化技术是一种在模型训练过程中添加额外约束的方法，以防止过拟合并提高模型的泛化能力。线性代数在正则化技术中起着重要作用，主要体现在参数矩阵的处理和损失函数的构建。利用线性代数的范数来约束模型参数，从而防止过拟合。

8.4.1　L1 正则化

L1 正则化（也称为 Lasso 正则化）是一种通过在损失函数中加入权重参数绝对值的和来抑制模型复杂性的方法。L1 正则化的主要目的是减少模型的过拟合，提高模型的泛化能力。L1 正则化的工作原理如下：

① 损失函数调整：在原始损失函数（如均方误差）中添加一个正则化项，即

$$L = L_{原始} + \lambda\sum_{i=1}^{n}|w_i|$$

式中，L 是总损失；$L_{原始}$ 是原始损失；w_i 是模型参数；λ 是正则化强度超参数。

② 稀疏性：L1 正则化的一个重要特性是它会促使某些权重参数变为零。这使得模型能

够自动进行特征选择，仅保留最重要的特征，从而提高模型的可解释性。

③ 优化过程：在优化过程中，L1 正则化的绝对值惩罚会导致参数更新时出现“阈值效应”，从而使得小的权重更容易被驱动为零。

下面是一个使用 L1 正则化的实例，演示了在逻辑回归模型中应用 L1 正则化的过程。其计算了模型参数的更新和 L1 正则化惩罚项，通过对权重的绝对值求和来实现特征选择，从而降低了模型复杂性。

实例 8-9： 使用 L1 正则化优化回归模型（源码路径：codes/8/Zheng01.py）

具体实现代码如下。

```
    import numpy as np
    import matplotlib.pyplot as plt
    from sklearn.datasets import load_iris
    from sklearn.linear_model import LogisticRegression
    from sklearn.model_selection import train_test_split
    from sklearn.metrics import log_loss

    # 1. 加载数据集
    data = load_iris()
    X = data.data
    y = (data.target == 2).astype(int)  # 将类别2作为正类

    # 2. 划分训练集和测试集
    X_train, X_test, y_train, y_test = train_test_split(X, y, test_size=0.2, random_
state=42)

    # 3. 初始化模型
    model = LogisticRegression(penalty='l1', solver='saga', max_iter=2000, random_
state=42)

    # 4. 训练模型并记录损失
    losses = []
    weights_list = []

    for i in range(1, 11):
        model.set_params(C=1 / i)  # 调整正则化强度
        model.fit(X_train, y_train)

        # 计算训练集的预测概率
        y_prob = model.predict_proba(X_train)[:, 1]

        # 计算并记录损失
        loss = log_loss(y_train, y_prob)
        losses.append(loss)

        # 记录当前权重
        weights_list.append(model.coef_[0])

        # 线性代数：展示权重的L1正则化影响
        l1_penalty = np.sum(np.abs(model.coef_[0]))  # 计算L1正则化惩罚项
        print(f"Iteration {i}, Weights: {model.coef_[0]}, L1 Penalty: {l1_
penalty:.4f}")

    # 5. 可视化损失变化
    plt.figure(figsize=(10, 5))
    plt.plot(range(1, 11), losses, marker='o')
    plt.title('Loss Variation with Different L1 Regularization Strength')
    plt.xlabel('Regularization Strength (1/C)')
    plt.ylabel('Log Loss')
    plt.xticks(range(1, 11))
```

```
plt.grid()
plt.show()

# 6. 输出最终模型权重
print("最终优化后的权重:", model.coef_)
```

上述代码的实现流程如下：

① 数据加载：使用 load_iris 加载数据集，并将类别 2 作为正类。

② 数据划分：通过 train_test_split 将数据划分为训练集和测试集。

③ 模型初始化：创建一个逻辑回归模型，并设置 L1 正则化。

④ 模型训练与记录损失：

• 循环 10 次，每次调整正则化强度。

• 训练模型并计算训练集的预测概率。

• 使用 log_loss 计算并记录损失。

• 记录当前的权重并计算 L1 正则化项，展示其对模型参数的影响。

• 通过 np.sum(np.abs(model.coef_[0])) 计算 L1 正则化惩罚项，明确展示线性代数运算的应用。

⑤ 可视化：绘制训练过程中的损失变化的可视化图，帮助理解不同正则化强度对模型的影响，如图 8-9 所示。

⑥ 输出最终权重：打印输出最终的优化权重，观察哪些特征被驱动为零。执行后会输出：

```
Iteration 1, Weights: [-0.96918301 -1.01045303  3.28886235  3.19078278], L1 Penalty: 8.4593
Iteration 2, Weights: [-0.25506162  0.          2.81358044  1.59456211], L1 Penalty: 4.6632
Iteration 3, Weights: [0.          0.          2.94686285 0.4685562 ], L1 Penalty: 3.4154
Iteration 4, Weights: [0.          0.          2.76807434 0.        ], L1 Penalty: 2.7681
Iteration 5, Weights: [0.          0.          2.46023424 0.        ], L1 Penalty: 2.4602
Iteration 6, Weights: [0.          0.          2.20435987 0.        ], L1 Penalty: 2.2044
Iteration 7, Weights: [0.          0.          1.99619583 0.        ], L1 Penalty: 1.9962
Iteration 8, Weights: [0.          0.          1.82237684 0.        ], L1 Penalty: 1.8224
Iteration 9, Weights: [0.         0.        1.6748635 0.       ], L1 Penalty: 1.6749
Iteration 10, Weights: [0.          0.          1.54920091 0.        ], L1 Penalty: 1.5492
最终优化后的权重: [[0.          0.          1.54920091 0.        ]]
```

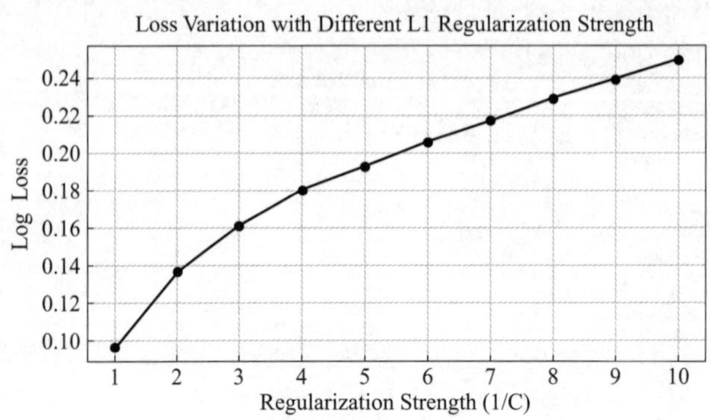

图 8-9 训练过程中的损失变化的可视化图

8.4.2 L2 正则化

L2 正则化，又称为岭回归，是一种通过在损失函数中增加权重参数的平方和作为惩罚项来防止模型过拟合的方法。具体来说，它通过在损失函数中加入一个与权重的平方成正

比的项 $\lambda\sum_{i} w_i^2$，使得在训练模型时不仅要最小化预测误差，还要使权重尽量小，从而提高模型的稳定性和泛化能力。L2 正则化有助于减小模型复杂度，避免过拟合，尤其是在特征数量较多的情况下。下面是一个使用 L2 正则化防止过拟合的实例，通过增加训练周期和可视化训练和测试集的损失，观察过拟合情况。

实例 8-10： 使用 L2 正则化防止过拟合（源码路径：codes/8/Zheng02.py）

具体实现代码如下。

```
    import numpy as np
    import matplotlib.pyplot as plt
    from sklearn.datasets import load_iris
    from sklearn.model_selection import train_test_split
    from sklearn.preprocessing import StandardScaler
    from sklearn.linear_model import LogisticRegression

    # 加载数据集
    iris = load_iris()
    X = iris.data
    y = iris.target

    # 二分类处理（选择前两个类别）
    X = X[y != 2]
    y = y[y != 2]

    # 划分数据集
    X_train, X_test, y_train, y_test = train_test_split(X, y, test_size=0.2, random_
state=42)

    # 特征标准化
    scaler = StandardScaler()
    X_train = scaler.fit_transform(X_train)
    X_test = scaler.transform(X_test)

    # 初始化参数
    n_samples, n_features = X_train.shape
    weights = np.zeros(n_features)
    bias = 0

    # L2正则化超参数
    lambda_reg = 0.1
    learning_rate = 0.01
    num_iterations = 1000
    train_losses = []
    test_losses = []

    # 自定义L2正则化逻辑回归模型
    for i in range(num_iterations):
        # 线性模型计算
        linear_model = np.dot(X_train, weights) + bias
        y_predicted = 1 / (1 + np.exp(-linear_model))  # Sigmoid函数

        # 计算训练损失（包含L2正则化）
        train_loss = -np.mean(y_train * np.log(y_predicted + 1e-15) + (1 - y_train) *
np.log(1 - y_predicted + 1e-15)) + \
                     (lambda_reg / 2) * np.sum(weights ** 2)
        train_losses.append(train_loss)

        # 计算测试损失
        test_linear_model = np.dot(X_test, weights) + bias
```

```
        y_test_predicted = 1 / (1 + np.exp(-test_linear_model))
        test_loss = -np.mean(y_test * np.log(y_test_predicted + 1e-15) + (1 - y_test)
* np.log(1 - y_test_predicted + 1e-15)) + \
                    (lambda_reg / 2) * np.sum(weights ** 2)
        test_losses.append(test_loss)

        # 计算梯度
        dw = (1 / n_samples) * np.dot(X_train.T, (y_predicted - y_train)) + lambda_reg
* weights  # L2正则化项
        db = (1 / n_samples) * np.sum(y_predicted - y_train)

        # 更新参数
        weights -= learning_rate * dw
        bias -= learning_rate * db

    # 可视化训练和测试损失变化
    plt.figure(figsize=(10, 6))
    plt.plot(range(1, num_iterations + 1), train_losses, label='Training Loss',
marker='o')
    plt.plot(range(1, num_iterations + 1), test_losses, label='Test Loss', marker='o')
    plt.title('Training and Test Loss with L2 Regularization')
    plt.xlabel('Iterations')
    plt.ylabel('Loss')
    plt.legend()
    plt.grid()
    plt.show()

    # 输出模型参数
    print("最终优化后的权重:", weights)
    print("偏置:", bias)
```

上述代码的实现流程如下：

• 数据加载和预处理：使用 load_iris 加载鸢尾花数据集，仅选择前两个类别以进行二分类处理，并进行标准化。

• 参数初始化：初始化权重和偏置为零。

• 自定义逻辑回归模型：使用 Sigmoid 函数计算预测值，分别计算训练集和测试集的损失，损失函数中包含 L2 正则化项，强调了线性代数的应用。在计算损失时使用了 np.dot 进行线性组合的计算，在更新权重时使用了向量运算。

• 可视化：使用 matplotlib 绘制训练和测试集的损失变化的可视化图，以观察 L2 正则化如何帮助防止过拟合，如图 8-10 所示。

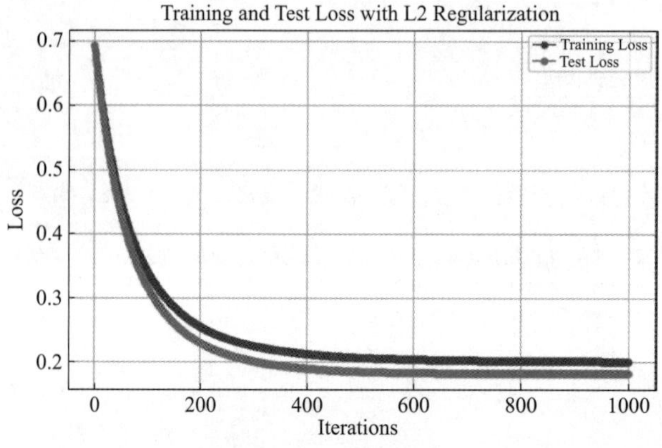

图 8-10 训练和测试集的损失变化的可视化图

8.4.3 Dropout

Dropout 是一种有效的正则化技术，旨在减少深度学习模型的过拟合。Dropout 在许多深度学习框架（如 TensorFlow 和 PyTorch）中得到了广泛应用，特别是在卷积神经网络（CNN）和循环神经网络（RNN）中，用于处理图像分类、自然语言处理等任务。下面的实例展示了使用 Dropout 正则化防止过拟合的用法，通过手动计算矩阵来演示 Dropout 的影响，同时保留使用 Keras 构建和训练神经网络的功能。

实例 8-11： 使用 Dropout 正则化防止过拟合（源码路径：codes/8/Zheng03.py）

具体实现代码如下。

```
import numpy as np
import matplotlib.pyplot as plt
from tensorflow.keras.datasets import mnist
from tensorflow.keras.models import Sequential
from tensorflow.keras.layers import Dense, Dropout, Flatten
from tensorflow.keras.utils import to_categorical

# 加载 MNIST 数据集
(X_train, y_train), (X_test, y_test) = mnist.load_data()
X_train = X_train.astype('float32') / 255.0  # 归一化
X_test = X_test.astype('float32') / 255.0  # 归一化
y_train = to_categorical(y_train, num_classes=10)
y_test = to_categorical(y_test, num_classes=10)

# 模拟 Dropout 过程
def apply_dropout(X, dropout_rate):
    """手动应用 Dropout"""
    # 生成与输入相同形状的随机二进制矩阵
    mask = np.random.binomial(1, 1 - dropout_rate, size=X.shape)
    return X * mask / (1 - dropout_rate)  # 归一化以保持期望不变

# 构建模型
model = Sequential()
model.add(Flatten(input_shape=(28, 28)))
model.add(Dense(128, activation='relu'))

# 添加 Dropout 层
dropout_rate = 0.5
model.add(Dropout(dropout_rate))

model.add(Dense(64, activation='relu'))
model.add(Dropout(dropout_rate))  # 添加 Dropout 层
model.add(Dense(10, activation='softmax'))

# 编译模型
model.compile(loss='categorical_crossentropy', optimizer='adam',
metrics=['accuracy'])

# 训练模型并记录历史
history = model.fit(X_train, y_train, validation_split=0.2, epochs=10, batch_
size=128, verbose=2)

# 可视化训练过程
plt.figure(figsize=(12, 4))

# 绘制损失
plt.subplot(1, 2, 1)
plt.plot(history.history['loss'], label='Training Loss')
plt.plot(history.history['val_loss'], label='Validation Loss')
```

```
plt.title('Loss over Epochs')
plt.xlabel('Epochs')
plt.ylabel('Loss')
plt.legend()

# 绘制准确率
plt.subplot(1, 2, 2)
plt.plot(history.history['accuracy'], label='Training Accuracy')
plt.plot(history.history['val_accuracy'], label='Validation Accuracy')
plt.title('Accuracy over Epochs')
plt.xlabel('Epochs')
plt.ylabel('Accuracy')
plt.legend()

plt.tight_layout()
plt.show()

# 评估模型
test_loss, test_accuracy = model.evaluate(X_test, y_test, verbose=0)
print(f"Test Loss: {test_loss:.4f}, Test Accuracy: {test_accuracy:.4f}")

# 展示线性代数在 Dropout 中的应用
# 模拟输入数据
input_data = np.random.rand(1, 128)  # 一组128维特征
print("原始输入数据:", input_data)

# 应用 Dropout
output_data = apply_dropout(input_data, dropout_rate)
print("应用 Dropout 后的输出数据:", output_data)

# 计算权重更新（演示）
weights = np.random.rand(128, 10)  # 随机生成权重
print("权重矩阵:", weights)

# 线性代数运算：计算输出
# 使用矩阵乘法
output_layer = np.dot(output_data, weights)
print("输出层结果:", output_layer)
```

上述代码的实现流程如下：

- 数据预处理：加载 MNIST 数据集并进行归一化处理。
- 手动实现 Dropout：通过 apply_dropout 函数模拟 Dropout 的过程，生成随机的二进制矩阵（mask），并将输入数据乘以该矩阵。为了保持期望不变，输出被缩放。
- 构建和训练模型：使用 Keras 构建模型，添加 Dropout 层，并进行训练。
- 可视化：绘制损失和准确率的曲线可视化图，如图 8-11 所示。
- 模拟输入数据：生成随机输入数据，应用 Dropout，展示应用前后的数据变化。
- 线性代数运算：展示权重矩阵的创建，以及如何通过矩阵乘法计算输出层的结果。执行后会显示 Dropout 在训练神经网络时的实际效果，同时展示了线性代数的应用。

```
Test Loss: 0.1098, Test Accuracy: 0.9692
原始输入数据: [[0.00904532 0.02001086 0.44780147 0.82733937 0.74016053 0.19029228
  0.66486441 0.85494583 0.76027115 0.65261333 0.17460265 0.38657654
  0.28590737 0.56960053 0.4419205  0.34826342 0.95779389 0.19323039
  0.61973689 0.87916116 0.36132569 0.39311554 0.51999604 0.12747011
  0.39731967 0.7876055  0.26439684 0.47985292 0.06164501 0.68520625
  0.249089   0.60540866 0.54107291 0.3472414  0.13491498 0.92414711
  0.55375475 0.75539515 0.67794909 0.89859809 0.6581302  0.8141556
  0.96627622 0.59963729 0.86377643 0.56849839 0.22158819 0.79944915
```

```
 0.21368557 0.97605493 0.0246581  0.36538992 0.92193328 0.52949992
 0.43339632 0.07068372 0.9471427  0.29807829 0.04887551 0.760499
 0.93863903 0.30918882 0.30057059 0.3489327  0.48588151 0.37783796
 0.96431607 0.54277608 0.54373983 0.63399016 0.0592352  0.84177722
 0.20718997 0.57939361 0.03317731 0.37976697 0.67161961 0.41249785
 0.83991563 0.19541144 0.8144217  0.24909512 0.01614501 0.0408496
 0.54931577 0.17832328 0.4539932  0.9477513  0.23494255 0.94590486
 0.88273128 0.97903977 0.76011218 0.89380252 0.21527984 0.08418278
 0.13164012 0.84632416 0.60908128 0.96366025 0.11240055 0.57628234
 0.18327729 0.36575555 0.98766217 0.15955858 0.12343057 0.57694984
 0.23485387 0.78327761 0.63818273 0.43904814 0.41189129 0.11040687
 0.91951076 0.76736774 0.95750596 0.18981224 0.62852918 0.851336
 0.65239839 0.2998201  0.81848737 0.95334303 0.87716445 0.61778633
 0.75990543 0.49231494]]
应用 Dropout 后的输出数据: [[0.         0.         0.89560294 1.65467874 0.         0.
 1.32972882 0.         1.52054229 1.30522666 0.         0.77315309
 0.         0.         0.88384101 0.69652685 1.91558779 0.
 0.         1.75832231 0.72265138 0.         1.03999209 0.25494022
 0.         1.575211   0.         0.         0.         1.37041249
 0.         1.21081732 0.         0.6944828  0.         1.84829422
 1.1075095  1.51079029 1.35589819 1.79719618 0.         1.62831119
 1.93255244 1.19927457 1.72755287 1.13699678 0.44317637 1.5988983
 0.42737114 0.         0.04931619 0.73077983 0.         0.
 0.         0.14136744 0.         0.59615658 0.09775102 0.
 1.87727806 0.61837763 0.         0.         0.         0.
 1.92863214 1.08555217 0.         0.         0.11847039 0.
 0.41437993 1.15878722 0.         0.75953393 0.         0.82499571
 1.67983125 0.         1.62884341 0.         0.         0.
 0.         0.         0.90798639 0.         0.         1.89180971
 0.         0.         0.         0.         0.43055968 0.
 0.26328025 1.69264832 1.21816255 0.         0.22480111 1.15256469
 0.         0.73151111 0.         0.31911716 0.24686113 0.
 0.46970775 0.         0.         0.         0.         0.22081373
 0.         1.53473548 1.91501191 0.37962449 1.25705836 0.
 0.         0.         0.         0.         1.75432891 0.
 0.         0.        ]]
权重矩阵: [[0.61391283 0.89101508 0.14598729 ... 0.76007142 0.60638468 0.32897055]
 [0.76202173 0.52925684 0.16613629 ... 0.74010138 0.87437929 0.74590863]
 [0.48024999 0.84390286 0.50334276 ... 0.27791605 0.12386015 0.29301313]
 ...
 [0.51889315 0.02907148 0.19359752 ... 0.09250239 0.58530484 0.9462839 ]
 [0.46164992 0.69048567 0.75687525 ... 0.93731995 0.16210656 0.2447618 ]
 [0.26557534 0.21929779 0.82522761 ... 0.89043965 0.5139099  0.67752027]]
输出层结果: [[37.69455882 34.77224274 34.10321963 40.10529176 29.67471837
35.07825112
 31.473189   37.15773349 37.2367375  34.26407855]]
```

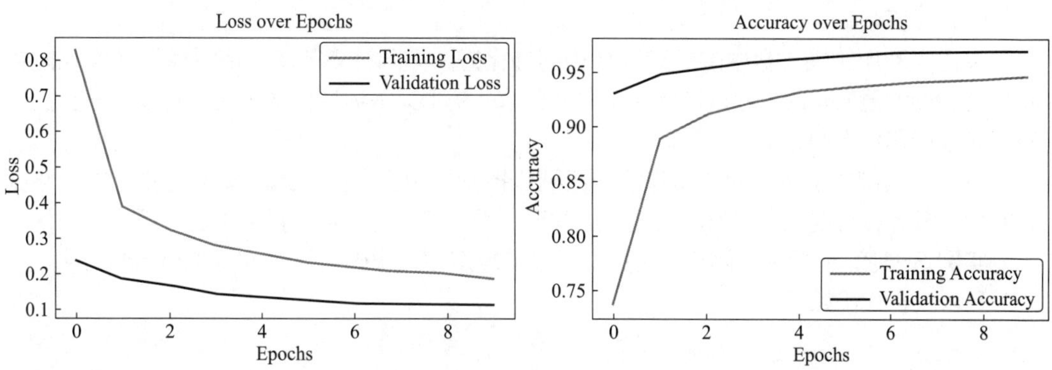

图 8-11　损失和准确率的曲线可视化图

8.4.4 弹性网

弹性网（elastic net）是一种结合了 L1 正则化和 L2 正则化的线性回归模型，旨在同时利用两者的优点。通过对损失函数添加 L1 和 L2 范数的惩罚项，弹性网不仅能处理特征选择（L1 正则化的特性），还可以防止共线性问题和提高模型的稳定性（L2 正则化的优势）。弹性网特别适用于高维数据集，在特征数量大于样本数量时表现优异。

（1）模型表示

弹性网的模型可以表示为

$$\boldsymbol{y} = \boldsymbol{X}\boldsymbol{w} + \epsilon$$

式中，$\boldsymbol{y}$ 是目标变量（响应变量）；$\boldsymbol{X}$ 是特征矩阵，包含所有样本的特征；$\boldsymbol{w}$ 是权重向量，表示各特征的贡献；ϵ 是误差项。

在弹性网中，我们希望通过最小化带有正则化项的损失函数来找到最佳的权重向量 $\boldsymbol{w}$。

（2）损失函数

弹性网的损失函数为

$$\text{Loss} = \frac{1}{n}\sum_{i=1}^{n}(y_i - \boldsymbol{x}_i^{\mathrm{T}}\boldsymbol{w})^2 + \lambda_1 \|\boldsymbol{w}\|_1 + \lambda_2 \|\boldsymbol{w}\|_2^2$$

式中，第一项为均方误差（MSE），可以通过线性代数表示为 $\|\boldsymbol{y} - \boldsymbol{X}\boldsymbol{w}\|^2$，其中 $\|\cdot\|$ 表示范数；第二项为 L1 正则化项，促使某些权重趋向于零，从而实现特征选择；第三项为 L2 正则化项，通过增加权重的平方和来平滑模型，减少共线性。

（3）优化过程

弹性网的优化通常采用梯度下降或其他数值优化算法，通过计算损失函数关于权重 $\boldsymbol{w}$ 的梯度实现

$$\nabla_w \text{Loss} = -\frac{2}{n}\boldsymbol{X}^{\mathrm{T}}(\boldsymbol{y} - \boldsymbol{X}\boldsymbol{w}) + \lambda_1 \text{sgn}(\boldsymbol{w}) + 2\lambda_2 \boldsymbol{w}$$

式中，$-\frac{2}{n}\boldsymbol{X}^{\mathrm{T}}(\boldsymbol{y} - \boldsymbol{X}\boldsymbol{w})$ 是关于 MSE 的梯度，线性代数中的矩阵乘法可帮助我们有效计算梯度；$\lambda_1 \text{sgn}(\boldsymbol{w})$ 是 L1 正则化项的梯度，采用子梯度方法处理；$2\lambda_2 \boldsymbol{w}$ 是 L2 正则化项的梯度，直接来源于权重的平方项。

（4）特征选择与稳定性

• 特征选择：L1 正则化促使一些权重为零，从而只保留重要特征。通过线性代数的操作（矩阵和向量的运算），弹性网能够高效地从高维数据中选择特征。

• 模型稳定性：L2 正则化使得模型对特征之间的共线性更为稳健，降低模型的复杂性。通过调整 λ_1 和 λ_2，可以有效平衡模型的复杂度和拟合能力。

（5）计算效率

弹性网利用线性代数中的矩阵运算和向量化方法提高计算效率，使得模型在大规模数据集上的训练更加高效。通过使用如奇异值分解（SVD）等线性代数方法，可以进一步优化特征的选择和权重的计算。

下面的实例展示了如何使用弹性网正则化控制加州房价数据集的模型的复杂性，通过计算均方误差和可视化真实值与预测值的关系，展示了线性代数在预测中的应用。

实例 8-12：使用弹性网正则化控制模型的复杂性（源码路径：codes/8/Zheng04.py）

具体实现代码如下。

```
import numpy as np
import matplotlib.pyplot as plt
```

```
    from sklearn.datasets import fetch_california_housing
    from sklearn.model_selection import train_test_split
    from sklearn.linear_model import ElasticNet
    from sklearn.metrics import mean_squared_error

    # 加载加州房价数据集
    housing = fetch_california_housing()
    X = housing.data
    y = housing.target

    # 划分数据集
    X_train, X_test, y_train, y_test = train_test_split(X, y, test_size=0.2, random_
state=42)

    # 训练弹性网模型
    lambda_1 = 1.0  # L1正则化强度
    lambda_2 = 0.5  # L2正则化强度
    elastic_net = ElasticNet(alpha=lambda_2, l1_ratio=lambda_1 / (lambda_1 + lambda_2))
    elastic_net.fit(X_train, y_train)

    # 预测测试集
    y_pred = elastic_net.predict(X_test)

    # 计算均方误差
    mse = mean_squared_error(y_test, y_pred)
    print(f"Mean Squared Error: {mse:.2f}")

    # 可视化真实值与预测值的对比
    plt.scatter(y_test, y_pred, alpha=0.7)
    plt.plot([y.min(), y.max()], [y.min(), y.max()], '--r', linewidth=2)
    plt.title('Elastic Net Predictions vs. Actual Values')
    plt.xlabel('Actual Values')
    plt.ylabel('Predicted Values')
    plt.grid()
    plt.show()

    # 输出权重和特征矩阵的运算
    weights = elastic_net.coef_
    print("Model Coefficients:")
    print(weights)

    # 线性代数应用展示
    # 计算特征矩阵X与权重向量w的乘积，得到预测值
    X_train_matrix = np.array(X_train)
    predicted_train_values = X_train_matrix.dot(weights)
    print("Predicted Train Values (using Linear Algebra):")
    print(predicted_train_values[:10])  # 仅展示前10个预测值

    # 计算损失函数的值
    mse_loss = np.mean((y_train - predicted_train_values) ** 2) + \
               (lambda_1 * np.sum(np.abs(weights))) + \
               (lambda_2 * np.sum(weights ** 2))
    print(f"Elastic Net Loss (MSE + L1 + L2): {mse_loss:.2f}")
```

对上述代码的具体说明如下：

• 数据加载与预处理：加载加州房价数据集，并划分为训练集和测试集。

• 模型训练：创建弹性网模型，并训练它以获得权重。

• 预测与评估：对测试集进行预测并计算均方误差（MSE）。

• 可视化：绘制真实值与预测值的可视化散点图，便于观察模型的预测性能，如图 8-12 所示。

• 线性代数展示：特征矩阵与权重的乘积：通过 dot() 函数计算特征矩阵与权重的乘积，以获得预测值，展示线性代数在模型中的应用。

• 损失函数计算：手动计算弹性网损失函数，展示 L1 和 L2 正则化如何影响模型性能。执行后会输出：

```
Mean Squared Error: 0.70
Model Coefficients:
[ 3.23784197e-01  1.38151818e-02  0.00000000e+00  0.00000000e+00
  1.67100975e-05 -1.24958595e-03 -0.00000000e+00 -0.00000000e+00]
Predicted Train Values (using Linear Algebra):
[1.54512795 1.93115633 1.41289183 1.14500096 1.75657719 2.46145866
 1.22078053 3.11163821 0.56514706 2.30319158]
Elastic Net Loss (MSE + L1 + L2): 1.24
```

8.5 超参数优化

超参数优化是机器学习中为了提高模型性能而调整超参数的过程，采用的方法如网格搜索和随机搜索，以便在参数空间中寻找最佳配置。

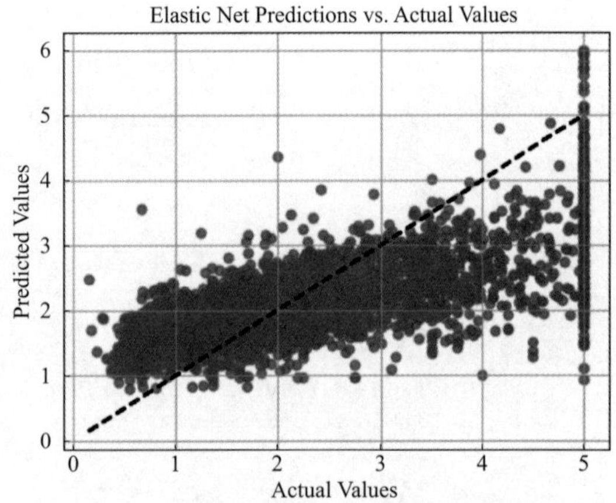

图 8-12 真实值与预测值的可视化散点图

8.5.1 超参数基础

超参数是模型训练前设置的参数，它们不通过训练数据学习得出，而是在模型运行之前设定。这些参数可以包括学习率、正则化系数、批量大小、网络层数、激活函数类型等。超参数的基础信息如下。

① 学习率（learning rate）：

• 作用：控制模型参数每次更新的步长大小。

• 影响：学习率过高会导致训练不稳定，学习率过低则可能导致训练时间过长或陷入局部最优。

② 批量大小（batch size）：

• 作用：定义每次迭代中使用的样本的数量。

• 影响：较小的批量大小能提高模型泛化能力，但训练可能不稳定；较大的批量大小能提高训练效率，但需要更多的内存。

③ 优化器（optimizer）：

• 作用：决定模型参数的更新方式，如 SGD、Adam、RMSprop 等。

• 影响：不同优化器适用于不同的任务和数据分布，直接影响收敛速度和效果。

④ 正则化强度（regularization strength）：

• 作用：控制正则化惩罚项的权重（如 L1/L2 正则化中的 λ）。

• 影响：正则化强度过高可能导致欠拟合，过低可能不足以抑制过拟合。

⑤ 网络结构相关超参数：

• 隐藏层数量与大小：决定网络的表达能力和复杂度。

• 激活函数：如 ReLU、Sigmoid、Tanh 等，影响网络非线性表示能力。

⑥ 迭代次数或训练轮数（epoch）：

• 作用：决定整个训练数据集被用来更新模型参数的次数。

• 影响：过多的迭代可能导致过拟合，过少可能导致欠拟合。

在实际应用中，超参数的选择通常需要结合具体任务、模型架构和数据分布，并通过交叉验证或网格搜索等方法进行调优。

8.5.2 贝叶斯优化

贝叶斯优化是一种全局优化算法，特别适用于超参数调优等涉及高成本或复杂目标函数评估的问题。其核心思想是通过代理模型预测目标函数值，并利用该预测来选择最优的下一个评估点，从而在有限的预算内高效地找到最优解。

实现贝叶斯优化的基本步骤如下：

① 初始化：随机选择若干组超参数进行目标函数评估，构建初始数据集。

② 代理模型：构建一个简单的代理模型（如高斯过程），用于拟合目标函数。

③ 采集函数（acquisition function）：根据代理模型，定义一个采集函数（如期望改进 EI、置信上限 UCB），用于选择下一个评估点。

④ 更新模型：在新评估点计算目标函数值，将结果更新至代理模型，重复上述步骤。

下面是一个使用贝叶斯优化来自动调整卷积神经网络学习率的实例，使用贝叶斯优化方法（基于高斯过程）在加州房价数据集上优化线性回归模型的超参数，展示了贝叶斯优化的收敛性应用知识。

实例 8-13： 使用贝叶斯优化方法自动调整卷积神经网络的学习率（源码路径：codes/8/Bei.py）

具体实现代码如下。

```
    import numpy as np
    import matplotlib.pyplot as plt
    from sklearn.datasets import fetch_california_housing
    from sklearn.model_selection import train_test_split
    from sklearn.gaussian_process import GaussianProcessRegressor
    from sklearn.gaussian_process.kernels import RBF, ConstantKernel as C
    from skopt import gp_minimize
    from sklearn.linear_model import LinearRegression

    # 1. 加载加州房价数据集
    california_housing = fetch_california_housing()
    X = california_housing.data
    y = california_housing.target

    # 2. 划分数据集
    X_train, X_val, y_train, y_val = train_test_split(X, y, test_size=0.2, random_
state=42)

    # 3. 定义目标函数
    def objective_function(params):
        learning_rate = params[0]
        n_estimators = params[1]

        # 模拟模型训练和评估（使用简单的线性回归作为占位）
        model = LinearRegression()
        model.fit(X_train, y_train)  # 训练模型
        score = model.score(X_val, y_val)  # 验证模型

        return -score  # 最小化负得分
```

```
# 4. 定义搜索空间
space = [(1e-4, 1e-1),  # learning_rate
         (10, 100)]    # n_estimators

# 5. 执行贝叶斯优化
res = gp_minimize(objective_function, space, n_calls=30, random_state=42)

# 6. 打印优化结果
print("Best Learning Rate: ", res.x[0])
print("Best Number of Estimators: ", res.x[1])
print("Best Score: ", -res.fun)

# 7. 可视化优化过程
plt.figure(figsize=(10, 5))
plt.plot(-np.array(res.func_vals), marker='o')
plt.title("Bayesian Optimization Convergence")
plt.xlabel("Iteration")
plt.ylabel("Negative Objective Function Value")
plt.grid()
plt.show()
```

对上述代码的具体说明如下：

• 加载数据集：使用加州房价数据集，并将其划分为训练集和验证集。

• 定义目标函数：目标函数模拟了训练过程，返回模型在验证集上的得分（取负值以进行最小化）。

• 定义搜索空间：定义了学习率和估计器数量的搜索范围。

• 执行贝叶斯优化：使用 gp_minimize 函数进行贝叶斯优化，探索最优超参数组合。

• 可视化优化过程：绘制优化过程中的负目标函数值的可视化图，展示贝叶斯优化的收敛情况，如图 8-13 所示。

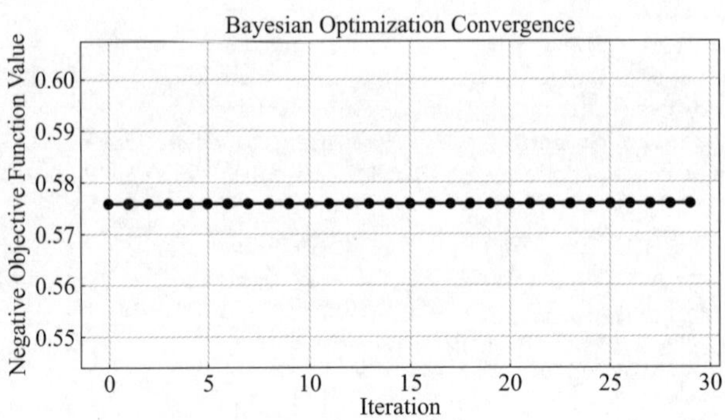

图 8-13 负目标函数值的可视化图

8.6 模型并行和数据并行

模型并行（model parallelism）和数据并行（data parallelism）是在训练大型深度学习模型时常用的两种并行计算策略。它们旨在通过分布式计算，加速训练过程并处理大量数据和复杂模型。

8.6.1 模型并行和数据并行的基本概念

模型并行和数据并行可以单独使用，也可以结合起来以更好地利用分布式计算资源，提高训练效率并减少训练时间。选择哪种策略取决于模型的大小、数据量、计算资源和硬件配置等因素。

（1）模型并行

在模型并行中，一个大型的神经网络模型被分割成多个部分，每个部分在不同的设备（如不同的 GPU 或服务器）上运行。每个设备负责计算模型的一部分，并将其结果传递给其他设备，最终合并得到整体的模型输出。模型并行主要用于处理因模型太大而无法完全装入单个设备内存的情况。

模型并行的挑战在于有效地分割模型，并管理各部分之间的通信。这通常需要精心设计和组织模型的架构，以便合理地分配计算负载和减少通信开销。

（2）数据并行

在数据并行中，多个设备同时处理不同的数据批次，每个设备上的模型参数保持相同。数据并行适用于处理大量数据集的情况，每个设备在不同的数据批次上进行计算，并通过平均梯度来更新共享的模型参数。这有助于加快训练速度，尤其是在大规模数据集上。

数据并行的挑战在于如何高效地在设备之间传输模型参数和梯度，以及确保参数的同步更新。一些优化技术，如梯度累积和异步更新，可以对数据并行有所帮助。

8.6.2 TensorFlow 模型并行和数据并行实践

下面是一个使用 TensorFlow 进行数据并行训练的简单实例。假设有一个简单的多层感知机（MLP）模型，此实例使用 tf.distribute.Strategy 实现并行训练。

实例 8-14：使用 TensorFlow 进行数据并行训练（源码路径：codes/8/bing.py）

具体实现代码如下。

```
import tensorflow as tf
from tensorflow.keras.layers import Input, Dense
from tensorflow.keras.models import Model
from tensorflow.keras.optimizers import Adam

# 构建一个简单的多层感知机模型
def build_mlp_model():
    inputs = Input(shape=(784,))
    x = Dense(256, activation='relu')(inputs)
    x = Dense(128, activation='relu')(x)
    outputs = Dense(10, activation='softmax')(x)
    model = Model(inputs=inputs, outputs=outputs)
    return model

# 加载MNIST数据集
mnist = tf.keras.datasets.mnist
(x_train, y_train), _ = mnist.load_data()
x_train, y_train = x_train / 255.0, y_train.astype("int32")

# 创建数据集
batch_size = 64
train_dataset = tf.data.Dataset.from_tensor_slices((x_train, y_train)).
batch(batch_size)

# 实例化MirroredStrategy进行模型并行
strategy = tf.distribute.MirroredStrategy()
print('Number of devices: {}'.format(strategy.num_replicas_in_sync))

# 在策略的范围内创建和编译模型
with strategy.scope():
    model = build_mlp_model()
```

```
    model.compile(optimizer=Adam(),
                  loss='sparse_categorical_crossentropy',
                  metrics=['accuracy'])

# 训练模型
epochs = 5
model.fit(train_dataset, epochs=epochs)

print("Training finished!")
```

此实例使用了 tf.distribute.MirroredStrategy 来实现数据并行训练，strategy.num_replicas_in_sync 表示使用的设备的数量。这里简单地编译并拟合了一个多层感知机模型，但实际上可以应用相同的策略来训练更复杂的模型。执行后输出：

```
Number of devices: 5
2023-08-24 11:18:11.213482: W tensorflow/core/grappler/optimizers/data/auto_shard.cc:695] AUTO sharding policy will apply DATA sharding policy as it failed to apply FILE sharding policy because of the following reason: Found an unshardable source dataset: name: "TensorSliceDataset/_2"
op: "TensorSliceDataset"
input: "Placeholder/_0"
input: "Placeholder/_1"
attr {
  key: "Toutput_types"
  value {
    list {
      type: DT_DOUBLE
      type: DT_INT32
    }
  }
}
attr {
  key: "output_shapes"
  value {
    list {
      shape {
        dim {
          size: 784
        }
      }
      shape {
      }
    }
  }
}

2023-08-24 11:18:11.969737: I tensorflow/compiler/mlir/mlir_graph_optimization_pass.cc:176] None of the MLIR Optimization Passes are enabled (registered 2)
Epoch 1/5
938/938 [==============================] - 17s 15ms/step - loss: 0.2451 - accuracy: 0.9280
Epoch 2/5
938/938 [==============================] - 13s 14ms/step - loss: 0.0996 - accuracy: 0.9699
Epoch 3/5
938/938 [==============================] - 11s 11ms/step - loss: 0.0626 - accuracy: 0.9812
Epoch 4/5
938/938 [==============================] - 16s 17ms/step - loss: 0.0424 - accuracy: 0.9874
Epoch 5/5
938/938 [==============================] - 18s 19ms/step - loss: 0.0301 - accuracy: 0.9906
Training finished!
```

其中，“Number of devices: 5”表示使用了 5 个设备（通常是 GPU 或 CPU）进行训练，表明用户正在尝试在多个设备上并行执行模型训练。这就是模型并行和数据并行的一种实现方式。

注意：模型并行训练的过程类似，需要在 strategy.scope 内部创建和编译模型，确保模型的每个部分都被正确地放置在预定的设备上。然后，使用适当的数据加载机制来训练模型，这通常要求对数据进行分片或分布，以便每个设备获得模型输入数据的一个独立子集。

8.6.3 PyTorch 模型并行和数据并行实践

下面是一个简单的 PyTorch 实例，演示了进行数据并行训练的过程。

实例 8-15：使用 PyTorch 进行数据并行训练（源码路径：codes/8/pybing.py）

具体实现代码如下。

```
import torch
import torch.nn as nn
import torch.optim as optim
import torch.distributed as dist
import torch.multiprocessing as mp

# 定义模型
class SimpleModel(nn.Module):
    def __init__(self):
        super(SimpleModel, self).__init__()
        self.fc = nn.Linear(784, 10)

    def forward(self, x):
        return self.fc(x)

def train(rank, world_size):
    # 初始化分布式训练
    dist.init_process_group(backend='nccl', init_method='tcp://127.0.0.1:23456',
rank=rank, world_size=world_size)

    # 创建模型
    model = SimpleModel()
    model = model.to(rank)
    model = nn.parallel.DistributedDataParallel(model, device_ids=[rank])

    # 定义优化器和损失函数
    optimizer = optim.SGD(model.parameters(), lr=0.01)
    criterion = nn.CrossEntropyLoss()

    # 虚拟数据
    inputs = torch.randn(64, 784).to(rank)
    labels = torch.randint(0, 10, (64,)).to(rank)

    for epoch in range(5):
        optimizer.zero_grad()
        outputs = model(inputs)
        loss = criterion(outputs, labels)
        loss.backward()
        optimizer.step()
        print(f"Rank {rank}, Epoch {epoch}, Loss: {loss.item()}")

if __name__ == '__main__':
    world_size = 2
    mp.spawn(train, args=(world_size,), nprocs=world_size, join=True)
```

在这个实例中，使用 torch.multiprocessing 模块创建了多个进程，每个进程代表一个设备。通过调用 nn.parallel.DistributedDataParallel，可以将模型复制到多个设备上，并使用不同的数据批次进行训练。在实际情况中，可以根据需要调整模型并行和数据并行的配置。

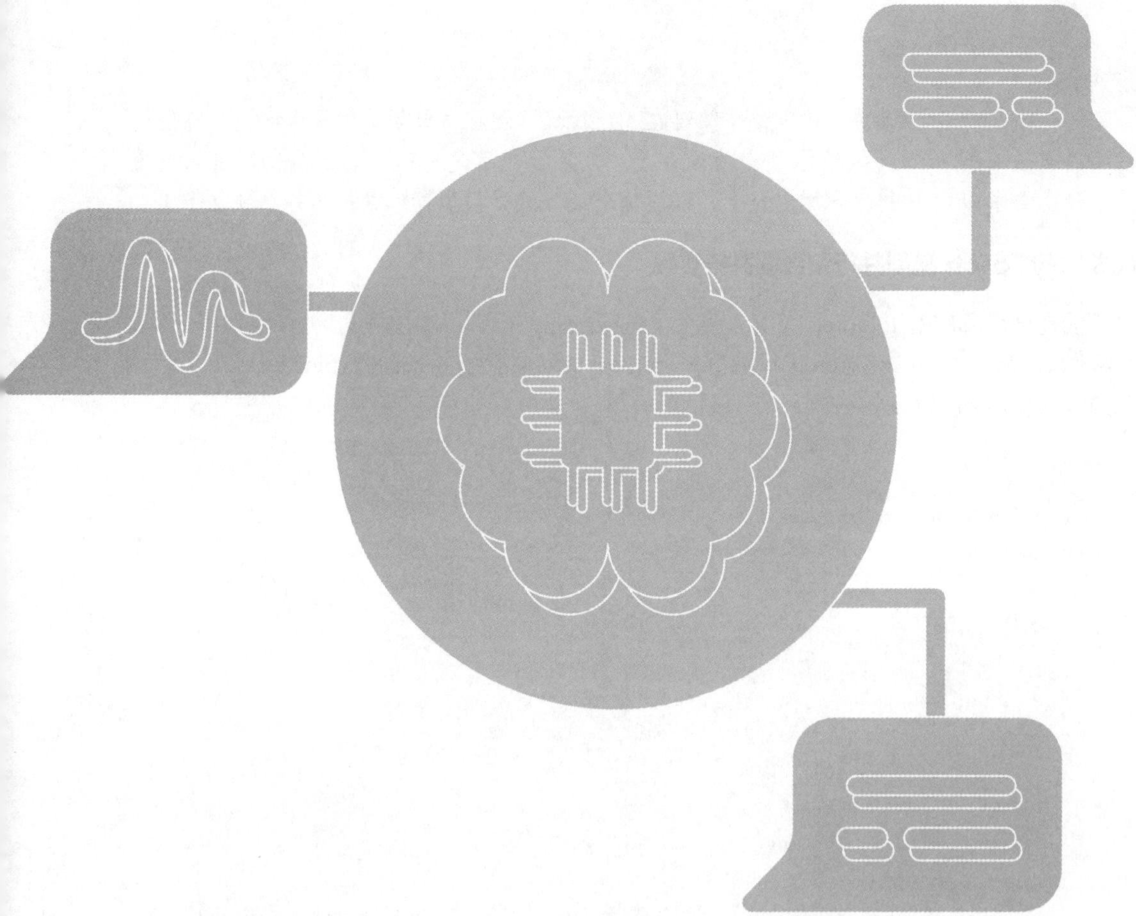

第 9 章

大模型的预训练与微调

大模型的预训练与微调是其高效应用的核心过程。预训练通过在海量数据上进行自监督学习，帮助模型掌握通用的语义或模式表示，为下游任务奠定基础。微调则是在特定任务或领域的数据集上对预训练模型进行优化，以提升模型在特定场景中的表现。两者结合能够显著减少数据和计算资源需求，同时实现优异的性能。预训练注重广度，微调强调深度，二者相辅相成，推动了大模型在自然语言处理、计算机视觉等领域的广泛应用。

9.1　预训练简介

9.1.1　预训练的目的与意义

预训练是一种在大规模无监督或弱监督数据集上先行训练模型的策略，其主要目的是为模型提供一种通用的表示学习能力。通过在多样化和高覆盖的数据上进行训练，模型能够学习到数据的基础模式、语义关系以及与领域无关的特征，从而为后续的微调提供一个良好的起点。

预训练的意义主要体现在以下几个方面：

• 降低数据需求：在特定任务上训练模型通常需要大量标注数据，而预训练可以利用未标注或弱标注的数据构建通用特征表示，从而减少对高成本标注数据的依赖。

• 提升模型性能：预训练模型在目标任务上的初始表现通常更优，通过微调可以更快地达到甚至超越从头开始训练模型的性能。

• 增强迁移能力：预训练模型具有良好的泛化能力，能够适应不同的领域和任务，尤其适用于低资源任务或跨领域任务的迁移学习。

• 加速训练过程：预训练为模型提供了更好的初始权重，大幅减少了特定任务训练所需的时间和计算资源。

9.1.2　预训练模型的通用架构

预训练模型的通用架构是指适用于多种任务和场景的深度学习模型设计框架，其核心在于通过灵活的模块化设计和大规模数据的训练来学习通用特征表示。这些架构通常包括以下几个关键组件。

（1）输入层

•文本输入：通常采用词嵌入（word embedding）或子词嵌入（subword embedding）方法，将离散的文本数据映射到连续向量空间。

• 图像输入：使用卷积神经网络（CNN）或视觉变换器（vision transformer, ViT）提取图像特征。

• 多模态输入：通过共享或独立的编码器处理文本、图像、音频等多模态数据。

（2）编码器（encoder）

编码器是预训练模型的核心模块，用于提取输入数据的高级特征。编码器的架构方式包括：

• Transformer：以自注意力机制为核心，广泛应用于自然语言处理（如 BERT）。

• 卷积神经网络（CNN）：在视觉任务中流行的特征提取结构。

• 混合架构：结合了 Transformer 和 CNN 的优点，用于多模态任务。

（3）特征表示层

特征表示层提供模型的通用表征能力，学习数据中的全局信息。特征表示层通常包含多层堆叠的神经网络（如多头自注意力模块、前馈神经网络）。

（4）任务头部（task head）

在预训练阶段，通常包括特定训练目标，例如：

- 语言模型目标：如遮掩语言模型（masked language model, MLM）或自回归语言模型（autoregressive language model）。
- 视觉任务目标：如目标检测、语义分割的特定头部设计。
- 对比学习目标：如对比学习（contrastive learning）任务的投影头。

（5）损失函数（loss function）

根据具体任务选择损失函数，例如：

- 分类任务：交叉熵损失（cross-entropy loss）。
- 回归任务：均方误差（MSE）。
- 自监督学习：对比损失、生成损失等。

（6）训练过程

使用大规模无监督数据进行预训练，会结合多种优化技术进行训练，包括分布式训练、混合精度训练等。

这种通用架构通过其模块化设计，适配不同任务需求，并为特定场景的微调提供基础，使得预训练模型能够广泛应用于自然语言处理、计算机视觉、语音识别等领域。

9.1.3 常见的预训练任务类型

（1）语言模型任务

语言模型任务是最基础的预训练任务类型，目标是通过预测文本的遮掩部分或生成下一步内容，学习语言的语法、语义和上下文信息。例如，BERT 采用遮掩语言模型（MLM），随机遮蔽输入中的部分单词并训练模型预测这些单词，从而学习双向上下文表示；而 GPT 则使用自回归语言模型（ARLM），根据之前的词预测下一个词，专注于生成任务。这类任务为自然语言处理中的分类、生成、翻译等下游任务提供了强大的语义表示能力。

（2）视觉模型任务

视觉模型任务专注于从图像数据中学习特征表示，通常通过重建和对比的方式实现。例如，masked autoencoders (MAE) 在输入图像上随机遮蔽部分区域，并要求模型重建被遮蔽的部分，以捕获图像的全局与局部特征；SimCLR 则通过对比学习，将同一图像的不同增强结果映射到相近的表示空间中。这类任务广泛应用于目标检测、图像分类和图像生成等视觉领域。

（3）多模态任务

多模态任务的设计目标是通过对齐或生成机制，融合不同模态（如文本与图像）的信息。例如，CLIP 通过训练模型将图像和文本映射到同一特征空间，使相对应的图文对距离更近；DALL · E 则能够根据文本生成图像。这类任务在跨模态检索、文生图、图生文等复杂应用场景中展现了巨大潜力，体现了模型跨模态理解与生成的能力。

（4）自监督学习任务

自监督学习任务通过构造伪标签，让模型在无需人工标注的情况下学习特征表示。例如，对比学习通过最大化同一数据增强视角的相似性和不同数据间的差异，显著提升无监督特征表示的质量。生成对抗任务则利用生成对抗网络（GAN）训练模型生成逼真的数据。这类任务在无监督特征提取、数据增强和生成领域得到了广泛应用。

（5）跨领域任务

跨领域任务旨在将模型从单一领域扩展到多语言、多知识场景。例如，mBART 通过在多语言平行语料上进行翻译建模，学习跨语言的通用表示；ERNIE 则通过整合外部知识图谱，将知识补全融入语言模型中。这类任务提升了模型在多语言、知识问答和跨文化背景上的表现能力，为多领域应用奠定了基础。

9.2 预训练数据的构建

预训练数据的构建是大模型训练的基础，决定了模型能否学习到丰富且有用的特征表示。通常，预训练数据需要覆盖多样化、高质量的领域和模态，如大规模文本、图像或多模态数据集，以保证模型的通用性和适应性。数据处理过程中还需要进行清洗、标注与增强，以去除噪声、提升数据质量，并支持特定预训练任务的设计需求。

9.2.1 数据收集与清洗

数据收集与清洗是预训练模型开发的关键环节，其目标是获取高质量、覆盖广泛的训练数据，并通过清洗步骤保证数据的可靠性和有效性。

（1）数据收集

数据来源可以包括公开数据集、网络抓取数据、企业内部数据以及多模态数据（如文本、图像、音频等）。为了保证模型的通用性，收集通常需要涵盖多领域、多语言、多类型的数据。例如，在自然语言处理领域，可收集新闻文章、社交媒体文本、百科内容等；在计算机视觉领域，则包括图像库、视频数据等。与此同时，还需关注数据隐私和法律合规性，避免使用受版权保护或敏感的内容。

（2）数据清洗

数据清洗是将原始数据转化为可用数据的重要步骤。清洗过程包括去除重复数据、修正错误样本、过滤不相关信息（如垃圾文本、低质量图片）等。此外，还需要处理噪声数据，例如，消除不良的语言习惯、移除图片中的模糊区域等。针对文本数据，可能还需进行分词、去标点、拼写纠正等处理。对于多语言数据，语言检测与分类也至关重要，以避免混淆模型的学习目标。

（3）数据平衡

为了防止模型在某些类别上过拟合或偏倚，需对数据集进行平衡操作，例如，通过过采样或欠采样调整类别比例。

9.2.2 数据增强与标注

数据增强和标注是预训练不可或缺的步骤，它们直接影响模型的泛化能力和训练效果。

（1）数据增强

数据增强的目的是通过生成更多的样本来丰富训练集，以提高模型的鲁棒性。对于图像数据，可以采用旋转、平移、翻转、缩放、亮度调整等方法来增加样本的多样性；对于文本数据，可以使用同义词替换、随机插入、删除或交换词语等技术；对于音频数据，可以通过改变音高、速度或添加噪声来扩展训练数据集。数据增强不仅有助于减轻过拟合问题，还可以提高模型对不同输入的适应能力，尤其是在训练数据有限时，增强策略尤为重要。

（2）数据标注

数据标注是训练监督学习模型的基础。高质量的标注对于构建有效的预训练模型至关重要。在自然语言处理任务中，标注工作包括为文本添加情感标签、实体识别标记、翻译对、文本分类标签等；在计算机视觉任务中，标注工作包括对图像进行分类、目标检测框定、分割等。由于标注过程通常需要人工干预，因此标注成本较高，为了提高标注效率，可以采用众包平台或半自动化工具加速标注过程。此外，数据标注的质量必须经过严格验证，错误或不一致的标注可能导致模型性能的下降。

（3）半监督学习与自监督学习

在数据标注困难或成本过高的场景下，半监督学习和自监督学习成为了有效的替代方案。半监督学习通过结合少量标注数据和大量未标注数据，利用未标注数据的潜在结构来增强学习过程。自监督学习则通过设计自定义的预任务（如掩盖单词预测、图像生成等）来生成伪标签，使得模型能够从未标注数据中学习特征。这些方法能够大幅减少对手工标注数据的依赖，适应大规模预训练模型的需求。

9.2.3 数据分布对模型性能的影响

数据分布对预训练模型的性能有着深远的影响，尤其是在模型的泛化能力和准确性方面。数据分布包括训练数据的样本分布、特征分布以及标签分布等，这些因素都会直接影响预训练模型在实际应用中的表现。

（1）训练数据分布的多样性与覆盖性

训练数据的多样性是预训练模型能够适应广泛应用场景的关键因素。如果训练数据来自单一的、狭窄的分布，那么预训练模型在面对与训练数据不同分布的任务时，可能会出现过拟合或泛化能力差的情况。因此，确保训练数据覆盖了目标任务的多种可能性和变化是非常重要的。模型需要在广泛、多样的样本上进行训练，才能学习到有代表性的特征和模式。

（2）数据不平衡问题

数据不平衡，即某些类别的样本数远远多于其他类别，是影响预训练模型性能的重要因素。对于不平衡数据集，模型往往会偏向于样本数较多的类别，从而导致预测结果的偏差，影响整体性能。为了解决这一问题，可以采用过采样、欠采样、加权损失函数等方法来平衡数据分布。此外，数据增强技术也能帮助生成更多稀有类别的样本，减少类别不平衡对模型的影响。

（3）领域偏差与迁移学习

不同领域的数据分布可能存在显著差异，模型在一个领域中预训练的特征表示可能无法直接迁移到另一个领域。领域偏差是指训练数据和目标任务之间的分布差异，这通常会导致预训练模型的效果不佳。迁移学习通过在源领域训练模型并将其应用于目标领域来缓解领域偏差问题。通过精心设计的微调过程，预训练模型能够适应目标领域的特定数据分布，增强其在新任务上的性能。

（4）数据分布的变化

随着时间的推移，数据分布可能会发生变化，这被称为“数据漂移”或“概念漂移”。这种现象在许多应用场景中都十分常见，特别是在实时数据流和动态环境中。为了应对数据分布的变化，可以采用持续学习或增量学习策略，通过定期更新模型来适应新的数据分布。这使得预训练模型能够持续保持高性能，并应对不断变化的实际应用场景。

9.3 预训练模型的实现

预训练（pre-training）模型的实现通常包括模型架构设计、数据准备和训练过程。首先，需要选择适合任务的模型架构，如 Transformer、BERT、GPT 等，然后根据任务要求收集并处理大量数据，以确保模型可以从多样化的信息中学习到有效的特征。接着，通过定义的合适的损失函数和优化算法，使用大规模计算资源对模型进行训练，最终得到一个在多个任务上具有良好表现的预训练模型。

9.3.1 编码器模型：BERT

BERT（bidirectional encoder representations from transformers）是一个双向编码器模型，旨在通过深度语言理解捕获上下文信息。

（1）模型架构

BERT 模型由多个编码器层组成，每层包括自注意力、前馈网络、层归一化和残差连接。它通过输入词嵌入（包括位置编码和分类标识）在语义空间中表示文本，并以堆叠的方式逐步提取语义信息。

（2）预训练任务

• 掩蔽语言模型：通过随机掩蔽输入文本中的部分词，让模型预测这些词的原始值，从而捕获单句内的语义联系。

• 下一句预测（next sentence prediction，NSP）：判断两段文本是否连续，以学习跨句的逻辑关系。

（3）实现要点

• 输入表示：输入由标记化的单词、分段信息和位置编码组成，分别映射为嵌入向量。

• 训练目标：结合 MLM 和 NSP 损失，通过大规模语料训练，BERT 可以生成具有通用特征的词表示。

• 优化算法：使用 Adam 优化器结合学习率调度策略（如 Warmup）加速训练收敛。

BERT 的成功在于其双向性和多任务学习能力，使其成为广泛应用于自然语言处理任务的通用模型。下面的实例使用 Hugging Face 中的 transformers 库加载预训练的 BERT 模型，并实现文本分类任务。

实例 9-1： 使用预训练的 BERT 模型实现文本分类任务（源码路径：codes/9/Yu1.py）

具体实现代码如下。

```
import torch
from torch.utils.data import Dataset, DataLoader
from transformers import BertTokenizer, BertForSequenceClassification, AdamW
from sklearn.model_selection import train_test_split
from sklearn.metrics import accuracy_score, classification_report

# 1. 数据预处理
class TextDataset(Dataset):
    def __init__(self, texts, labels, tokenizer, max_len=128):
        self.texts = texts
        self.labels = labels
        self.tokenizer = tokenizer
        self.max_len = max_len

    def __len__(self):
        return len(self.texts)

    def __getitem__(self, idx):
        text = self.texts[idx]
        label = self.labels[idx]
        encoding = self.tokenizer(
```

```
                text,
                max_length=self.max_len,
                padding='max_length',
                truncation=True,
                return_tensors="pt"
            )
            return {
                'input_ids': encoding['input_ids'].squeeze(0),
                'attention_mask': encoding['attention_mask'].squeeze(0),
                'label': torch.tensor(label, dtype=torch.long)
            }

    # 样本数据集
    texts = [
        "BERT is a powerful language model.",
        "This movie was fantastic! Highly recommended.",
        "The food was terrible and overpriced.",
        "I loved the service at this restaurant.",
        "The product quality is really bad.",
        "Excellent customer support and user experience."
    ]
    labels = [1, 1, 0, 1, 0, 1]  # 1: Positive, 0: Negative

    # 数据集划分
    train_texts, val_texts, train_labels, val_labels = train_test_split(texts, labels,
test_size=0.2, random_state=42)

    # 加载预训练的BERT分词器
    tokenizer = BertTokenizer.from_pretrained("bert-base-uncased")

    # 创建数据加载器
    train_dataset = TextDataset(train_texts, train_labels, tokenizer)
    val_dataset = TextDataset(val_texts, val_labels, tokenizer)

    train_loader = DataLoader(train_dataset, batch_size=4, shuffle=True)
    val_loader = DataLoader(val_dataset, batch_size=4)

    # 2. 加载预训练模型并添加分类头
    model = BertForSequenceClassification.from_pretrained("bert-base-uncased", num_
labels=2)
    device = torch.device("cuda" if torch.cuda.is_available() else "cpu")
    model.to(device)

    # 3. 模型训练
    optimizer = AdamW(model.parameters(), lr=2e-5)

    def train_epoch(model, data_loader, optimizer, device):
        model.train()
        total_loss = 0
        for batch in data_loader:
            input_ids = batch['input_ids'].to(device)
            attention_mask = batch['attention_mask'].to(device)
            labels = batch['label'].to(device)

            outputs = model(input_ids=input_ids, attention_mask=attention_mask,
labels=labels)
            loss = outputs.loss
            total_loss += loss.item()

            optimizer.zero_grad()
            loss.backward()
            optimizer.step()
```

```
        return total_loss / len(data_loader)

    def evaluate(model, data_loader, device):
        model.eval()
        predictions, true_labels = [], []
        with torch.no_grad():
            for batch in data_loader:
                input_ids = batch['input_ids'].to(device)
                attention_mask = batch['attention_mask'].to(device)
                labels = batch['label'].to(device)

                outputs = model(input_ids=input_ids, attention_mask=attention_mask)
                logits = outputs.logits
                preds = torch.argmax(logits, dim=1)
                predictions.extend(preds.cpu().numpy())
                true_labels.extend(labels.cpu().numpy())
        return accuracy_score(true_labels, predictions), classification_report(true_
labels, predictions)

    # 训练和验证
    epochs = 3
    for epoch in range(epochs):
        train_loss = train_epoch(model, train_loader, optimizer, device)
        print(f"Epoch {epoch + 1}, Training Loss: {train_loss}")

    # 4. 性能评估
    accuracy, report = evaluate(model, val_loader, device)
    print(f"Validation Accuracy: {accuracy}")
    print("Classification Report:")
    print(report)
```

对上述代码的具体说明如下：

• 数据集处理：使用 TextDataset 将原始文本和标签转换为模型输入格式，包括 input_ids、attention_mask 和标签（label）。

• BERT 模型加载：使用 BertForSequenceClassification 加载预训练的 BERT 模型，并设置输出标签数量为 2（正类和负类）。

• 训练循环：定义 train_epoch 方法实现模型的单次迭代训练，通过梯度反向传播更新模型参数。

• 模型评估：在验证集上使用 evaluate 函数评估模型性能，输出准确率和分类报告。

9.3.2 解码器模型：GPT

解码器模型是一种以生成任务为核心的神经网络架构，专注于从输入中生成连续性的输出。GPT（generative pre-trained transformer）是解码器模型的典型代表。

（1）GPT 的核心特点

• 自回归生成：GPT 通过自回归方式训练，每一步只关注生成序列中前面的内容以预测当前词。

• Transformer 解码器结构：GPT 的架构基于 Transformer 的解码器部分，采用多头自注意力和前馈神经网络。

• 预训练与微调：在大规模未标注数据上进行无监督预训练，学习语言的分布特性。在特定任务上微调，实现文本生成、翻译等下游应用。

（2）GPT 的应用场景

• 文本生成：自动写作、对话生成等场景。

• 问答系统：生成回答以满足用户的查询需求。

• 语言翻译：提供基于上下文的多语言翻译功能。

下面的实例加载了一个预训练的 GPT-2 模型，并通过自定义函数生成基于输入提示语的文本。本实例利用生成的多个样本，通过直方图可视化文本长度的分布，展示生成结果的多样性和随机性，整体展示了 GPT-2 模型在自然语言生成任务中的实用性和灵活性。

实例 9-2：使用预训练的 GPT-2 模型实现自然语言生成任务（源码路径：codes/9/Yu2.py）

具体实现代码如下。

```
import torch
from transformers import GPT2LMHeadModel, GPT2Tokenizer
import matplotlib.pyplot as plt  # 确保 plt 正确导入

# 加载预训练的GPT模型和对应的分词器
model_name = "gpt2"
tokenizer = GPT2Tokenizer.from_pretrained(model_name)
model = GPT2LMHeadModel.from_pretrained(model_name)

# 设置 pad_token_id 为 eos_token_id 以防止潜在冲突
tokenizer.pad_token = tokenizer.eos_token
model.config.pad_token_id = model.config.eos_token_id

# 将模型设置为评估模式
model.eval()

# 定义生成文本的函数
def generate_text(prompt, max_length=50, temperature=0.7, top_k=40):
    """
    使用GPT模型生成文本。

    参数:
    - prompt: 输入的起始文本
    - max_length: 生成文本的最大长度
    - temperature: 控制输出的随机性
    - top_k: 限制最高概率的K个词汇
    """
    # 对输入进行编码
    input_ids = tokenizer.encode(prompt, return_tensors="pt")
    attention_mask = torch.ones_like(input_ids)

    # 使用模型生成文本
    with torch.no_grad():
        output = model.generate(
            input_ids,
            attention_mask=attention_mask,  # 显式传递 attention_mask
            max_length=max_length,
            temperature=temperature,
            top_k=top_k,
            do_sample=True,  # 启用随机采样
            pad_token_id=tokenizer.pad_token_id
        )

    # 解码生成的输出
    return tokenizer.decode(output[0], skip_special_tokens=True)

# 测试: 生成文本
prompt = "In the future, artificial intelligence will"
generated_text = generate_text(prompt, max_length=100, temperature=0.8, top_k=40)

# 打印生成结果
```

```
    print("输入提示语:", prompt)
    print("生成文本:")
    print(generated_text)

    # 可视化生成的文本长度分布
    def visualize_text_length_distribution(generated_samples, bins=10):
        """
        可视化生成的文本长度分布。

        参数:
        - generated_samples: 生成的文本列表
        - bins: 直方图的分箱数量
        """
        lengths = [len(text.split()) for text in generated_samples]
        plt.hist(lengths, bins=bins, color='skyblue', alpha=0.7)
        plt.title('Generated Text Length Distribution')
        plt.xlabel('Text Length (Words)')
        plt.ylabel('Frequency')
        plt.grid(True)
        plt.show()

    # 生成多个样本并可视化
    samples = [generate_text(prompt, max_length=50, temperature=0.8, top_k=40) for _
in range(10)]
    visualize_text_length_distribution(samples)
```

对上述代码的具体说明如下：

• 加载模型和分词器：使用 transformers 库加载预训练的 GPT-2 模型和对应的分词器，同时设置 pad_token 和 eos_token 以避免潜在冲突。

• 定义生成函数：通过 generate_text 函数接收输入的提示语，并使用模型生成文本。函数允许设置参数（如生成长度 max_length、随机性 temperature、最高概率词的限制 top_k），增强生成的多样性。

• 生成单条文本：以特定提示语为输入，调用生成函数，生成一段符合上下文的文本并输出。

•生成多条样本并可视化：批量生成多条样本，通过计算每条样本的长度并绘制直方图，直观展示文本长度分布情况，分析模型生成的输出特性。

执行后生成文本结果，通过计算每条样本的长度并绘制直方图，如图 9-1 所示。

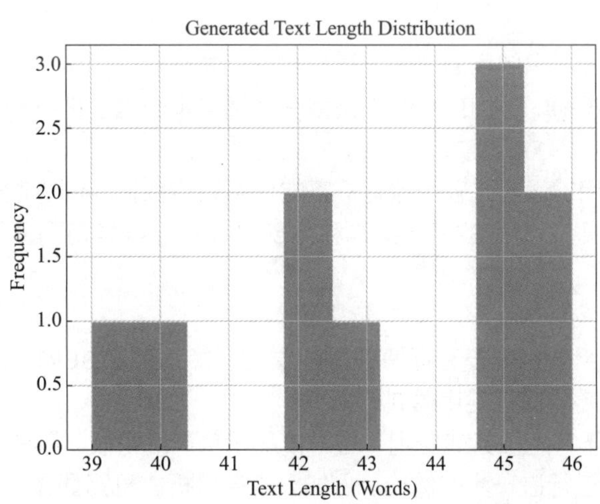

图 9-1　每条样本的直方图

9.4 大模型微调

大模型微调是指在预训练模型的基础上，利用特定领域的数据对模型进行再训练，以提高其在特定任务上的性能。通过微调，大模型能够快速适应不同应用场景，如分类、生成或翻译等任务，从而显著降低训练时间和数据需求。微调不仅充分利用了预训练模型的通用知识，还通过整合领域数据实现性能优化，使其更具针对性和实用性。

9.4.1 微调的定义与应用场景

微调（fine-tuning）的过程通常包括调整预训练模型的部分参数或者全部参数，确保模型能够从原始的广泛知识中，迁移到特定的应用场景。微调的应用场景非常广泛，尤其在需要大规模训练数据和计算资源的任务中表现突出。常见的应用场景如下：

• 自然语言处理（NLP）：通过微调语言模型（如 BERT、GPT 等）来处理文本分类、情感分析、机器翻译等任务。

•计算机视觉：在物体检测、图像分类、图像分割等任务中，微调卷积神经网络（CNN）模型如 ResNet、VGG 等，以适应特定领域的图像数据。

• 推荐系统：通过微调预训练的推荐算法来提升个性化推荐的准确度和用户体验。

• 语音识别：在语音转文本任务中，微调深度学习模型来处理对不同语言或方言的识别问题。

9.4.2 微调与预训练的差异

大模型的微调和预训练是两种在大规模深度学习模型中常见的训练策略，二者在训练目标、方法和应用上有所不同。

（1）训练目标

• 预训练：预训练的目标是通过大量的数据和广泛的任务来学习通用的表示和特征。这一阶段的重点是学习丰富的知识，通常不针对特定任务，而是让模型通过无监督或自监督学习方式捕捉语言、视觉等的广泛模式。

• 微调：微调的目标是将预训练好的模型调整到特定任务上，通常是在已经预训练的模型的基础上，通过较少的任务特定数据进行优化。微调关注的是让模型适应某个具体的应用场景，解决特定的问题。

（2）训练方式

• 预训练：预训练通常使用海量的无标签数据，并在多个领域或任务中进行，目的是让模型理解数据的普遍规律。例如，BERT 模型在大量文本数据上进行预训练，学习语言的结构和模式。

• 微调：微调使用的通常是较少且有标签的任务特定数据，训练过程中模型的参数调整程度通常较小。微调时，模型的基础架构和大部分权重已经学习到通用的特征，因此训练时间较短。

（3）应用场景

• 预训练：主要用于大规模无标签数据的学习，如 GPT、BERT 等语言模型的预训练，适用于任务不明确或需要捕捉通用模式的情况。

• 微调：微调用于特定任务或应用，通常依赖于预训练阶段学到的通用知识，并结合实际任务的数据对模型进行进一步的优化。例如，情感分析、机器翻译、图像分类等任务。

9.4.3　常用的微调方法

（1）全量微调（full fine-tuning）

全量微调是指在预训练模型的基础上，对所有模型参数进行微调。通常会将预训练模型所有层的参数进行更新，以适应新的任务。全量微调的基本知识如下：

• 应用场景：适用于数据量充足的任务，且当任务与预训练任务相似时，全量微调能够更好地发挥预训练模型的潜力。

• 优缺点：优点是微调后模型具有较强的适应性；缺点是可能需要大量的计算资源和时间，且在数据较少时可能面临过拟合问题。

（2）冻结部分层微调（frozen layers fine-tuning）

冻结部分层微调是指在微调过程中，仅更新模型的部分层（通常是模型的高层或最后几层），而固定其他层的参数。这种方法常用于特征提取与任务特定输出层的调整。冻结部分层微调的基本知识如下：

• 应用场景：当任务数据量较小，或者模型训练资源有限时，冻结部分层微调方法能够在较少的计算成本下获得较好的效果。

• 优缺点：优点是计算成本较低，不容易出现过拟合；缺点是模型的适应性可能不如全量微调强，尤其是在任务差异较大的情况下。

（3）逐层微调（layer-wise fine-tuning）

逐层微调是逐步解冻预训练模型的层并逐层进行微调。这意味着首先冻结模型的层，然后逐层解冻并进行微调，通常从模型的高层开始。逐层微调的基本知识如下：

• 应用场景：这种方法常用于大模型的微调，尤其是在资源有限的情况下，可以逐步让模型适应新的任务。

• 优缺点：优点是能够有效控制计算资源，并减少过拟合的风险；缺点是训练过程较为缓慢，需要更多的调参工作。

（4）参数高效微调（parameter-efficient fine-tuning）

参数高效微调通过只调整模型中的少数参数（如通过添加少量的可训练参数层或者调整特定的部分）来减少计算量和内存占用。常见的参数高效微调方法有 Adapter、Prefix-tuning、LoRA（low-rank adaptation）等。参数高效微调的基本知识如下：

• 应用场景：适用于计算资源受限的环境，尤其是在需要快速适应不同任务和多任务学习时。

• 优缺点：优点是微调效率高，能够显著减少计算和存储开销；缺点是可能无法达到全量微调的性能，尤其在任务复杂性较高时。

（5）自监督学习微调（self-supervised fine-tuning）

自监督学习微调是指通过构建自监督任务（如掩盖语言模型、对比学习等）来微调模型，这种方法不需要大量标注数据，只需通过生成任务来指导模型学习。自监督学习微调的基本知识如下：

• 应用场景：适用于标注数据稀缺的任务，能够通过无监督方式进一步提升模型的特征学习能力。

• 优缺点：优点是能够充分利用未标注数据，减少人工标注成本；缺点是学习任务的设计可能较为复杂。

（6）多任务学习微调（multi-task learning fine-tuning）

多任务学习微调是指在微调过程中同时进行多个相关任务的学习。这种方法通过共享模型的底层表示来增强模型的泛化能力。多任务学习微调的基本知识如下：

• 应用场景：适用于多个相关任务的学习并且希望共享表示的情况。例如，图像分类和目标检测等任务可以共享特征提取层。

• 优缺点：优点是能够通过共享特征提高模型的泛化能力；缺点是需要设计合理的任务组合，并且可能会受到不同任务之间的冲突的影响。

（7）知识蒸馏（knowledge distillation）

知识蒸馏是一种从大型复杂模型（教师模型）中提取知识并将其传递给小型模型（学生模型）的方法。微调过程中，学生模型通过模仿教师模型的行为来进行优化。知识蒸馏的基本知识如下：

• 应用场景：适用于需要在资源有限的设备上部署模型，或者需要模型在保证高效性的同时减少计算开销的场景。

• 优缺点：优点是能够让较小的模型获得大模型的知识并提高推理效率；缺点是训练过程较为复杂，需要精心设计教师和学生模型。

上述微调方法都有其独特的优势，选择合适的方法能够有效提升大模型在特定任务上的表现，并减少计算成本。

9.5 CLIP 模型预训练与微调

本项目提供了基于 PyTorch Lightning 的 CLIP 训练解决方案，支持从头开始训练和数据高效微调两种方式。用户可以轻松地训练自己的 CLIP，同时支持使用自定义数据集和预训练模型进行微调，实现图像和文本的文生图学习任务。

实例 9-3：文生图模型的预训练与微调（源码路径：codes/9/train-CLIP-main）（注：本节内容即为此实例内容）

9.5.1 项目介绍

随着人工智能领域的发展，文生图大模型开发已经成为了一个备受关注的研究方向，它涉及图像、文本等多种数据模态的融合与学习。在文生图学习中，模型需要同时理解和处理不同模态的信息，从而更好地理解世界、进行推理和决策。CLIP（contrastive language-image pre-training）是由 OpenAI 提出的一种基于自监督学习的文生图模型，它通过对图像和文本之间的对比学习，实现了强大的视觉和语言理解能力，成为了多个任务的基础模型。

本项目基于 PyTorch Lightning 框架实现，具体功能模块如下。

① CLIP 的训练与微调

• 提供了对 CLIP 的训练与微调功能，用户可以选择从头开始训练或者对预训练模型进行微调。

• 训练过程采用自监督学习的方法，通过对图像和文本之间的对比学习来学习模型的表示。

• 支持多种 CLIP，用户可以根据需求选择不同的模型结构和参数进行训练。

② 数据准备与加载

• 提供了数据模块（DataModule），用于准备和加载图像与文本数据。

• 可以从指定文件夹加载数据，支持自定义数据集的加载，同时支持各种数据预处理操作。

③ 文生图模型的构建

• 实现了 CLIP 的包装器（CLIPWrapper），用于训练原始 CLIP。

• 实现了自定义的 CLIP 包装器（CustomCLIPWrapper），支持微调预训练的图像编码器和文本编码器。

④ 训练流程

• 使用 PyTorch Lightning 的 Trainer 来管理训练过程，支持分布式训练、混合精度训练等功能。

• 在训练过程中，根据用户指定的参数和模型配置，进行图像和文本的编码、对比学习等操作。

⑤ 命令行工具

• 提供了命令行接口，用户可以通过命令行指定模型名称、数据文件夹、批处理大小等参数来启动训练过程。

• 支持从头训练和微调两种模式，使用户能够轻松地使用该项目进行训练。

本项目的实现流程遵循 CLIP 的自监督学习原理，通过最大化图像和文本之间的相似性来学习模型的表示，从而实现对图像和文本之间语义关系的理解和学习。

9.5.2 创建文本和图像配对数据集

文件 text_image_dm.py 实现了一个自定义的 PyTorch 数据集和数据模块，这是一个用于创建文本和图像配对数据集的工具，并为训练过程提供数据加载功能。

```
class TextImageDataset(Dataset):
    def __init__(self,
                 folder: str,
                 image_size=224,
                 resize_ratio=0.75,
                 shuffle=False,
                 custom_tokenizer=False
                 ):
        """从包含文本和图像文件的目录中创建一个文本图像数据集

        参数:
            folder (str): 包含图像和文本文件的文件夹，它们通过各自路径的 "stem" 匹配
            image_size (int, optional): 输出图像的大小。默认为 224
            resize_ratio (float, optional): 裁剪时包含的最小图像比例。默认为 0.75
            shuffle (bool, optional): 是否在采样过程中进行打乱。默认为 False
            custom_tokenizer (bool, optional): 是否有自定义分词器。默认为 False
        """
        super().__init__()
        self.shuffle = shuffle
        path = Path(folder)

        text_files = [*path.glob('**/*.txt')]
        image_files = [
            *path.glob('**/*.png'), *path.glob('**/*.jpg'),
            *path.glob('**/*.jpeg'), *path.glob('**/*.bmp')
        ]

        text_files = {text_file.stem: text_file for text_file in text_files}
        image_files = {image_file.stem: image_file for image_file in image_files}

        keys = (image_files.keys() & text_files.keys())

        self.keys = list(keys)
```

```
        self.text_files = {k: v for k, v in text_files.items() if k in keys}
        self.image_files = {k: v for k, v in image_files.items() if k in keys}
        self.resize_ratio = resize_ratio
        self.image_transform = T.Compose([
            T.Lambda(self.fix_img),
            T.RandomResizedCrop(image_size,
                                scale=(self.resize_ratio, 1.),
                                ratio=(1., 1.)),
            T.ToTensor(),
            T.Normalize((0.48145466, 0.4578275, 0.40821073), (0.26862954,
0.26130258, 0.27577711))
        ])
        self.custom_tokenizer = custom_tokenizer

    def __len__(self):
        return len(self.keys)

    def fix_img(self, img):
        return img.convert('RGB') if img.mode != 'RGB' else img

    def random_sample(self):
        return self.__getitem__(randint(0, self.__len__() - 1))

    def sequential_sample(self, ind):
        if ind >= self.__len__() - 1:
            return self.__getitem__(0)
        return self.__getitem__(ind + 1)

    def skip_sample(self, ind):
        if self.shuffle:
            return self.random_sample()
        return self.sequential_sample(ind=ind)

    def __getitem__(self, ind):
        key = self.keys[ind]

        text_file = self.text_files[key]
        image_file = self.image_files[key]

        descriptions = text_file.read_text().split('\n')
        descriptions = list(filter(lambda t: len(t) > 0, descriptions))
        try:
            description = choice(descriptions)
        except IndexError as zero_captions_in_file_ex:
            print(f"加载文件 {text_file} 时发生异常。")
            print(f"跳过索引 {ind}")
            return self.skip_sample(ind)

        tokenized_text = description if self.custom_tokenizer else clip.tokenize
(description)[0]

        try:
            image_tensor = self.image_transform(PIL.Image.open(image_file))
        except (PIL.UnidentifiedImageError, OSError) as corrupt_image_exceptions:
            print(f"加载文件 {image_file} 时发生异常。")
            print(f"跳过索引 {ind}")
            return self.skip_sample(ind)

        # 成功
        return image_tensor, tokenized_text

class TextImageDataModule(LightningDataModule):
```

```
    def __init__(self,
                 folder: str,
                 batch_size: int,
                 num_workers=0,
                 image_size=224,
                 resize_ratio=0.75,
                 shuffle=False,
                 custom_tokenizer=None
                 ):
        """从包含文本和图像文件的目录中创建一个文本图像数据模块

        参数:
            folder (str): 包含图像和文本文件的文件夹，它们通过各自路径的 "stem" 匹配
            batch_size (int): 每个数据加载器的批处理大小
            num_workers (int, optional): DataLoader 中的工作线程数。默认为 0
            image_size (int, optional): 输出图像的大小。默认为 224
            resize_ratio (float, optional): 裁剪时包含的最小图像比例。默认为 0.75
            shuffle (bool, optional): 是否在采样过程中进行打乱。默认为 False
            custom_tokenizer (transformers.AutoTokenizer, optional): 用于文本的分词
器。默认为 None
        """
        super().__init__()
        self.folder =folder
        self.batch_size = batch_size
        self.num_workers = num_workers
        self.image_size = image_size
        self.resize_ratio = resize_ratio
        self.shuffle = shuffle
        self.custom_tokenizer = custom_tokenizer

    @staticmethod
    def add_argparse_args(parent_parser):
        parser = argparse.ArgumentParser(父级解析器=[parent_parser], 添加帮助=False)
        parser.add_argument('--folder', type=str, required=True, help='你的训练文件
夹的目录')
        parser.add_argument('--batch_size', type=int, help='批处理大小')
        parser.add_argument('--num_workers', type=int, default=0, help='数据加载器的
工作线程数')
        parser.add_argument('--image_size', type=int, default=224, help='图像的大小')
        parser.add_argument('--resize_ratio', type=float, default=0.75, help='随机裁
剪时图像的最小尺寸')
        parser.add_argument('--shuffle', type=bool, default=False, help='采样时是否打
乱顺序')
        return parser

    def setup(self, stage=None):
        self.dataset = TextImageDataset(self.folder, image_size=self.image_size,
resize_ratio=self.resize_ratio, shuffle=self.shuffle, custom_tokenizer=not self.custom_
tokenizer is None)

    def train_dataloader(self):
        return DataLoader(self.dataset, batch_size=self.batch_size, shuffle=self.
shuffle, num_workers=self.num_workers, drop_last=True , collate_fn=self.dl_collate_fn)

    def dl_collate_fn(self, batch):
        if self.custom_tokenizer is None:
            return torch.stack([row[0] for row in batch]), torch.stack([row[1] for
row in batch])
        else:
            return torch.stack([row[0] for row in batch]), self.custom_
tokenizer([row[1] for row in batch], padding=True, truncation=True, return_
tensors="pt")
```

对上述代码的具体说明如下：

• 类 TextImageDataset 的功能是从指定的文件夹中加载和处理成对的图像和文本数据，该类通过匹配文件名来生成图像和文本的对，并进行必要的预处理（如图像转换和文本分词），以供模型训练使用。

• 类 TextImageDataset 中的 __init__ 方法的功能是初始化数据集实例，加载指定文件夹中的图像和文本文件，并设置图像大小、裁剪比例、是否打乱顺序等参数。

• 类 TextImageDataset 中的 __len__ 方法的功能是返回数据集中数据对的数量。

• 类 TextImageDataset 中的 fix_img 方法的功能是确保加载的图像为 RGB 格式，以保证图像处理的一致性。

• 类 TextImageDataset 中的 random_sample 方法的功能是随机从数据集中采样一个数据对。

• 类 TextImageDataset 中的 sequential_sample 方法的功能是按顺序采样下一个数据对，如果到达末尾，则返回第一个数据对，以实现循环采样。

• 类 TextImageDataset 中的 skip_sample 方法的功能是根据是否设置了打乱顺序决定是随机采样一个数据对还是按顺序采样一个数据对。

• 类 TextImageDataset 中的 __getitem__ 方法的功能是根据索引获取图像和文本数据对，并进行预处理。该方法确保图像转换为张量并对文本进行分词处理，然后返回预处理后的图像和文本张量。

• 类 TextImageDataModule 的功能是创建一个方便管理数据加载的模块，利用类 TextImageDataset，设置数据加载器的相关参数，并为模型训练提供数据。

• 类 TextImageDataModule 中的 __init__ 方法的功能是初始化数据模块实例，设置数据文件夹路径、批处理大小、工作线程数、图像大小、裁剪比例、是否打乱顺序以及自定义分词器等参数。

• 类 TextImageDataModule 中的 add_argparse_args 静态方法的功能是为命令行参数解析添加功能，使得用户可以通过命令行传入数据模块的参数，如文件夹路径、批处理大小等。

•类 TextImageDataModule 中的 setup 方法的功能是初始化 TextImageDataset 数据集实例，准备数据集以供训练使用。

• 类 TextImageDataModule 中的 train_dataloader 方法的功能是返回训练数据加载器，该加载器使用类 TextImageDataset 实例，并根据设置的参数（如批处理大小、是否打乱顺序等）进行配置。

• 类 TextImageDataModule 中的 dl_collate_fn 方法的功能是定义批处理函数，用于将单个样本组成批次。该函数根据是否使用自定义分词器堆叠图像和文本数据，以便在训练过程中进行批处理。

9.5.3 配置 CLIP 代码文件

在本项目的“models”目录中，包含了对 CLIP 及其自定义包装器进行详细定义和配置的代码文件。其中，类 CLIPWrapper 是对 CLIP 的 Lightning 包装器，用于训练和验证 CLIP。而类 CustomCLIPWrapper 则是对 CLIPWrapper 的定制，引入了自我蒸馏和其他自定义功能以增强模型性能。此外，还包括用于配置不同模型参数的 YAML 文件，如 RN.yaml 和 ViT.yaml。这些文件共同构成了一个完整的模型训练和配置环境，用于实现对 CLIP 的训练和评估。

（1）实现 CLIP

文件 model.py 定义了一个 CLIP 的实现，包含了视觉和文本处理模块。其中视觉部分使用了改进的 ResNet 或视觉 Transformer，文本部分使用了自定义的 Transformer。文件 model.py 实现了多个类，如 Bottleneck、AttentionPool2d、ModifiedResNet、LayerNorm、QuickGELU、ResidualAttentionBlock、Transformer 和 VisualTransformer，它们分别负责特征提取、注意力机制、层归一化和非线性激活等操作。类 CLIP 整合了这些组件，能将图像和文本编码为高维特征向量，并通过余弦相似度计算图像和文本的相似性，用于文生图任务。

文件 model.py 的具体实现流程如下。

① 类 Bottleneck 定义了一个用于残差网络的瓶颈结构模块，它通过三个卷积层进行特征提取，并在需要下采样时添加了一个平均池化层以调整输入特征图的尺寸。该模块采用了残差连接方式，通过跳跃连接来缓解深度学习网络中的梯度消失问题，从而有效地进行特征学习。

```
class Bottleneck(nn.Module):
    expansion = 4

    def __init__(self, inplanes, planes, stride=1):
        super().__init__()

        #所有卷积层的步幅都是1，当步幅大于1时，在第二次卷积后进行平均池化
        self.conv1 = nn.Conv2d(inplanes, planes, 1, bias=False)
        self.bn1 = nn.BatchNorm2d(planes)

        self.conv2 = nn.Conv2d(planes, planes, 3, padding=1, bias=False)
        self.bn2 = nn.BatchNorm2d(planes)

        self.avgpool = nn.AvgPool2d(stride) if stride > 1 else nn.Identity()

        self.conv3 = nn.Conv2d(planes, planes * self.expansion, 1, bias=False)
        self.bn3 = nn.BatchNorm2d(planes * self.expansion)

        self.relu = nn.ReLU(inplace=True)
        self.downsample = None
        self.stride = stride

        if stride > 1 or inplanes != planes * Bottleneck.expansion:
            # 下采样层前置一个平均池化，随后的卷积步幅为1
            self.downsample = nn.Sequential(OrderedDict([
                ("-1", nn.AvgPool2d(stride)),
                ("0", nn.Conv2d(inplanes, planes * self.expansion, 1, stride=1,
bias=False)),
                ("1", nn.BatchNorm2d(planes * self.expansion))
            ]))

    def forward(self, x: torch.Tensor):
        identity = x

        out = self.relu(self.bn1(self.conv1(x)))
        out = self.relu(self.bn2(self.conv2(out)))
        out = self.avgpool(out)
        out = self.bn3(self.conv3(out))

        if self.downsample is not None:
            identity = self.downsample(x)

        out += identity
        out = self.relu(out)
        return out
```

② 类 AttentionPool2d 实现了一种基于多头自注意力机制的二维池化操作。首先，对输入进行重塑和排列，然后通过在输入上添加位置嵌入来增强其空间信息。接着，利用多头自注意力机制计算查询、键和值之间的注意力分布，并通过线性变换得到最终输出。类 AttentionPool2d 可以用来对二维特征图进行全局的信息汇聚，从而在视觉任务中捕获全局特征。

```
class AttentionPool2d(nn.Module):
    def __init__(self, spacial_dim: int, embed_dim: int, num_heads: int, output_
dim: int = None):
        super().__init__()
        self.positional_embedding = nn.Parameter(torch.randn(spacial_dim ** 2 + 1,
embed_dim) / embed_dim ** 0.5)
        self.k_proj = nn.Linear(embed_dim, embed_dim)
        self.q_proj = nn.Linear(embed_dim, embed_dim)
        self.v_proj = nn.Linear(embed_dim, embed_dim)
        self.c_proj = nn.Linear(embed_dim, output_dim or embed_dim)
        self.num_heads = num_heads

    def forward(self, x):
        # NCHW -> (HW)NC
        x = x.reshape(x.shape[0], x.shape[1], x.shape[2] * x.shape[3]).permute(2,
0, 1)
        # (HW+1)NC
        x = torch.cat([x.mean(dim=0, keepdim=True), x], dim=0)
        # (HW+1)NC
        x = x + self.positional_embedding[:, None, :].to(x.dtype)
        x, _ = F.multi_head_attention_forward(
            query=x, key=x, value=x,
            embed_dim_to_check=x.shape[-1],
            num_heads=self.num_heads,
            q_proj_weight=self.q_proj.weight,
            k_proj_weight=self.k_proj.weight,
            v_proj_weight=self.v_proj.weight,
            in_proj_weight=None,
            in_proj_bias=torch.cat([self.q_proj.bias, self.k_proj.bias, self.v_
proj.bias]),
            bias_k=None,
            bias_v=None,
            add_zero_attn=False,
            dropout_p=0,
            out_proj_weight=self.c_proj.weight,
            out_proj_bias=self.c_proj.bias,
            use_separate_proj_weight=True,
            training=self.training,
            need_weights=False
        )

        return x[0]
```

③ 定义类 ModifiedResNet，这是对 ResNet 的一种改进实现。相比于传统的 ResNet，这个版本在以下方面进行了修改：

• 使用了 3 层卷积代替单层卷积作为网络的“stem”，并用平均池化代替最大池化；

• 在步幅大于 1 的卷积前添加平均池化实现反混叠处理；

• 在池化层中使用 QKV 注意力机制代替传统的平均池化，从而增强了模型对全局信息的捕捉能力。

```
class ModifiedResNet(nn.Module):
```

```
    """
    一个与 torchvision 中的 ResNet 类似的 ResNet 类，但包含以下更改：
    - 现在有 3 个"stem"卷积，而不是 1 个，并且使用平均池化代替最大池化
    - 执行反混叠的步幅卷积，其中一个 avgpool 被添加到步幅大于 1 的卷积前
    - 最后的池化层是 QKV 注意力，而不是平均池化
    """

    def __init__(self, layers, output_dim, heads, input_resolution=224, width=64):
        super().__init__()
        self.output_dim = output_dim
        self.input_resolution = input_resolution

        # 三层 stem
        self.conv1 = nn.Conv2d(3, width // 2, kernel_size=3, stride=2, padding=1,
bias=False)
        self.bn1 = nn.BatchNorm2d(width // 2)
        self.conv2 = nn.Conv2d(width // 2, width // 2, kernel_size=3, padding=1,
bias=False)
        self.bn2 = nn.BatchNorm2d(width // 2)
        self.conv3 = nn.Conv2d(width // 2, width, kernel_size=3, padding=1,
bias=False)
        self.bn3 = nn.BatchNorm2d(width)
        self.avgpool = nn.AvgPool2d(2)
        self.relu = nn.ReLU(inplace=True)

        # 残差层
        self._inplanes = width  # 这是一个在构造过程中使用的*可变*变量
        self.layer1 = self._make_layer(width, layers[0])
        self.layer2 = self._make_layer(width * 2, layers[1], stride=2)
        self.layer3 = self._make_layer(width * 4, layers[2], stride=2)
        self.layer4 = self._make_layer(width * 8, layers[3], stride=2)

        embed_dim = width * 32  # ResNet 特征维度
        self.attnpool = AttentionPool2d(input_resolution // 32, embed_dim, heads,
output_dim)

    def _make_layer(self, planes, blocks, stride=1):
        layers = [Bottleneck(self._inplanes, planes, stride)]

        self._inplanes = planes * Bottleneck.expansion
        for _ in range(1, blocks):
            layers.append(Bottleneck(self._inplanes, planes))

        return nn.Sequential(*layers)

    def forward(self, x):
        def stem(x):
            for conv, bn in [(self.conv1, self.bn1), (self.conv2, self.bn2), (self.
conv3, self.bn3)]:
                x = self.relu(bn(conv(x)))
            x = self.avgpool(x)
            return x

        x = x.type(self.conv1.weight.dtype)
        x = stem(x)
        x = self.layer1(x)
        x = self.layer2(x)
        x = self.layer3(x)
        x = self.layer4(x)
        x = self.attnpool(x)

        return x
```

④ 类 LayerNorm 对 PyTorch 中的类 LayerNorm 实现了子类化处理，用于处理 FP16 数据。类 QuickGELU 定义了一个快速的 GELU（gaussian error linear unit）激活函数的模块。

```
class LayerNorm(nn.LayerNorm):
    """子类化 torch 的 LayerNorm 以处理 fp16。"""

    def forward(self, x: torch.Tensor):
        orig_type = x.dtype
        ret = super().forward(x.type(torch.float32))
        return ret.type(orig_type)


class QuickGELU(nn.Module):
    def forward(self, x: torch.Tensor):
        return x * torch.sigmoid(1.702 * x)
```

⑤ 类 ResidualAttentionBlock 实现了一个残差注意力块，其中包含了多头注意力机制和多层感知机。在前向传播过程中，输入通过注意力层和多层感知机，然后将结果与输入进行残差连接，并经过 LayerNorm 处理。

```
class ResidualAttentionBlock(nn.Module):
    def __init__(self, d_model: int, n_head: int, attn_mask: torch.Tensor = None):
        super().__init__()

        self.attn = nn.MultiheadAttention(d_model, n_head)
        self.ln_1 = LayerNorm(d_model)  # 第一个 LayerNorm 模块
        self.mlp = nn.Sequential(OrderedDict([
            ("c_fc", nn.Linear(d_model, d_model * 4)),  # 多层感知机的全连接层
            ("gelu", QuickGELU()),  # 快速 GELU 激活函数
            ("c_proj", nn.Linear(d_model * 4, d_model))  # 全连接层
        ]))
        self.ln_2 = LayerNorm(d_model)  # 第二个 LayerNorm 模块
        self.attn_mask = attn_mask  # 注意力屏蔽矩阵

    def attention(self, x: torch.Tensor):
        """执行多头注意力机制"""
        self.attn_mask = self.attn_mask.to(dtype=x.dtype, device=x.device) if
self.attn_mask is not None else None
        return self.attn(x, x, x, need_weights=False, attn_mask=self.attn_mask)[0]

    def forward(self, x: torch.Tensor):
        """前向传播过程"""
        x = x + self.attention(self.ln_1(x))  # 加上注意力机制的残差连接和 LayerNorm
        x = x + self.mlp(self.ln_2(x))  # 加上多层感知机的残差连接和 LayerNorm
        return x
```

⑥ 类 Transformer 实现了一个简单的 Transformer 模型，其中包含多个残差注意力块作为 Transformer 的层。在前向传播过程中，输入通过多个残差注意力块进行处理，然后返回输出。

```
class Transformer(nn.Module):
    def __init__(self, width: int, layers: int, heads: int, attn_mask: torch.
Tensor = None):
        super().__init__()
        self.width = width  # 模型宽度
        self.layers = layers  # Transformer 层的数量
        self.resblocks = nn.Sequential(*[ResidualAttentionBlock(width, heads,
attn_mask) for _ in range(layers)])
```

```
    def forward(self, x: torch.Tensor):
        """Transformer 的前向传播过程"""
        return self.resblocks(x)
```

⑦ 类 VisualTransformer 实现了一个视觉 Transformer 模型，用于处理图像数据。该模型首先使用卷积提取特征，然后将特征送入 Transformer 模型进行特征编码，最后将编码后的特征投影到指定维度空间。

```
class VisualTransformer(nn.Module):
    def __init__(self, input_resolution: int, patch_size: int, width: int, layers: int, heads: int, output_dim: int):
        super().__init__()
        self.input_resolution = input_resolution  # 输入图像的分辨率
        self.output_dim = output_dim  # 输出维度
        self.conv1 = nn.Conv2d(in_channels=3, out_channels=width, kernel_size=patch_size, stride=patch_size, bias=False)

        scale = width ** -0.5
        self.class_embedding = nn.Parameter(scale * torch.randn(width))  # 类别嵌入向量
        self.positional_embedding = nn.Parameter(scale * torch.randn((input_resolution // patch_size) ** 2 + 1, width))  # 位置嵌入向量
        self.ln_pre = LayerNorm(width)  # 输入嵌入的 Layer Normalization

        self.transformer = Transformer(width, layers, heads)  # 使用 Transformer 模型进行特征提取和编码

        self.ln_post = LayerNorm(width)  # 输出嵌入的 Layer Normalization
        self.proj = nn.Parameter(scale * torch.randn(width, output_dim))  # 投影矩阵，将特征映射到指定维度空间

    def forward(self, x: torch.Tensor):
        x = self.conv1(x)  # 卷积提取特征
        x = x.reshape(x.shape[0], x.shape[1], -1)  # 将特征图展平
        x = x.permute(0, 2, 1)  # 调整维度顺序以适应 Transformer 模型输入
        x = torch.cat([self.class_embedding.to(x.dtype) + torch.zeros(x.shape[0], 1, x.shape[-1], dtype=x.dtype, device=x.device), x], dim=1)  # 添加类别嵌入到特征向量中
        x = x + self.positional_embedding.to(x.dtype)  # 加上位置嵌入向量
        x = self.ln_pre(x)  # 应用 Layer Normalization

        x = x.permute(1, 0, 2)  # 调整维度顺序以适应 Transformer 模型输入格式
        x = self.transformer(x)  # 通过 Transformer 进行特征编码
        x = x.permute(1, 0, 2)  # 调整维度顺序以适应输出格式

        x = self.ln_post(x[:, 0, :])  # 应用 Layer Normalization，并选择序列的第一个位置作为输出

        if self.proj is not None:
            x = x @ self.proj  # 使用投影矩阵将特征映射到指定维度空间

        return x
```

⑧ 类 CLIP 实现了 CLIP，结合了文本和视觉信息，使用 Transformer 编码文本和视觉特征，并计算它们之间的余弦相似度作为对数概率。其中，视觉特征提取器可以是 ModifiedResNet 或 VisualTransformer。

```
class CLIP(nn.Module):
    def __init__(self,
                 embed_dim: int,
```

```
                # vision
                image_resolution: int,
                vision_layers: Union[Tuple[int, int, int, int], int],
                vision_width: int,
                vision_patch_size: int,
                # text
                context_length: int,
                vocab_size: int,
                transformer_width: int,
                transformer_heads: int,
                transformer_layers: int
                ):
        super().__init__()

        self.context_length = context_length  # 上下文长度

        # 根据输入确定使用 ModifiedResNet 还是 VisualTransformer 进行视觉特征提取和编码
        if isinstance(vision_layers, (tuple, list)):
            vision_heads = vision_width * 32 // 64
            self.visual = ModifiedResNet(
                layers=vision_layers,
                output_dim=embed_dim,
                heads=vision_heads,
                input_resolution=image_resolution,
                width=vision_width
            )
        else:
            vision_heads = vision_width // 64
            self.visual = VisualTransformer(
                input_resolution=image_resolution,
                patch_size=vision_patch_size,
                width=vision_width,
                layers=vision_layers,
                heads=vision_heads,
                output_dim=embed_dim
            )

        # 文本编码器使用 Transformer
        self.transformer = Transformer(
            width=transformer_width,
            layers=transformer_layers,
            heads=transformer_heads,
            attn_mask=self.build_attention_mask()
        )

        self.vocab_size = vocab_size
        self.token_embedding = nn.Embedding(vocab_size, transformer_width)  # 文本
词嵌入
        self.positional_embedding = nn.Parameter(torch.empty(self.context_length,
transformer_width))  # 位置嵌入
        self.ln_final = LayerNorm(transformer_width)  # 最终的 Layer Normalization

        self.text_projection = nn.Parameter(torch.empty(transformer_width, embed_
dim))  # 文本特征投影矩阵
        self.logit_scale = nn.Parameter(torch.ones([]) * np.log(1 / 0.07))  # 对数
尺度参数

        self.initialize_parameters()

    def initialize_parameters(self):
        # 初始化参数
        nn.init.normal_(self.token_embedding.weight, std=0.02)
```

```
            nn.init.normal_(self.positional_embedding, std=0.01)

            # 初始化视觉编码器和 Transformer 模型中的参数
            if isinstance(self.visual, ModifiedResNet):
                if self.visual.attnpool is not None:
                    std = self.visual.attnpool.c_proj.in_features ** -0.5
                    nn.init.normal_(self.visual.attnpool.q_proj.weight, std=std)
                    nn.init.normal_(self.visual.attnpool.k_proj.weight, std=std)
                    nn.init.normal_(self.visual.attnpool.v_proj.weight, std=std)
                    nn.init.normal_(self.visual.attnpool.c_proj.weight, std=std)

                for resnet_block in [self.visual.layer1, self.visual.layer2, self.
visual.layer3, self.visual.layer4]:
                    for name, param in resnet_block.named_parameters():
                        if name.endswith("bn3.weight"):
                            nn.init.zeros_(param)

            proj_std = (self.transformer.width ** -0.5) * ((2 * self.transformer.
layers) ** -0.5)
            attn_std = self.transformer.width ** -0.5
            fc_std = (2 * self.transformer.width) ** -0.5
            for block in self.transformer.resblocks:
                nn.init.normal_(block.attn.in_proj_weight, std=attn_std)
                nn.init.normal_(block.attn.out_proj.weight, std=proj_std)
                nn.init.normal_(block.mlp.c_fc.weight, std=fc_std)
                nn.init.normal_(block.mlp.c_proj.weight, std=proj_std)

            if self.text_projection is not None:
                nn.init.normal_(self.text_projection, std=self.transformer.width **
-0.5)

        def build_attention_mask(self):
            # 惰性创建自回归注意力掩码，视觉和文本序列之间的全局注意力
            # PyTorch 使用加性注意力掩码；填充为 -inf
            mask = torch.empty(self.context_length, self.context_length)
            mask.fill_(float("-inf"))
            mask.triu_(1)  # 将下三角区域置零
            return mask

        @property
        def dtype(self):
            return self.visual.conv1.weight.dtype

        def encode_image(self, image):
            return self.visual(image.type(self.dtype))

        def encode_text(self, text):
            x = self.token_embedding(text).type(self.dtype)  # 获取文本嵌入向量 [batch_
size, n_ctx, d_model]

            x = x + self.positional_embedding.type(self.dtype)
            x = x.permute(1, 0, 2)  # 调整维度顺序以适应 Transformer 模型输入
            x = self.transformer(x)
            x = x.permute(1, 0, 2)  # 调整维度顺序
            x = self.ln_final(x).type(self.dtype)

            # x.shape = [batch_size, n_ctx, transformer.width]
            # 提取来自 EOT 嵌入的特征（EOT 标记是每个序列中的最高数值）
            x = x[torch.arange(x.shape[0]), text.argmax(dim=-1)] @ self.text_
projection

            return x
```

```
    def forward(self, image, text):
        image_features = self.encode_image(image)
        text_features = self.encode_text(text)

        # 归一化特征向量
        image_features = image_features / image_features.norm(dim=-1, keepdim=True)
        text_features = text_features / text_features.norm(dim=-1, keepdim=True)

        # 计算余弦相似度作为对数概率
        logit_scale = self.logit_scale.exp()
        logits_per_image = logit_scale * image_features @ text_features.t()
        logits_per_text = logit_scale * text_features @ image_features.t()

        # shape = [global_batch_size, global_batch_size]
        return logits_per_image, logits_per_text
```

对上述代码的具体说明如下：

• __init__ 方法初始化了 CLIP，接受多个参数，包括嵌入维度、图像分辨率、视觉编码器的层数、宽度、补丁大小等，以及文本编码器的相关参数。根据参数设置，初始化视觉编码器为 ModifiedResNet 或 VisualTransformer，初始化文本编码器为 Transformer，同时初始化了文本词嵌入、位置嵌入、LayerNorm 等参数。

• initialize_parameters 方法用于初始化模型参数，包括文本词嵌入、位置嵌入以及视觉编码器和 Transformer 模型中的参数。

• build_attention_mask 方法惰性创建自回归注意力掩码，用于 Transformer 中的注意力机制，以实现全局注意力。

• encode_image 方法用于对图像进行编码，调用视觉编码器将图像转换为视觉特征。

• encode_text 方法用于对文本进行编码，包括文本词嵌入、位置嵌入以及 Transformer 编码器，最后提取文本特征。

• forward 方法定义了 CLIP 的前向传播过程，接收图像和文本输入，并计算它们之间的余弦相似度作为对数概率输出。

⑨ 函数 convert_weights 用于将适用的模型参数转换为半精度浮点数（FP16）格式，它遍历模型的所有层，对满足条件的参数执行相应的转换操作，包括卷积层、线性层、多头注意力层以及文本投影和输出投影。

```
def convert_weights(model: nn.Module):
    """将适用的模型参数转换为 fp16 格式"""

    def _convert_weights_to_fp16(l):
        # 如果是卷积层、线性层，则将权重和偏置转换为 fp16 格式
        if isinstance(l, (nn.Conv1d, nn.Conv2d, nn.Linear)):
            l.weight.data = l.weight.data.half()
            if l.bias is not None:
                l.bias.data = l.bias.data.half()

        # 如果是多头注意力层，则将相关参数转换为 fp16 格式
        if isinstance(l, nn.MultiheadAttention):
            for attr in [*[f"{s}_proj_weight" for s in ["in", "q", "k", "v"]],
"in_proj_bias", "bias_k", "bias_v"]:
                tensor = getattr(l, attr)
                if tensor is not None:
                    tensor.data = tensor.data.half()

        # 如果存在文本投影或输出投影，则将其参数转换为 fp16 格式
```

```
            for name in ["text_projection", "proj"]:
                if hasattr(l, name):
                    attr = getattr(l, name)
                    if attr is not None:
                        attr.data = attr.data.half()

        # 对模型应用参数转换函数
        model.apply(_convert_weights_to_fp16)
```

⑩ 函数 build_model 用于构建模型并加载预训练权重，它解析了预训练权重中的各个部分的参数，然后根据这些参数构建了适用于 CLIP 模型的实例，并加载了预训练权重。同时，函数 build_model 也负责将加载的权重转换为半精度浮点数（FP16）格式。

```
    def build_model(state_dict: dict):
        """构建模型并加载预训练权重"""

        # 检查预训练权重是否适用于 VisualTransformer
        vit = "visual.proj" in state_dict

        # 解析视觉部分的参数
        if vit:
            vision_width = state_dict["visual.conv1.weight"].shape[0]
            vision_layers = len([k for k in state_dict.keys() if k.startswith("visual.")
and k.endswith(".attn.in_proj_weight")])
            vision_patch_size = state_dict["visual.conv1.weight"].shape[-1]
            grid_size = round((state_dict["visual.positional_embedding"].shape[0] - 1)
** 0.5)
            image_resolution = vision_patch_size * grid_size
        else:
            counts: list = [len(set(k.split(".")[2] for k in state_dict if
k.startswith(f"visual.layer{b}"))) for b in [1, 2, 3, 4]]
            vision_layers = tuple(counts)
            vision_width = state_dict["visual.layer1.0.conv1.weight"].shape[0]
            output_width = round((state_dict["visual.attnpool.positional_embedding"].
shape[0] - 1) ** 0.5)
            vision_patch_size = None
            assert output_width ** 2 + 1 == state_dict["visual.attnpool.positional_
embedding"].shape[0]
            image_resolution = output_width * 32

        # 解析文本部分的参数
        embed_dim = state_dict["text_projection"].shape[1]
        context_length = state_dict["positional_embedding"].shape[0]
        vocab_size = state_dict["token_embedding.weight"].shape[0]
        transformer_width = state_dict["ln_final.weight"].shape[0]
        transformer_heads = transformer_width // 64
        transformer_layers = len(set(k.split(".")[2] for k in state_dict if
k.startswith(f"transformer.resblocks")))

        # 创建 CLIP 模型实例
        model = CLIP(
            embed_dim,
            image_resolution, vision_layers, vision_width, vision_patch_size,
            context_length, vocab_size, transformer_width, transformer_heads,
transformer_layers
        )

        # 删除 state_dict 中的不必要键
        for key in ["input_resolution", "context_length", "vocab_size"]:
            if key in state_dict:
                del state_dict[key]
```

```
    # 将模型参数转换为 fp16 格式并加载预训练权重
    convert_weights(model)
    model.load_state_dict(state_dict)

    return model.eval()
```

（2）Lightning 包装器

文件 wrapper.py 实现了对 CLIP 的 Lightning 包装器，提供了训练、验证和优化器配置等功能。Lightning 包装器（Wrapper）是指将一个模型或训练过程包装在 PyTorch Lightning 框架中的类。PyTorch Lightning 是一个用于深度学习研究和生产的高级训练框架，它通过提供预定义的训练循环和一些实用功能来简化模型训练过程。在这种情况下，CLIPWrapper 和 CustomCLIPWrapper 就是将 CLIP 与 PyTorch Lightning 框架结合起来的包装器。这些包装器使得使用 PyTorch Lightning 的训练、验证和优化功能变得更加简单和高效。

文件 wrapper.py 的具体实现流程如下。

① 下面的代码定义了一个用于 CLIP 的 Lightning 包装器，包含了训练、验证和优化器配置等功能。__init__ 方法初始化模型和参数，num_training_steps 方法计算总训练步骤，training_step 方法定义了训练过程，validation_step 方法定义了验证过程，configure_optimizers 方法配置了优化器和学习率调度器。

```
class CLIPWrapper(pl.LightningModule):
    def __init__(self,
                 model_name: str,
                 config: dict,
                 minibatch_size: int
                 ):
        """一个适用于 CLIP 模型的 Lightning 包装器，如论文中所述

        Args:
            model_name (str): 区分大小写的视觉模型名称
            config (dict): 包含 CLIP 实例化参数的字典
        """
        super().__init__()
        self.model_name = model_name
        self.model = CLIP(**config)
        self.minibatch_size = minibatch_size
        self.isViT = 'ViT' in self.model_name
        self.automatic_optimization = False

    @property
    def num_training_steps(self) -> int:
        """从数据模块和设备推断出的总训练步骤。"""
        dataset = self.train_dataloader()
        if self.trainer.max_steps:
            return self.trainer.max_steps

        dataset_size = len(dataset)

        num_devices = max(1, self.trainer.num_gpus, self.trainer.num_processes)
        if self.trainer.tpu_cores:
            num_devices = max(num_devices, self.trainer.tpu_cores)

        effective_batch_size = dataset.batch_size * self.trainer.accumulate_grad_
batches * num_devices
        return (dataset_size // effective_batch_size) * self.trainer.max_epochs
```

```
    def training_step(self, train_batch, idx):
        """训练步骤

        Args:
            train_batch: 一个批次的训练数据
            idx: 步骤索引
        """
        # get optimizers and scheduler
        optimizer = self.optimizers()

        image, text = train_batch
        n = math.ceil(len(image) // self.minibatch_size)
        image_mbs = torch.chunk(image, n)
        text_mbs = torch.chunk(text, n)

        # calculate original statistics
        with torch.no_grad():
            ims = [F.normalize(self.model.encode_image(im), dim=1) for im in
image_mbs]
            txt = [F.normalize(self.model.encode_text(t), dim=1) for t in text_
mbs]
            # gather from all GPUs
            ims = self.all_gather(torch.cat(ims))
            txt = self.all_gather(torch.cat(txt))

            if len(ims.shape) == 3:
                ims = list(ims)
                txt = list(txt)
            else:
                ims = [ims]
                txt = [txt]

            image_logits = torch.cat(ims) @ torch.cat(txt).t() * self.model.logit_
scale.exp()
            ground_truth = torch.arange(len(image_logits)).long().to(image_logits.
device)
            loss = (F.cross_entropy(image_logits, ground_truth) + F.cross_
entropy(image_logits.t(), ground_truth)).div(2)
            acc_i = (torch.argmax(image_logits, 1) == ground_truth).sum()
            acc_t = (torch.argmax(image_logits, 0) == ground_truth).sum()
            self.log_dict({'loss': loss / len(ims), 'acc': (acc_i + acc_t) / 2 /
len(image) / len(ims)}, prog_bar=True)

        if isinstance(optimizer, list):
            optimizer = optimizer[0]
        optimizer.zero_grad()

        # image loss
        for j, mb in enumerate(image_mbs):
            images_tmp = copy.deepcopy(ims)
            images_tmp[self.global_rank][j*self.minibatch_size:(j+1)*self.
minibatch_size] = F.normalize(self.model.encode_image(mb), dim=1)
            image_logits = torch.cat(images_tmp) @ torch.cat(txt).t() * self.
model.logit_scale.exp()
            ground_truth = torch.arange(len(image_logits)).long().to(image_logits.
device)
            loss = (F.cross_entropy(image_logits, ground_truth) + F.cross_
entropy(image_logits.t(), ground_truth))/2
            self.manual_backward(loss)

        # text loss
```

```
        for j, mb in enumerate(text_mbs):
            text_tmp = copy.deepcopy(txt)
            text_tmp[self.global_rank][j*self.minibatch_size:(j+1)*self.minibatch_
size] = F.normalize(self.model.encode_text(mb), dim=1)
            image_logits = torch.cat(ims) @ torch.cat(text_tmp).t() * self.model.
logit_scale.exp()
            loss = (F.cross_entropy(image_logits, ground_truth) + F.cross_
entropy(image_logits.t(), ground_truth))/2
            self.manual_backward(loss)

        optimizer.step()
        lr_scheduler = self.lr_schedulers()
        lr_scheduler.step()
        self.model.logit_scale.data.clamp_(-np.log(100), np.log(100))

    def validation_step(self, val_batch, idx):
        """验证步骤

        Args:
            val_batch: 一个批次的验证数据
            idx: 步骤索引
        """
        image, text = val_batch
        image_logits, text_logits = self.forward(image, text)
        ground_truth = torch.arange(len(image_logits))
        loss = (F.cross_entropy(image_logits, ground_truth) + F.cross_entropy(text_
logits, ground_truth)).div(2)
        self.log('val_loss', loss)

    def configure_optimizers(self):
        lr = {
            "RN50": 5e-4,
            "RN101": 5e-4,
            "RN50x4": 5e-4,
            "RN50x16": 4e-4,
            "RN50x64": 3.6e-4,
            "ViT-B/32": 5e-4,
            "ViT-B/16": 5e-4,
            "ViT-L/14": 4e-4,
            "ViT-L/14-336px": 2e-5
        }[self.model_name]

        optimizer = torch.optim.AdamW(
            self.model.parameters(),
            lr=lr,
            betas=(
                0.9,
                0.98 if self.isViT else 0.999
            ),
            eps=1e-6 if self.isViT else 1e-8,
            weight_decay=0.2
        )

        # Source: https://github.com/openai/CLIP/issues/107
        # Use pip install 'git+https://github.com/katsura-jp/pytorch-cosine-
annealing-with-warmup'
        lr_scheduler = CosineAnnealingWarmupRestarts(
            optimizer,
            first_cycle_steps=self.num_training_steps,
            cycle_mult=1.0,
            max_lr=lr,
            min_lr=0,
```

```
            warmup_steps=2000
        )

        return {'optimizer': optimizer, 'lr_scheduler': lr_scheduler}
```

对上述代码的具体说明如下：

• __init__ 方法用于初始化类 CLIPWrapper，接收模型名称、配置参数和最小批处理大小作为参数，并创建 CLIP 的实例。

• num_training_steps 方法用于计算总的训练步数，根据数据模块和设备的情况推断。

• training_step 方法定义了训练步骤，包括计算损失、反向传播和更新优化器等操作。

• validation_step 方法定义了验证步骤，用于计算验证损失。

• configure_optimizers 方法配置优化器和学习率调度器，用于模型训练时的参数优化。

② 下面的代码定义了一个自定义的 CLIP 包装器类 CustomCLIPWrapper，该类继承自 CLIPWrapper，用于训练和微调 CLIP。它允许替换默认的图像编码器和文本编码器，并支持自蒸馏（distillation）的训练方式。

```
class CustomCLIPWrapper(CLIPWrapper):
    def __init__(self,
                 image_encoder,
                 text_encoder,
                 minibatch_size,
                 learning_rate=3e-3,
                 kl_coeff=1.0,
                 avg_word_embs=False
                 ):
        with open('models/configs/RN.yaml') as fin:
            config = yaml.safe_load(fin)['RN50']
        super().__init__('RN50', config, minibatch_size)
        del self.model.visual
        del self.model.transformer
        self.model.visual = image_encoder
        self.model.transformer = text_encoder
        self.learning_rate = learning_rate
        self.avg_word_embs = avg_word_embs
        self.sink_temp = nn.Parameter(torch.ones([]) * np.log(1 / 0.07))

        self.teacher = copy.deepcopy(self.model)
        self.kl_coeff = kl_coeff

    def training_step(self, train_batch, idx):
        # get optimizers and scheduler
        optimizer = self.optimizers()

        image, text = train_batch
        n = math.ceil(len(image) // self.minibatch_size)
        image_mbs = torch.chunk(image, n)
        text_mbs_ids = torch.chunk(torch.arange(len(image)), n)

        text_mbs = []
        for s in text_mbs_ids:
            d = {}
            for key in list(text.keys()):
                d[key] = text[key][s]
            text_mbs.append(d)

        with torch.no_grad():
            ims = [F.normalize(self.model.encode_image(im), dim=1) for im in
```

```
image_mbs]
                txt = [F.normalize(self.encode_text(t), dim=1) for t in text_mbs]
                # gather from all GPUs
                ims = self.all_gather(torch.cat(ims))
                txt = self.all_gather(torch.cat(txt))

                if len(ims.shape) == 3:
                    ims = list(ims)
                    txt = list(txt)
                else:
                    ims = [ims]
                    txt = [txt]

                image_logits_notemp = torch.cat(ims) @ torch.cat(txt).t()
                image_logits = image_logits_notemp * self.model.logit_scale.exp()
                ground_truth = torch.arange(len(image_logits)).long().to(image_logits.
device)
                loss = (F.cross_entropy(image_logits, ground_truth) + F.cross_
entropy(image_logits.t(), ground_truth)).div(2)
                acc_i = (torch.argmax(image_logits, 1) == ground_truth).sum()
                acc_t = (torch.argmax(image_logits, 0) == ground_truth).sum()
                teacher_ims = [F.normalize(self.teacher.encode_image(im), dim=1) for
im in image_mbs]
                teacher_txt = [F.normalize(self.encode_text(t, teacher=True), dim=1)
for t in text_mbs]

                teacher_ims = self.all_gather(torch.cat(teacher_ims))
                teacher_txt = self.all_gather(torch.cat(teacher_txt))

                if len(teacher_ims.shape) == 3:
                    teacher_ims = list(teacher_ims)
                    teacher_txt = list(teacher_txt)
                else:
                    teacher_ims = [teacher_ims]
                    teacher_txt = [teacher_txt]

                sim_ii, sim_tt, sim_it, sim_ti = self.compute_similarities(torch.
cat(teacher_ims), torch.cat(teacher_txt))

                # optimal transport
                img_cost = - (sim_ii + sim_tt + sim_it)
                txt_cost = - (sim_ii + sim_tt + sim_ti)
                img_target = self.sinkhorn(img_cost)
                txt_target = self.sinkhorn(txt_cost)
                loss += (F.kl_div(F.log_softmax(image_logits_notemp * self.sink_temp,
dim=-1), img_target, reduction='batchmean') + F.kl_div(F.log_softmax(image_logits_
notemp.t() * self.sink_temp, dim=-1), txt_target, reduction='batchmean')) / 2 * self.
kl_coeff
                self.log_dict({'loss': loss / len(ims), 'acc': (acc_i + acc_t) / 2 /
len(image) / len(ims)}, prog_bar=True)

            if isinstance(optimizer, list):
                optimizer = optimizer[0]
            optimizer.zero_grad()

            for j, mb in enumerate(image_mbs):
                images_tmp = copy.deepcopy(ims)
                images_tmp[self.global_rank][j*self.minibatch_size:(j+1)*self.
minibatch_size] = F.normalize(self.model.encode_image(mb), dim=1)
                image_logits_notemp = torch.cat(images_tmp) @ torch.cat(txt).t()
                image_logits = image_logits_notemp * self.model.logit_scale.exp()
                loss = (F.cross_entropy(image_logits, ground_truth) + F.cross_
```

```
entropy(image_logits.t(), ground_truth))/2
                loss += (F.kl_div(F.log_softmax(image_logits_notemp * self.sink_temp,
dim=-1), img_target, reduction='batchmean') + F.kl_div(F.log_softmax(image_logits_
notemp.t() * self.sink_temp, dim=-1), txt_target, reduction='batchmean')) / 2 * self.
kl_coeff
                self.manual_backward(loss)

            for j, mb in enumerate(text_mbs):
                text_tmp = copy.deepcopy(txt)
                text_tmp[self.global_rank][j*self.minibatch_size:(j+1)*self.minibatch_
size] = F.normalize(self.encode_text(mb), dim=1)
                image_logits_notemp = torch.cat(ims) @ torch.cat(text_tmp).t()
                image_logits = image_logits_notemp * self.model.logit_scale.exp()
                loss = (F.cross_entropy(image_logits, ground_truth) + F.cross_
entropy(image_logits.t(), ground_truth))/2
                loss += (F.kl_div(F.log_softmax(image_logits_notemp * self.sink_temp,
dim=-1), img_target, reduction='batchmean') + F.kl_div(F.log_softmax(image_logits_
notemp.t() * self.sink_temp, dim=-1), txt_target, reduction='batchmean')) / 2 * self.
kl_coeff
                self.manual_backward(loss)

            optimizer.step()
            lr_scheduler = self.lr_schedulers()
            lr_scheduler.step()
            self.model.logit_scale.data.clamp_(-np.log(100), np.log(100))
            self.sink_temp.data.clamp_(-np.log(100), np.log(100))
            self.update_teacher()

        def encode_text(self, inputs, teacher=False):
            if self.avg_word_embs:
                sequence_output = self.teacher.transformer(**inputs)[0] if teacher else
self.model.transformer(**inputs)[0]

                embeddings = torch.sum(
                    sequence_output * inputs["attention_mask"].unsqueeze(-1), dim=1
                ) / torch.clamp(torch.sum(inputs["attention_mask"], dim=1,
keepdims=True), min=1e-9)

                return embeddings
            else:
                return self.teacher.transformer(**inputs)[1] if teacher else self.
model.transformer(**inputs)[1]

        def compute_similarities(self, I_emb, T_emb):
            sim_ii, sim_tt = I_emb @ I_emb.t(), T_emb @ T_emb.t()
            sim_it, sim_ti = I_emb @ T_emb.t(), T_emb @ I_emb.t()
            return sim_ii, sim_tt, sim_it, sim_ti

        def update_teacher(self):
            for teacher, student in zip(self.teacher.parameters(), self.model.
parameters()):
                teacher.data.copy_(self.ema(student.data, teacher.data))

        def ema(self, s, t):
            return s * (1 - 0.999) + t * 0.999

        def forward(self, images, text):
            logits = F.normalize(self.model.encode_image(images), dim=1) @
F.normalize(self.encode_text(text), dim=1).t() * self.model.logit_scale.exp()
            return logits, logits.t()

        def sinkhorn(self, out):
```

```
        Q = torch.exp(out / 0.05).t()  # Q is K-by-B for consistency with
notations from our paper
        B = Q.shape[1]  # number of samples to assign
        K = Q.shape[0]  # how many prototypes

        sum_Q = torch.sum(Q)
        Q /= sum_Q

        for it in range(3):
            # normalize each row: total weight per prototype must be 1/K
            sum_of_rows = torch.sum(Q, dim=1, keepdim=True)
            Q /= sum_of_rows
            Q /= K

            # normalize each column: total weight per sample must be 1/B
            Q /= torch.sum(Q, dim=0, keepdim=True)
            Q /= B

        Q *= B  # the colomns must sum to 1 so that Q is an assignment
        return Q.t()

    def configure_optimizers(self):
        lr = self.learning_rate

        optimizer = torch.optim.SGD(
            self.parameters(),
            lr=lr,
            momentum=0.9
        )

        lr_scheduler = CosineAnnealingWarmupRestarts(
            optimizer,
            first_cycle_steps=self.num_training_steps,
            cycle_mult=1.0,
            max_lr=lr,
            min_lr=0,
            warmup_steps=2000
        )

        return {'optimizer': optimizer, 'lr_scheduler': lr_scheduler}
```

对上述代码的具体说明如下:

• __init__ 方法可初始化自定义的包装器，加载配置文件，并替换模型的视觉和转换器部分为自定义的编码器，同时设置超参数。

• training_step 方法可实现训练步骤，包括损失计算、反向传播、参数更新等操作。它支持在多个 GPU 上进行分布式训练，并使用自蒸馏技术进行模型训练。

• encode_text 方法用于编码文本输入，它可以根据需要选择是否使用平均词嵌入（avg_word_embs）或直接获取 CLIP 的文本编码。

• compute_similarities 方法用于计算图像和文本之间的相似度，用于自蒸馏训练中的损失计算。

• update_teacher 方法用于更新教师模型的参数，实现自蒸馏过程中的参数更新。

• ema 方法可实现指数移动平均，用于更新教师模型的参数。

• forward 方法用于执行前向传播操作，计算图像和文本之间的相似度。

• sinkhorn 方法用于执行 Sinkhorn 操作，能够优化分布匹配问题，这在自蒸馏过程中用于计算损失。

• configure_optimizers 方法用于配置优化器和学习率调度器，能够实现模型训练的优化器设置。

（3）ResNet 模型配置

配置文件 RN.yaml 定义了不同规模和分辨率的 CLIP 的架构和超参数，用于设置 ResNet 模型的配置信息，如 RN50、RN101、RN50x4 等。每个模型配置包括嵌入维度（embed_dim）、图像分辨率（image_resolution）、视觉层参数（vision_layers、vision_width、vision_patch_size）、上下文长度（context_length）、词汇表大小（vocab_size）以及变压器（Transformer）的参数（transformer_width、transformer_heads、transformer_layers）等。

（4）Vision Transformer（ViT）模型配置

配置文件 ViT.yaml 定义了不同规模和分辨率的 ViT 模型的架构和超参数，用于设置 Vision Transformer（ViT）模型的配置信息，如 ViT-B/32、ViT-B/16、ViT-L/14 和 ViT-L/14-336px。每个模型配置包括嵌入维度（embed_dim）、图像分辨率（image_resolution）、视觉层参数（vision_layers、vision_width、vision_patch_size）、上下文长度（context_length）、词汇表大小（vocab_size）以及变压器（Transformer）的参数（transformer_width、transformer_heads、transformer_layers）等。

9.5.4 训练模型

文件 train.py 是训练 CLIP 的主程序，首先根据命令行参数指定的模型名称加载相应的配置文件，然后创建一个 CLIPWrapper 模型实例，并根据命令行参数初始化数据模块。接着，使用 PyTorch Lightning 的 Trainer 对象进行训练。

```
import yaml
from argparse import ArgumentParser
from pytorch_lightning import Trainer
from data.text_image_dm import TextImageDataModule
from models import CLIPWrapper


def main(hparams):
    config_dir = 'models/configs/ViT.yaml' if 'ViT' in hparams.model_name else 
'models/configs/RN.yaml'
    with open(config_dir) as fin:
        config = yaml.safe_load(fin)[hparams.model_name]

    if hparams.minibatch_size < 1:
        hparams.minibatch_size = hparams.batch_size

    model = CLIPWrapper(hparams.model_name, config, hparams.minibatch_size)
    del hparams.model_name
    dm = TextImageDataModule.from_argparse_args(hparams)
    trainer = Trainer.from_argparse_args(hparams, precision=16, max_epochs=32)
    trainer.fit(model, dm)


if __name__ == '__main__':
    parser = ArgumentParser()
    parser.add_argument('--model_name', type=str, required=True)
    parser.add_argument('--minibatch_size', type=int, default=0)
    parser = TextImageDataModule.add_argparse_args(parser)
    parser = Trainer.add_argparse_args(parser)
    args = parser.parse_args()

    main(args)
```

对上述代码的具体说明如下：

• 加载模型配置文件：根据模型名称确定是加载 ViT.yaml 还是 RN.yaml 配置文件。

• 创建模型实例：使用类 CLIPWrapper 创建模型实例，传入模型名称、配置和最小批次大小。

• 初始化数据模块：使用 TextImageDataModule.from_argparse_args 根据命令行参数初始化数据模块。

• 设置训练器参数：使用 Trainer.from_argparse_args 根据命令行参数设置训练器，包括精度和最大训练周期。

• 开始训练：使用 trainer.fit 方法开始训练模型。

9.5.5 模型微调

文件 train_finetune.py 用于微调 CLIP 的主程序 train_finetune.py，首先加载预训练的图像编码器（ResNet-50）、文本编码器（DECLUTR-SCI-BASE）以及相应的 tokenizer，然后创建一个 CustomCLIPWrapper 模型实例进行微调训练。

```
import torch
from argparse import ArgumentParser
from pytorch_lightning import Trainer
from data.text_image_dm import TextImageDataModule
from models import CustomCLIPWrapper
from torchvision.models import resnet50
from transformers import AutoTokenizer, AutoModel

def main(hparams):
    img_encoder = resnet50(pretrained=True)
    img_encoder.fc = torch.nn.Linear(2048, 768)
    tokenizer = AutoTokenizer.from_pretrained("johngiorgi/declutr-sci-base")
    txt_encoder = AutoModel.from_pretrained("johngiorgi/declutr-sci-base")
    if hparams.minibatch_size < 1:
        hparams.minibatch_size = hparams.batch_size
    model = CustomCLIPWrapper(img_encoder, txt_encoder, hparams.minibatch_size,
avg_word_embs=True)
    dm = TextImageDataModule.from_argparse_args(hparams, custom_
tokenizer=tokenizer)
    trainer = Trainer.from_argparse_args(hparams, precision=16, max_epochs=32)
    trainer.fit(model, dm)


if __name__ == '__main__':
    parser = ArgumentParser()
    parser.add_argument('--minibatch_size', type=int, default=0)
    parser = TextImageDataModule.add_argparse_args(parser)
    parser = Trainer.add_argparse_args(parser)
    args = parser.parse_args()
    main(args)
```

对上述代码的具体说明如下：

• 加载预训练模型和 tokenizer：加载预训练的 ResNet-50 图像编码器和 DECLUTR-SCI-BASE 文本编码器，以及相应的 tokenizer。

• 修改图像编码器：将 ResNet-50 的全连接层替换为一个线性层，将输出维度调整为 768。

• 创建模型实例：使用类 CustomCLIPWrapper 创建模型实例，传入图像编码器、文本编码器和其他参数，如最小批次大小。

- 初始化数据模块：使用 TextImageDataModule.from_argparse_args 根据命令行参数初始化数据模块，同时传入自定义的 tokenizer。
- 设置训练器参数：使用 Trainer.from_argparse_args 根据命令行参数设置训练器，包括精度和最大训练周期。
- 开始微调训练：使用 trainer.fit 方法开始微调训练模型。

9.5.6 调试运行

根据自己的需要，可以按照如下三种方式训练文生图模型（CLIP）。

（1）全新训练

在训练文生图模型时可以直接使用项目中的配置信息，只需提供一个训练目录或自己的数据集即可。在训练时需要指定模型名称，并告诉训练文件夹和批量大小，所有可能的模型都可以在 models/config 目录下的 yaml 文件中找到。例如，运行命令如下：

```
python train.py --model_name RN50 --folder data_dir --batchsize 512
```

（2）微调训练

为了更高效地进行 CLIP 的训练，可以使用类 CustomCLIPWrapper，用于微调预训练的图像和语言模型，这样可以大大提高性能效率。要使用这个功能，只需修改 train_finetune.py 文件，传入一个图像编码器和 Hugging Face 文本编码器。

```
img_encoder = resnet50(pretrained=True)
img_encoder.fc = torch.nn.Linear(2048, 768)

tokenizer = AutoTokenizer.from_pretrained("johngiorgi/declutr-sci-base")
txt_encoder = AutoModel.from_pretrained("johngiorgi/declutr-sci-base")

model = CustomCLIPWrapper(img_encoder, txt_encoder, hparams.minibatch_size, avg_
word_embs=True)
```

具体的命令行参数与之前一样，只是去掉了“--model_name”标志：

```
python train_finetune.py --folder data_dir --batchsize 512
```

（3）使用自己的 DataModule 进行训练

此时需要每个图像对具有相同的 stem 名称（即 coco_img1.png 和 coco_img1.txt），只需在运行时指定文件夹即可。任何子文件夹结构都将被忽略，这意味着 foo/bar/image1.jpg 将始终找到它的 myster/folder/image1.txt，只要它们共享一个共同的父文件夹。所有图像后缀都可以使用，唯一的期望是标题由 \n 分隔。

（4）使用自己的数据进行训练

如果用户有不同的训练需求，可以插入自己的 DataLoader。首先注释掉项目中的 DataModule，并将用户自己的 DataModule 插入到 trainer.fit(model, your_data) 中，然后编辑 train.py 脚本以满足需求。唯一的期望是返回元组的第一项是图像批次，第二项是文本批次。

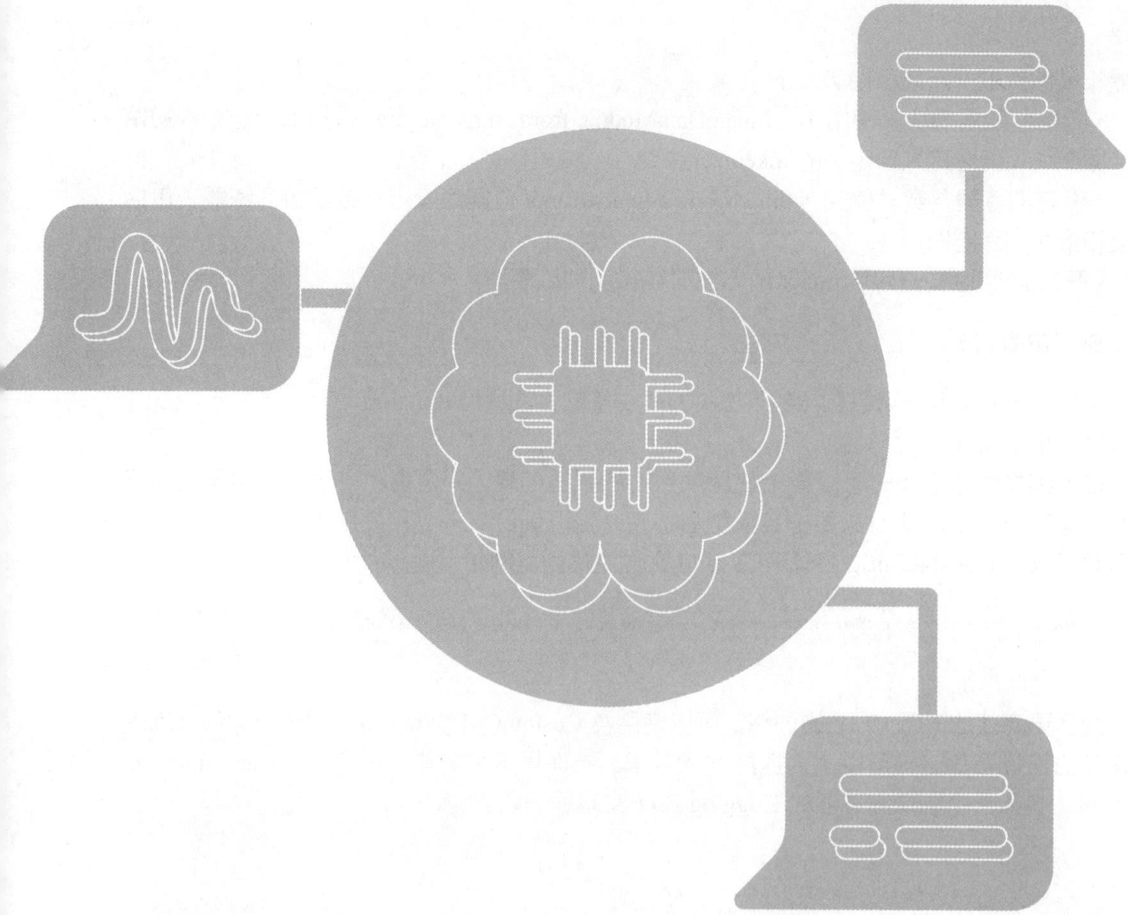

第 10 章

大模型的部署与维护

大模型的部署与维护是确保其在实际应用中高效运行和长期稳定的关键过程。部署阶段主要涉及将大模型从开发环境迁移到应用环境，需考虑硬件资源的匹配、软件框架的选择、容器化技术的应用以及数据安全等问题。在部署过程中，自动化部署和 CI/CD 流程有助于提高效率并减少人为错误。维护阶段则关注模型的健康管理，包括实时性能监控、异常检测、模型的定期更新与迭代优化。此外，确保模型的安全性、合规性以及可解释性，也是维持大模型长期有效运行的核心要求。通过高效的部署和持续的维护，大模型能够在实际应用中发挥重要作用，并应对不断变化的需求和挑战。

10.1 大模型部署

10.1.1 部署前的准备工作

在开始大模型的部署之前，必须进行一系列细致的准备工作，确保模型能够在实际应用中高效、稳定地运行。下面将详细讲解三个核心方面。

（1）硬件资源的需求与选择

首先，硬件资源的选择是大模型部署的基石。大模型，尤其是涉及深度学习的神经网络，往往需要强大的计算资源来支持其庞大的计算量。选择合适的硬件资源不仅关乎性能，还直接影响模型的部署成本与效率。对于大模型的训练和推理过程，GPU（图形处理单元）和 TPU（张量处理单元）无疑是最常见的硬件。这些硬件专为并行计算设计，能够显著加速模型训练和推理的速度。此外，存储设备也至关重要，尤其是在处理大规模数据时，快速和高带宽的存储系统可以确保数据的及时加载与处理。

当硬件资源选定后，还要考虑如何有效地进行资源的管理与调度。在多节点部署的情况下，如何合理分配计算资源，避免资源浪费，确保各个组件之间的协调工作，都是需要在部署前进行周全规划的内容。

（2）软件与框架的兼容性分析

对于大模型的部署来说，除了硬件层面的选择，软件层面的选择与兼容性也是至关重要的。选择适合的深度学习框架（如 TensorFlow、PyTorch 等）能够为模型的高效推理提供必要的支持。不同框架在性能、可扩展性、硬件加速支持等方面的差异，可能会对模型的运行效率产生重大影响。因此，选择合适的框架并确保其与硬件（如 GPU、TPU 等）兼容，能够最大限度地释放硬件的潜力。

此外，部署大模型通常需要其与现有的 IT 基础设施进行深度集成，这意味着选择的框架必须能够与操作系统、数据库、API、容器化平台（如 Docker、Kubernetes）以及其他服务平台无缝对接。因此，软件与框架的兼容性分析，不仅需要关注它们是否能够运行，更需要考虑是否能够高效协作、灵活扩展，并与业务需求相匹配。

（3）数据安全与隐私保护要求

随着大模型应用的普及，数据安全和隐私保护成为部署过程中的首要任务。大模型的训练和推理往往依赖于大量的用户数据、敏感信息以及其他可能涉及隐私的内容。因此，确保数据的安全，防止数据泄露、滥用或被非法获取，必须在部署前得到充分考虑。

在部署过程中，要确保对数据的传输加密，防止数据在存储或传输过程中被窃取。使用安全的加密协议（如 SSL/TLS）可以保障数据在传输过程中的安全性。同时，数据存储方面也需要采取分层加密策略，将敏感数据进行加密存储，并确保只有授权人员能够访问。

此外，在涉及用户隐私的应用场景中，必须遵循相关的法律法规（如 GDPR、CCPA 等），确保所有操作都符合隐私保护标准，避免法律风险。

10.1.2 部署环境搭建与优化

在大模型的部署过程中，环境搭建与优化是确保模型能够高效、可靠运行的关键环节。只有在合适的环境中，模型才能展现出最佳的性能。而部署环境的搭建并不仅仅是设置一个可以运行的基础设施，更是一个精心雕琢的系统工程，它要求我们在本地部署与云部署之间做出明智的选择，充分利用容器化与虚拟化技术，将自动化部署和 CI/CD 实践融入其中，以实现快速迭代和高效的部署流程。下面来深入了解如何搭建和优化大模型的部署环境。

（1）本地部署与云部署

大模型可以选择本地部署，也可以选择云部署，每种方式各有利弊，关键在于项目需求、预算、可扩展性和维护成本的平衡。

• 本地部署：通常是指将大模型直接部署在企业内部的服务器或计算集群上。这种方式对于需要高性能计算的场景尤其重要，能够最大化利用现有硬件资源，并且数据不需要离开企业内部，能够更好地保障数据的安全。然而，本地部署也面临硬件资源、维护成本和扩展性问题。随着模型的规模和需求不断增长，硬件资源可能会出现瓶颈，升级和维护工作也可能成为挑战。

• 云部署：利用公有云或私有云平台，将大模型部署在云端。云平台如 AWS、Google Cloud、Microsoft Azure 等提供了强大的计算能力、弹性扩展和高可用性服务。通过云部署，企业可以根据需求动态调整资源，避免了硬件设备的采购和维护问题。云平台的自动化管理工具、容器化支持以及集成的机器学习服务，使得云部署更加灵活、高效，尤其适合大模型的快速扩展和跨地域应用。然而，云部署也涉及数据传输安全性、运营成本以及可能的性能波动等问题。

（2）容器化与虚拟化技术应用（Docker, Kubernetes）

在现代大模型的部署过程中，容器化与虚拟化技术已成为不可或缺的利器。容器化技术通过将应用及其依赖环境打包成一个独立的容器，使得大模型能够在不同环境中“即插即用”，实现高效的资源利用与管理。Docker 是容器化技术中的佼佼者，它让大模型的部署变得如同拼装积木一样简单。

• Docker（容器化）：通过封装应用及其运行环境，确保大模型可以在任何地方一致地运行，消除了因环境差异带来的部署问题。例如，当开发阶段使用的环境与生产环境不一致时，Docker 能够让我们轻松地将模型从开发环境迁移到生产环境，避免了环境配置带来的复杂性。Docker 还提高了部署的灵活性与可移植性，无论是在本地服务器还是在云端平台，大模型都能高效运行。

• Kubernetes（集群管理）：如果 Docker 是容器化的基础，那么 Kubernetes（K8s）则是容器化的管理大师。在大模型部署时，尤其是当模型需要处理大量数据和计算任务时，Kubernetes 的优势尤为明显。它可以帮助我们自动化容器的部署、扩展和管理，确保大模型能够在集群中高效运行。Kubernetes 能够实现容器的负载均衡、自动修复、滚动更新等操作，使得大模型的运行更加稳定和可靠。

（3）自动化部署与 CI/CD 实践

在大模型的部署过程中，自动化部署和 CI/CD（持续集成与持续交付）实践是提升部署效率、减少人为错误和加速迭代的核心所在。自动化部署能够让每一次模型的更新都以最快的速度、最低的成本、高效无缝地推向应用环境，极大地提高了模型的效率和可靠性。

• 自动化部署：自动化部署意味着通过脚本、工具和流程来完成模型的自动安装、配置和更新。无论是本地部署还是云部署，自动化部署工具（如 Ansible、Terraform、Chef 等）都可以帮助我们消除手动操作中的错误和不一致性。通过自动化，开发人员能够将时间和精力集中在模型创新与优化上，而不是反复进行烦琐的手动操作。

• CI/CD 流程：持续集成（CI）与持续交付（CD）是现代软件开发中不可或缺的部分，尤其在大模型的部署过程中，CI/CD 流程使得模型的训练、验证、发布和更新都能通过自动化流水线快速完成。通过 CI/CD 工具（如 Jenkins、GitLab CI、CircleCI 等），每当代码或模型更新时，将自动触发测试、构建、验证和部署过程，确保代码始终保持高质量，模型始终处于最新、最稳定的状态。

10.1.3 部署中的挑战与解决方案

大模型的部署是人工智能技术从实验室走向实际应用的关键一步，但这一过程常常伴随着多方面的挑战。这些挑战既涉及硬件资源的限制，也关乎模型性能、数据隐私和用户体验等多种问题。然而，通过结合优化算法、先进工具和实践经验，许多难题可以被有效化解。以下从八个方面简要分析大模型部署中的挑战及解决方案。

（1）计算资源与成本

大模型对计算能力的需求极高，特别是在推理或训练阶段，通常需要高性能 GPU 或 TPU 的支持，导致资源和成本压力剧增。解决这一问题可以采用模型压缩技术（如剪枝和量化）以减少计算需求，结合云计算和边缘计算实现任务分工，同时通过分布式部署进一步优化资源利用率。

（2）推理延迟与实时性

在需要快速响应的场景中，大模型推理的高延迟可能成为瓶颈。例如，自动驾驶或实时翻译对毫秒级延迟有严格要求。针对延迟问题，可使用高效的推理框架（如 TensorRT）、引入缓存机制以减少重复计算，并通过动态计算图调整模型以适应实时性需求。

（3）模型规模与存储

大模型通常规模庞大，占用大量存储空间，在设备间传输或运行时尤为不便。为应对这一问题，可采用模型压缩格式（如 FP16、INT8），并通过分块加载按需调用模型。此外，模块化设计和分布式存储可有效降低存储与传输负担。

（4）安全性与隐私保护

大模型在训练和推理过程中可能存在隐私泄露风险，如泄露敏感训练数据或受对抗攻击影响。为提升安全性，可引入差分隐私技术保护数据的机密性，进行对抗训练增强模型鲁棒性，并定期进行安全审计以排除潜在漏洞。

（5）应用场景适配

大模型的通用性往往使其难以直接适应特定应用场景。例如，硬件性能受限的场景需要轻量化版本。通过模型微调和迁移学习可以更好地适配具体任务，结合弹性部署则可根据场景需求提供轻量版或全功能版模型。

（6）持续维护与更新

模型部署后需要持续更新以保持性能，但版本管理和更新兼容性可能导致复杂性问题。自动化管道（如 Kubeflow）可以高效管理模型生命周期，同时通过实时数据收集与再训练机制，保持模型对新数据的适应能力。此外，监控系统有助于及时发现并解决性能退化问题。

（7）环境迁移与兼容性

将大模型从开发环境迁移到应用环境可能会因硬件或软件差异而导致不兼容问题。为应对这一挑战，可采用容器化技术（如 Docker）保证环境一致性，使用跨平台的 ONNX 模型格式增强兼容性，并针对目标硬件进行优化以提升运行效率。

（8）用户体验

由于大模型的复杂性，非专业用户可能难以理解其决策逻辑或直接使用其功能。为提升用户体验，可采用解释性 AI 工具（如 SHAP）增加决策透明度，并通过易用的 API 封装，将复杂功能简化为易于调用的服务接口。

10.2 大模型维护

大模型的维护就像是给一台高性能的引擎做定期保养，确保其在长时间运行中保持最佳状态。通过实时监控、性能分析和定期更新，能够及时发现模型潜在的问题并进行优化调整。与此同时，增强模型的自适应能力，确保它在变化的环境中持续健康运行，是维持大模型长期稳定的关键。

10.2.1 模型监控与反馈机制

通过有效的监控与反馈机制，可以及时发现潜在问题，提升模型的性能和可靠性，确保其在实际应用中的持续价值。这些机制包括性能监控、错误捕捉、反馈数据采集与利用等多个方面，形成一个闭环的改进流程。下面将从关键环节讨论模型监控与反馈机制的知识。

（1）性能监控

监控模型的关键性能指标（KPI）是确保其稳定运行的基础。常见的监控指标包括推理速度、资源利用率（如 CPU/GPU 负载、内存占用）、响应延迟和吞吐量等。通过实时性能监控，可以及时发现系统瓶颈或异常。例如，使用 Prometheus 结合 Grafana 等工具，可实现多维度数据的可视化和报警机制，帮助运维团队快速定位问题。

（2）输出质量评估

模型的输出质量直接影响用户体验和决策可靠性。因此，定期评估输出的准确性和一致性尤为重要。例如，通过计算分类模型的准确度、召回率，或对生成模型的结果进行 BLEU、ROUGE 等指标评价，可以衡量模型性能是否随时间发生退化。同时，还可以结合用户反馈数据，设计针对性测试集，检测模型在关键场景中的表现。

（3）错误捕捉与诊断

在实际应用中，模型可能会生成错误的或不合理的结果，如翻译错误、分类错误或生成结果不符合上下文。为了捕捉这些错误，可结合日志分析和异常检测算法，自动识别异常行为。进一步的错误诊断可以基于 Explainable AI 工具（如 SHAP、LIME）分析错误原因，为模型调试提供指导。

（4）用户反馈采集

用户反馈是优化模型的重要数据来源。通过设计简洁的反馈机制（如用户满意度评分、错误标注选项），可以让用户快速提交意见。结合这些反馈数据，可针对模型的薄弱环节构建针对性训练集，从而提升模型在特定场景中的表现。

（5）数据反馈闭环

模型改进需要形成数据闭环，即从监控和反馈中收集的数据能被有效用于再训练或微调。例如，对于误分类样本，收集后加入新训练集中进行针对性优化；对生成模型，可结合增强学习（如 RLHF）机制，从用户偏好中学习更符合需求的输出。通过定期迭代训练，模型能够适应新的任务或环境变化。

（6）模型健康状况检测

为了确保模型在长期运行中的鲁棒性，可以引入健康检测机制。例如，利用定期的测试集评估，判断模型是否出现性能下降；通过漂移检测算法（如 KS 检验、MMD），判断输入分布是否偏离原始训练数据，提前发现模型潜在问题。

（7）异常报警与响应

建立异常报警系统是快速应对问题的关键。当监控指标超过预设阈值（如延迟突增或输出错误率飙升）时，系统可自动发出报警。结合自动化运维工具（如 PagerDuty），可以将报警通知发送给相关团队，实现问题的快速处理和解决。

（8）自动化反馈管道

为了提升反馈的利用效率，可构建自动化反馈管道，将用户反馈数据直接与模型优化流程集成。例如，通过 MLOps 工具（如 Kubeflow、MLflow）实现数据收集、清洗、训练、部署自动化流程，缩短反馈到模型改进的时间周期，从而实现快速迭代和部署。

10.2.2　模型更新与迭代

大模型的“生命力”并不是一成不变的，它们就像是不断进化的生物，需要不断更新、迭代和微调，才能保持最佳表现。想想看，如果一个模型始终停留在过时的数据和算法中，怎么可能在这个信息技术飞速发展的世界里继续领先？而模型更新与迭代的策略，就像是给模型“加油打气”，确保它在不断变化的环境中始终处于巅峰状态。下面介绍如何让大模型“青春永驻”。

① 定期更新与微调模型。有时候，大模型就像一辆豪华跑车，如果没有定期维护和更新，即使性能再强劲也会老化。定期更新与微调就是保持大模型动力十足的“加油站”。大模型在完成训练后，并不可就此高枕无忧，尤其是在面对不断变化的数据时，需要不断地微调和更新。

② 增量学习与持续训练。“增量学习”和“持续训练”是大模型的两把武器，让其能够在海量数据和不断变化的需求中灵活应对。这就像是给模型装上了一双永不疲倦的脚，使其能不断适应和学习，从而避免了“过时”的困扰。

③ 自适应模型与动态优化。自适应模型与动态优化策略是一种更“智能”的方式，它能够让大模型根据不断变化的环境和任务需求自动调整自己，甚至“自我修正”。这就像是大模型拥有了自己的“直觉”和“灵感”，能够根据实际情况做出最佳决策，而不需要人类指手画脚。

在大模型应用中，更新与迭代是模型保持性能、适应新需求、修复问题的必要过程。为了在平衡效率、成本和风险的同时实现更新，可采取以下方式实现模型的更新与迭代。

（1）模块化更新

将大模型分解为多个独立模块（如特征提取、分类器等），对单个模块进行更新而不影响其他部分。这种方式降低了更新的复杂性，同时可以更高效地部署改进。例如，NLP 模型可以单独更新词嵌入模块以适应新语料，而无须重新训练整个模型。

（2）增量训练

在原有模型基础上，利用新数据进行增量训练，而非从头开始训练整个模型。这种方式既能降低计算开销，也可避免过度遗忘原有知识。例如，采用在线学习方式更新模型权重，使其对新数据表现更优，但同时保留旧数据的泛化能力。

（3）微调策略

对通用模型（如预训练大模型）进行微调以适应特定任务需求。微调可以使用少量数据和较低的计算资源快速完成，尤其适用于小样本场景或定制化任务。例如，使用少量特定领域数据对 GPT 模型进行参数调整以适应专业领域。

（4）多版本并行部署

在更新过程中同时运行旧版本和新版本的模型，通过 A/B 测试或多臂老虎机算法评估新模型性能是否优于旧模型。这种方式可以在不影响用户体验的情况下评估更新效果，并根据结果选择最佳版本部署到应用环境。

（5）热更新技术

通过热更新实现模型版本的无缝切换，无须中断服务。例如，使用动态加载技术在推理服务运行时加载新的模型参数或代码模块，从而实现无停机升级。热更新特别适用于需要高可用性的实时系统，如金融交易或智能驾驶场景。

（6）数据闭环迭代

建立数据闭环，从应用环境中收集用户交互数据（如错误反馈、日志数据），并将其用于模型的再训练和优化。结合迁移学习或主动学习技术，自动选择最具价值的数据样本加入训练集，从而提升迭代效率。

（7）自动化更新管道

使用 MLOps 工具（如 Kubeflow、MLflow）实现数据采集、模型训练、测试、部署全流程自动化管理。通过自动化管道，可以快速完成模型从开发到应用的更新迭代，避免人为干预带来的延迟和错误。

（8）回滚机制与安全更新

在部署新模型时，应设计回滚机制，以便在新模型出现严重问题时快速恢复到旧版本。同时，可通过渐进式更新（如灰度发布）控制风险，将更新逐步扩展到全量用户，确保更新过程的安全性和稳定性。

（9）模型性能监控与评估

在更新后，通过在线和离线评估结合的方式验证新模型的性能。离线评估可使用标准测试集验证模型效果，而在线评估则通过用户反馈数据和关键性能指标进行监控，确保新模型的实际表现满足需求。

（10）考虑长期效应的版本管理

采用版本控制工具（如 DVC、Git-LFS）对模型和数据进行管理，记录每次更新的版本信息和更新理由。同时，通过定期分析历史数据和模型性能，发现长期效果不佳或需进一步优化的版本。

10.2.3 模型安全性与合规性

模型安全性与合规性是保障大模型长期健康运行的基石。没有这两者的保障，对模型的威胁不仅仅是技术层面的，更可能涉及法律和道德层面。所以，需要设计一系列安全策略，确保大模型既能高效运行，又不越过安全和伦理的红线。

（1）防止数据泄露与滥用的安全策略

大模型训练需要大量的数据，而这些数据往往是用户最为敏感的信息。因此，如何保障数据的安全性，防止数据泄露和滥用，成为部署大模型时必须重视的问题。这一过程就像是为大模型建了一座“防火墙”，确保其在训练和推理过程中不泄露任何机密信息。在大模型应用中，防止数据泄露与滥用的安全策略如下。

① 数据加密。对数据在存储和传输中的每个环节都进行加密，以防止未经授权的访问。常用方法包括传输层的 SSL/TLS 加密和存储层的 AES 加密。此外，为提高安全性，还可以采用同态加密技术，使数据在加密状态下也能参与计算，从而保护隐私。

② 匿名化。在训练和推理过程中，通过数据匿名化技术（如去标识化、添加噪声）确保敏感信息无法被溯源。例如，在处理用户数据时，可以删除姓名、地址等直接识别信息，并对间接标识信息（如地理位置）进行模糊处理。

③ 差分隐私。采用差分隐私技术，在数据中引入随机噪声，使单个样本的影响无法被检测到。差分隐私算法能够在保护数据隐私的同时，确保模型性能的可靠，广泛应用于需要共享训练数据的场景。

④ 数据访问控制。对数据访问权限进行严格控制，确保只有授权人员和系统能访问敏感数据。基于角色的访问控制（RBAC）和最小权限原则（PoLP）是常用的管理方法。同时，使用审计日志记录访问活动，以便于追踪异常行为。

⑤ 安全隔离。在大模型的训练与推理环境中，采用硬件和软件隔离技术（如虚拟化、沙箱）限制恶意代码或未经授权的访问。例如，将模型部署在隔离的虚拟机或容器中，确保运行环境对外部不可见。

⑥ 防止模型反向推断。通过限制模型的查询次数和结果细节，防止攻击者通过反向工程推断出训练数据。例如，限制 API 响应中概率分布的详细程度，或对推理结果添加一定量的噪声，以掩盖潜在的敏感信息。

⑦ 采用安全多方计算（SMPC）。当模型的训练或推理需要多个数据提供方参与时，可以使用安全多方计算技术。使用这种方法，各方数据在不被直接共享的情况下参与计算，从而实现数据保护与协作建模的平衡。

⑧ 模型权重保护。模型权重本身可能包含敏感信息，尤其是在训练数据量大且多样化的情况下。为保护模型权重，可以对其进行加密存储，并通过授权机制控制访问。同时，可以使用水印技术为模型添加隐秘标记，防止未经授权的复制和使用。

⑨ 数据审计与合规性。定期审计数据处理流程，确保其符合相关隐私法规（如 GDPR、CCPA）。通过自动化的审计工具，可以快速发现潜在的安全隐患。此外，明确记录数据的来源与使用目的，保证其合法合规使用。

⑩ 用户知情与数据自主权。通过透明的隐私声明告知用户数据的用途，并赋予用户控制权，例如，提供数据访问、修改、删除的选项。这种做法不仅符合伦理要求，还能增加用户对模型应用的信任。

（2）模型可解释性与黑盒问题

大模型的强大能力是显而易见的，但它们也面临着“黑盒”问题——虽然模型的输出可能非常准确，但我们往往无法完全理解模型是如何做出决策的。这种“黑盒性”不仅让模型的运作变得神秘，也让人们对其安全性和可靠性产生了质疑。因此，模型可解释性成为大模型开发的一大难题。在大模型应用中，模型可解释性与黑盒问题的基本信息如下。

① 黑盒问题的根源。大模型的复杂性来源于深层网络结构和非线性特征交互，这使得其决策过程难以直接解析。用户常无法理解为何某些输入会得到特定输出，这不仅影响决策信任度，还在安全和伦理层面带来隐患，特别是在医疗、金融等高风险领域。

② 可解释性的重要性。模型可解释性有助于构建透明的 AI 系统，从而提升用户信任度。它还能帮助开发者识别和修复模型中的偏差与漏洞。例如，在医疗诊断中，解释模型决策路径可以帮助医生验证结果的合理性并辅助临床决策。

③ 全局可解释性与局部可解释性

• 全局可解释性：提供对模型整体行为的理解，如模型的特征重要性排序或规则提取方法（如决策树代理）。

• 局部可解释性：针对单个预测结果，分析输入特征对该结果的贡献，常见方法包括 LIME（局部可解释模型）和 SHAP（Shapley 值解释）。

④ 可视化技术。通过可视化技术展示模型的内部状态或输出结果是提升可解释性的有效途径。例如，使用热力图显示卷积神经网络的关注区域，或利用 t-SNE、UMAP 等工具展示嵌入空间的分布结构，为用户提供直观的理解。

⑤ 特征重要性分析。分析输入特征对模型输出的影响，可以揭示模型的关注点。具体方法包括：

• 对特征值进行扰动，观察预测变化；

• 使用 SHAP 计算特征的边际贡献；

• 对基于注意力机制的模型直接提取注意力权重分布。

⑥ 模型代理方法。使用可解释的代理模型（如线性模型、决策树）近似模拟黑盒模型的行为。这些代理模型能够提供简单的规则集，用于解释大模型在特定区域的决策逻辑，但可能在高维特征空间中存在一定偏差。

⑦ 可解释性评估与用户反馈。建立可解释性评估指标（如因果信度、解释一致性），并结合用户反馈优化解释方法。例如，通过用户研究了解哪些解释形式更容易被接受，以调整模型的解释策略。

（3）合规性标准与道德考量

大模型不仅要满足技术上的要求，还需要遵循法律和道德上的标准。合规性标准和道德考量是大模型在应用过程中必须严肃对待的问题。这不仅关乎法律责任，更关系到社会责任和声誉。

10.3 大模型部署实战

前面已经介绍了大模型部署和维护的基本知识。本节将通过几个实例展示实现大模型部署的知识。

10.3.1 在阿里云上部署 ChatGLM3

ChatGLM3 是由智谱 AI 和清华大学 KEG 实验室联合发布的新一代对话预训练模型。它在保留了前两代模型对话流畅、部署门槛低等特性的基础上，引入了更强大的基础模型、更完整的功能支持和更全面的开源序列。ChatGLM3-6B 作为系列中的开源模型，其基础模型 ChatGLM3-6B-Base 在 10B 以下的基础模型中性能最强，采用了更多样的训练数据、更充分的训练步数和更合理的训练策略。此外，ChatGLM3-6B 支持工具调用（function call）、代码执行（code interpreter）和 Agent 任务等复杂场景。所有权重对学术研究完全开放，用户在填写问卷进行登记后可以免费商业使用。

在阿里云上部署 ChatGLM3 的基本步骤如下。

① 目前阿里云有免费 3 个月的 GPU 资源可以体验，没有申请过 PAI-DSW 资源的新老用户皆可申请 5000CU 的免费额度，在 3 个月内使用。如图 10-1 所示。

② 勾选左侧导航栏中的“人工智能与机器学习”，在右侧界面中选择申请“交互式建模 PAI-DSW”试用，如图 10-2 所示。

图 10-1　阿里云的免费试用页面

图 10-2　选择申请“交互式建模 PAI-DSW”试用

③ 来到控制台界面创建应用。在此需要注意，GPU 规格可以选择“1 * NVIDIA A10”，因为这一款的价格比较便宜，如图 10-3 所示。当然也可以选择“1 * NVIDIA A100”（图中未显示），这个资源比较多，价格还算合适。阿里云有“闲置关机策略”，系统会不定期对实例进行闲置检测判断，对闲置实例做自动关机处理。不过为了以防万一，仍然建议及时主动关机。

图 10-3　选择 GPU 规格

④ 因为 GLM3 对 PyTorch、CUDA 的版本有要求，所以建议选择官方镜像里较新的版本，否则后面必定会报错，提示版本老旧等问题。如图 10-4 所示。

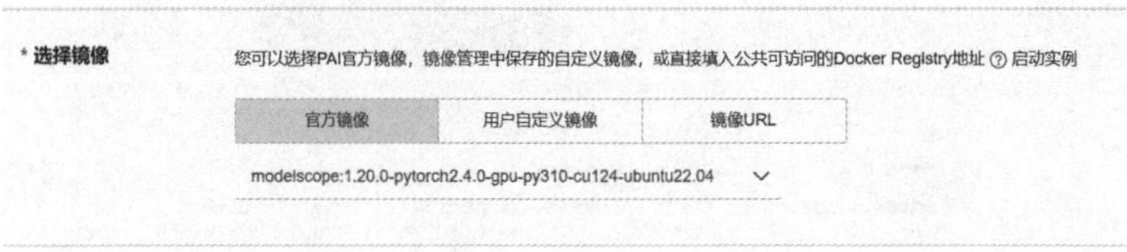

图 10-4 选择镜像

接下来开始部署 GLM3。部署像 GLM3 这样的开源大型语言模型确实相对直接，因为开发者已经为用户提供了许多便利。具体步骤可以概括为以下三个主要环节：

• 环境搭建：首先，需要准备一个适合运行大模型的环境。这通常是安装必要的软件，如 Python 环境、深度学习框架（如 PyTorch 或 TensorFlow）以及其他可能需要的库。

• 获取模型代码：其次，通过 Git 从代码托管平台（如 GitHub）复制 GLM3 的代码库到本地。这一步是获取模型的代码基础，为后续的模型运行和可能的定制化修改做准备。

• 配置与启动：最后，根据用户系统环境和需求，修改配置文件中的路径等参数，确保模型能够正确加载和运行。完成配置后，启动模型，就可以开始使用或者进一步开发了。

整个部署过程相对简捷，主要依赖于已有的框架和工具，使得即使是复杂的大模型也能较为容易地进行部署和使用。

⑤ 这里使用的是阿里云的 PAI 平台，因此环境配置和一些基础软件的安装已经预设好了，这确实大大简化了部署流程。首先登录阿里云 PAI 平台，并选择或创建一个适合用户需求的虚拟机实例。

⑥ 进入终端。一旦进入虚拟机的默认页面，找到并单击“terminal”按钮，将打开一个命令行界面，允许用户执行后续的命令。

⑦ 复制 GLM3 代码库。在终端中，使用如下 git clone 命令从 GitHub 上复制 GLM3 的官方代码库，这一步的目的是将模型的源代码下载到用户的虚拟机中。

```
git clone https://github.com/your-repo/glm3.git
```

⑧ 进入代码目录。复制完成后，使用如下 cd 命令进入下载的代码目录：

```
cd glm3
```

⑨ 安装依赖。尽管阿里云 PAI 已经预装了许多依赖，但仍可能需根据 GLM3 的 requirements.txt 或类似文件安装一些特定的依赖。安装命令如下：

```
pip install -r requirements.txt
```

⑩ 下载模型文件。如果需要，下载 GLM3 或所选择的模型的预训练权重文件，通常可以在模型的官方文档或 GitHub 页面中找到下载链接。因为模型很大（总共 10.6GB），github 上很难完成下载，所以建议使用 git clone 命令从 modelscope 上下载，如图 10-5 所示。下载命令如下：

```
#Git模型下载
git clone https://www.modelscope.cn/hulk123/ChatGLM3-6B_Fine_tuning.git
```

⑪ 此时在 ChatGLM3 这个文件夹中新生成了一个 chatglm3-6b 文件夹，如图 10-6 所示。

图 10-5　使用 git clone 命令从 modelscope 上下载 GLM3

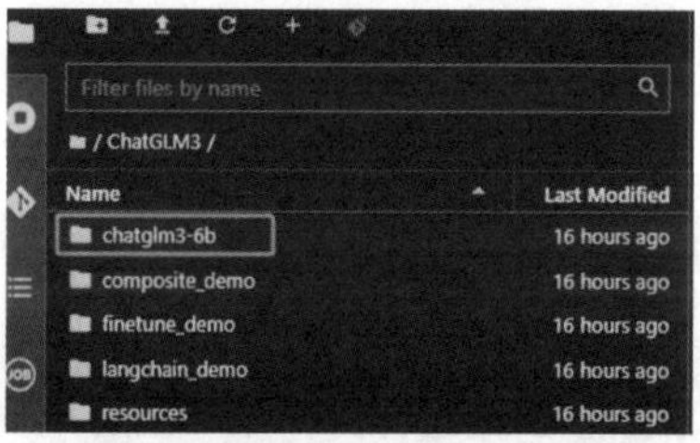

图 10-6　chatglm3-6b 文件夹

⑫ 配置模型路径。根据 GLM3 的文档，接下来需要配置模型文件的路径和其他必要的配置参数，需要将两个配置文件中的路径变量从默认的"THUDM/"修改为"/mnt/workspace/ChatGLM3/"。

• 首先找到 ChatGLM3/chatglm3-6b 中的文件 config.json，使用搜索功能 / 查找"THUDM/"，然后替换为"/mnt/workspace/ChatGLM3/"，如图 10-7 所示。完成替换后，按 Esc 键退出插入模式，输入":wq"保存文件并退出。

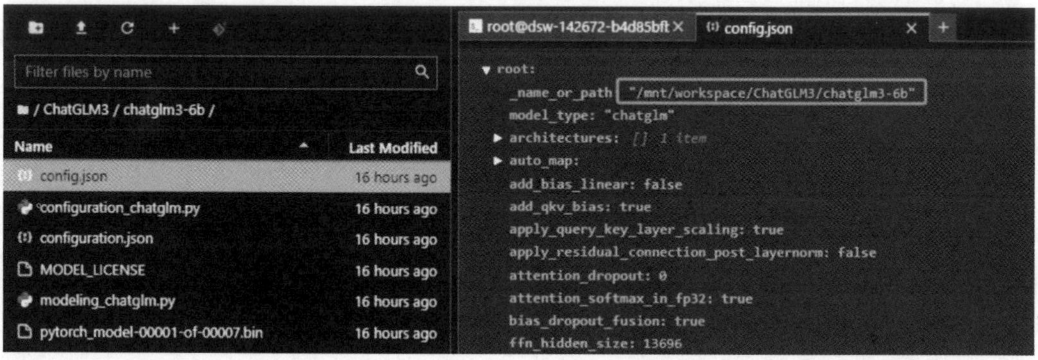

图 10-7　config.json 文件的修改

• 然后找到 ChatGLM3/basic_demo 中的文件 web_demo.py，在 Vim 中按 i 键进入插入模式，使用搜索功能 / 查找"THUDM/"，然后替换为"/mnt/workspace/ChatGLM3/"，如图

10-8 所示。完成替换后，按 Esc 键退出插入模式，输入“:wq”保存文件并退出。

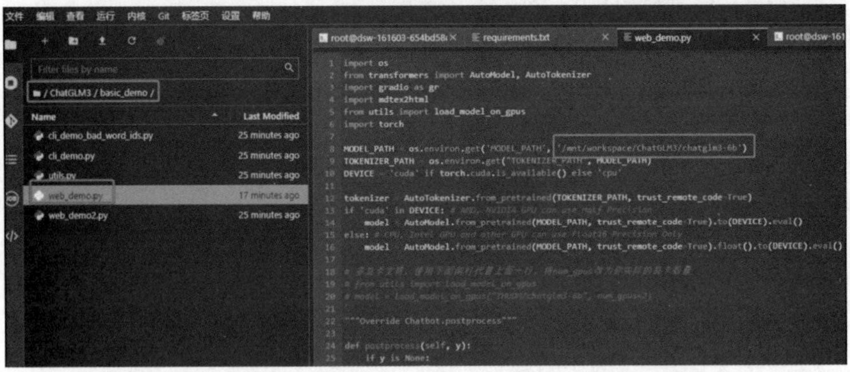

图 10-8　web_demo.py 文件的修改

⑬ 开始启动模型。根据 GLM3 提供的教程指南，运行下列代码启动模型，如图 10-9 所示。

```
python /mnt/workspace/ChatGLM3/basic_demo/web_demo.py
```

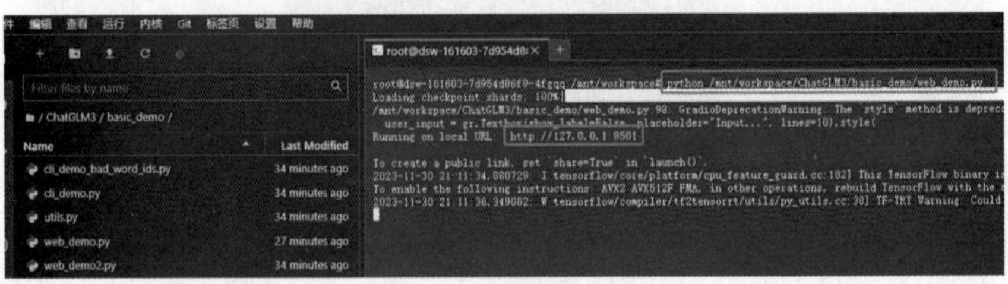

图 10-9　启动模型的命令

⑭ 单击图 10-9 中的 URL（http://127.0.0.1:8501）会跳转打开一个 Web UI，这样就完成了 GLM3 的私有化部署工作，如图 10-10 所示。

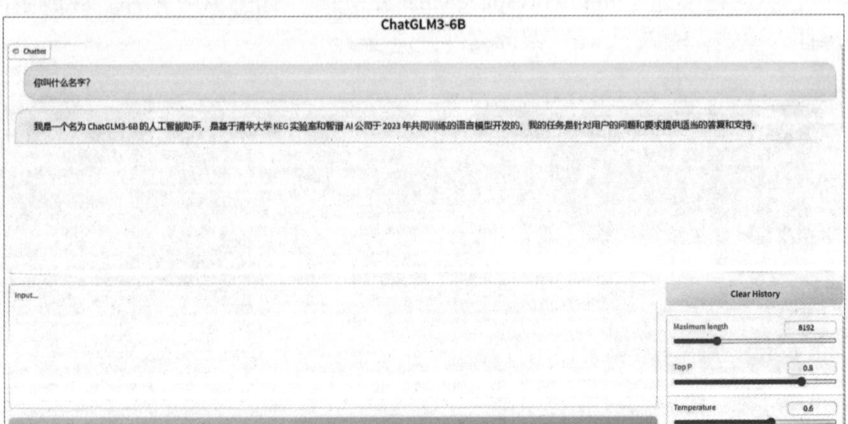

图 10-10　成功部署后的 GLM3 大模型

⑮ 在启动模型后，进行一些基本的测试以确保一切运行正常，模型能够按预期工作。通过这些步骤，读者们应该能够在阿里云 PAI 平台上顺利部署 GLM3 或类似的开源大

模型。如果遇到问题，可以参考 GLM3 的官方文档或寻求社区的帮助。

10.3.2　腾讯部署 Cloud Studio

腾讯 Cloud Studio 是一个基于浏览器的集成式开发环境，为开发者提供了一个稳定的云端工作站。用户无须安装，随时随地打开浏览器即可使用。Cloud Studio 支持 Java Spring Boot、Python、Node.js 等丰富的开发模板示例库，并具备在线开发、调试、预览、端口自动识别等能力。

腾讯 Cloud Studio 不仅提供了一个云端的集成开发环境，还支持大模型的部署和使用，适合需要部署和运行大型 AI 模型的开发者和研究人员。Cloud Studio 提供多个部署大模型的模板，如图 10-11 所示。

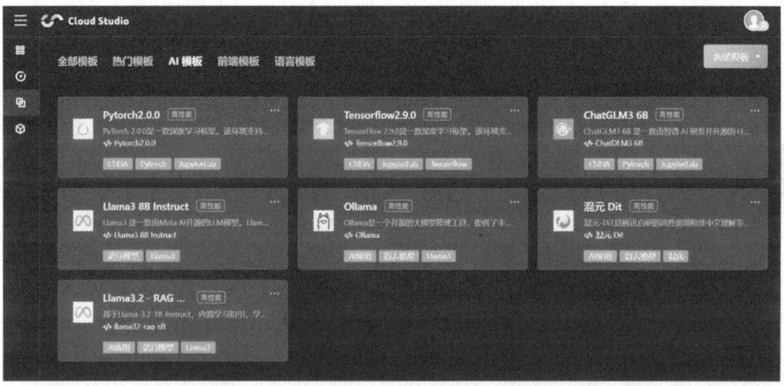

图 10-11　Cloud Studio 提供的大模型部署模板

用户可以根据 Cloud Studio 提供的帮助文档部署大模型，如前述的开源模型 GLM3。为了节省篇幅，不再介绍 Cloud Studio 部署大模型的详细步骤。

10.3.3　本地部署 DeepSeek 与 Chatbox 可视化

DeepSeek 是一个专注于推理能力的大语言模型，其第一代推理模型 DeepSeek-R1 在 2025 年 1 月发布。DeepSeek-R1 系列包括两个核心版本：DeepSeek-R1-Zero 和 DeepSeek-R1。

• DeepSeek-R1-Zero：通过大规模强化学习（RL）训练，未使用监督微调（SFT），展现出强大的推理能力，如自我验证、反思和生成长推理链等，但存在可读性差和语言混杂等问题。

• DeepSeek-R1：在 R1-Zero 基础上，加入了冷启动数据和多阶段训练策略，解决了 R1-Zero 的问题，并在数学、代码和推理任务上达到与 OpenAI-o1 相当的性能。

DeepSeek-R1 还通过模型蒸馏技术，将推理能力迁移到更小的模型中，推出了从 1.5b 到 70b 参数量的多个版本，并开放了相关权重。此外，DeepSeek-R1 遵循 MIT License，允许用户通过蒸馏技术训练其他模型。

在本地部署 DeepSeek 的基本步骤如下：

（1）安装 Ollama

① 登录 Ollama 官网，根据本地电脑的操作系统下载对应的 Ollama 版本。目前 Ollama 支持 macOS、Linux 和 Windows 等主流操作系统。笔者选择的是 Windows 系统版本，如图 10-12 所示。

② 单击“Download for Windows”按钮开始下载，下载完成之后是一个 .exe 的安装包，以管理员身份打开它。

图 10-12　选择 Windows 系统版本的 Ollama

③ 在弹出界面中单击“Install”按钮开始安装，如图 10-13 所示。这里需要注意的是，需要将 Ollama 安装在 C 盘，不支持更改路径，因此 C 盘必须要有大于 5GB 的空余空间。

④ 在弹出的“Installing”界面中等待进度条走完，如图 10-14 所示。

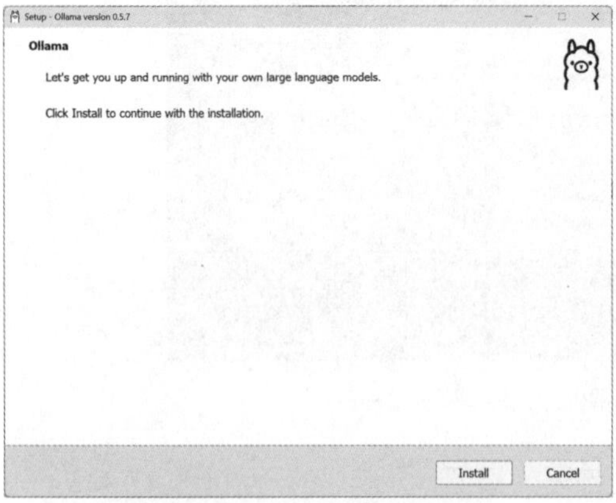

图 10-13　单击“Install”按钮

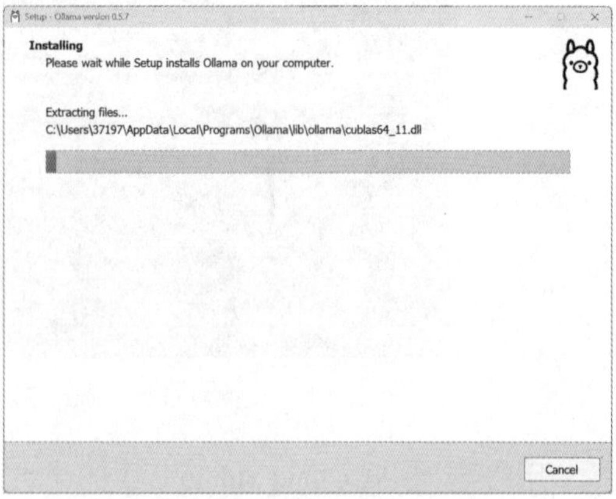

图 10-14　“Installing”界面

⑤ 完成安装后，为了确保 Ollama 服务已启动，在终端中输入下面的 ollama 命令进行验证，弹出如图 10-15 所示的界面，表示成功安装。

```
ollama -h
```

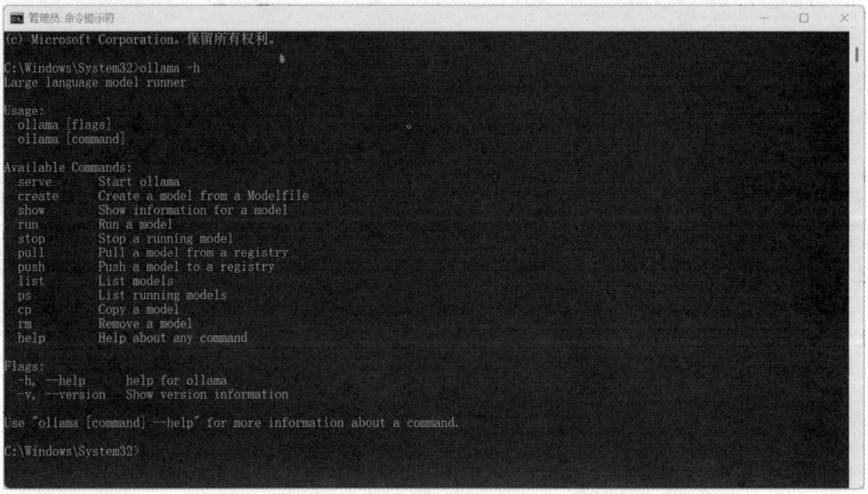

图 10-15　成功安装并启动 Ollama

（2）部署 DeepSeek

① 登录 Ollama 官网，单击顶部的“Models”来到模型界面，如图 10-16 所示。

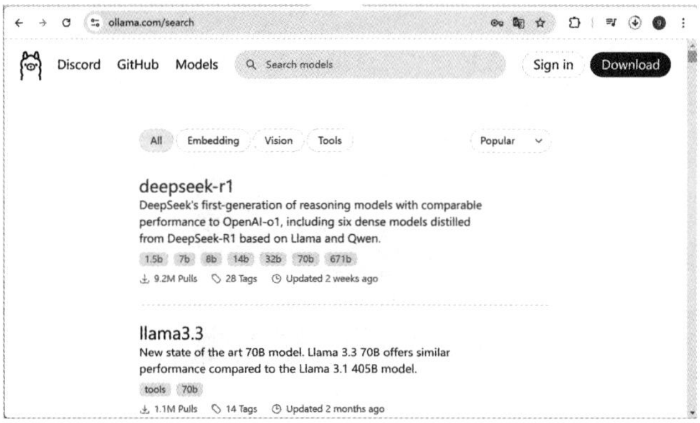

图 10-16　模型界面

② 单击“deepseek-r1”链接来到 DeepSeek 的模型界面，在下拉列表中列出了多个不同大小的模型版本，如 1.5b、7b、8b、14b、32b、70b 或 671b。模型大小不同，需要适配的电脑显卡及内存也不同。如图 10-17 所示。

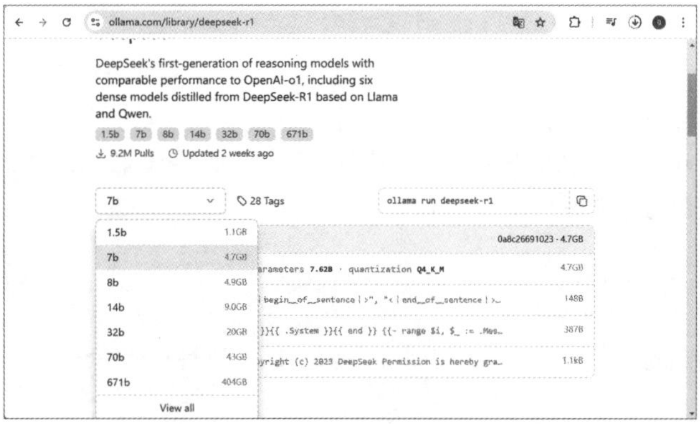

图 10-17　下拉列表中的 DeepSeek 模型

③ 用户可以根据硬件配置选择合适的模型版本，假设要安装 70b 版本，在下拉列表中选择 70b，然后复制对应的命令“ollama run deepseek-r1:70b”，如图 10-18 所示。

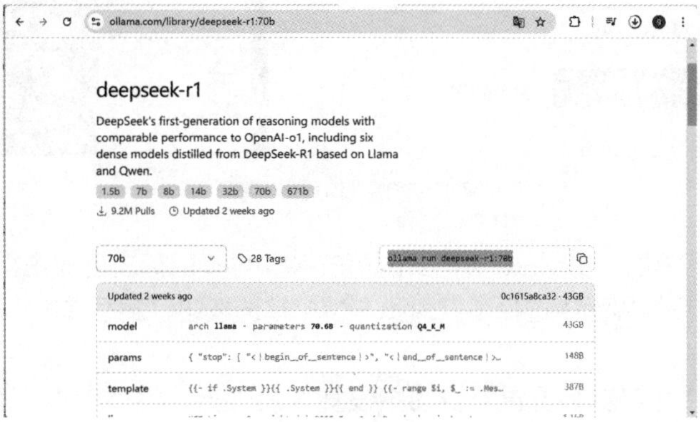

图 10-18　安装 70b 版本

④ 在命令行界面输入刚刚复制的命令，按回车键后开始安装 70b 版本的 DeepSeek 模型。安装时间可能会有点长，需要耐心等待（模型越大等待时间越长），安装成功的效果如图 10-19 所示。

```
ollama run deepseek-r1:70b
```

图 10-19 安装成功界面

⑤ 安装成功后，在终端界面输入如下命令即可启动 DeepSeek 进行聊天；输入“/bye”命令可退出模型。

```
ollama run deepseek-r1:70b
```

（3）Chatbox 可视化部署

Chatbox 是一款免费开源的 AI 客户端工具，专为本地部署的 AI 模型（如 DeepSeek）而设计，其提供了简洁美观的界面，让用户能够轻松与 AI 模型进行交互。

使用 Chatbox 部署 DeepSeek 模型的步骤如下：

① 登录 Chatbox 官网下载安装包，例如，单击“免费下载 (for Windows)”按钮下载 Windows 版本的安装包，如图 10-20 所示。

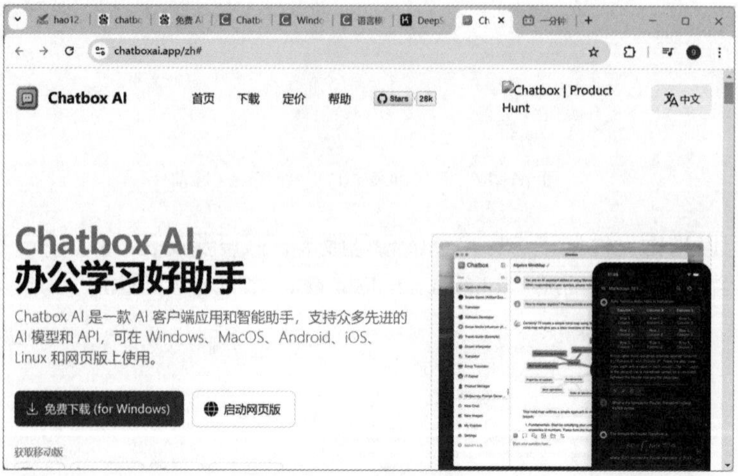

图 10-20 Chatbox 官网

② 下载完成后得到一个“.exe”格式的可安装文件，鼠标左键双击文件图标开始安装。在弹出的“安装选项”界面中选择“仅为我安装”单选按钮，然后单击“下一步”按钮，如图 10-21 所示。

③ 在弹出的“选定安装位置”界面中设置安装位置，然后单击“下一步”按钮，如图 10-22 所示。

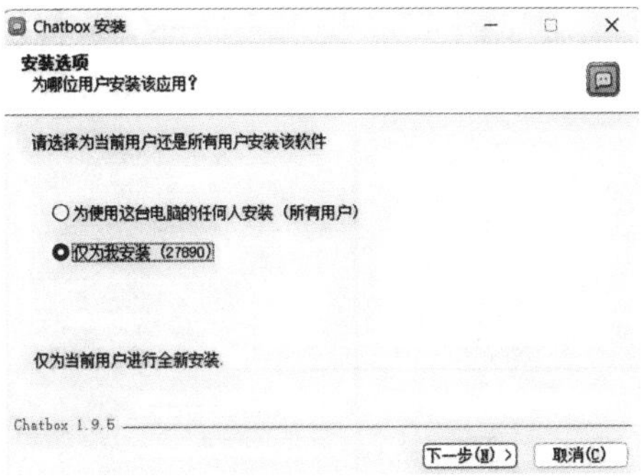

图 10-21　选择“仅为我安装”

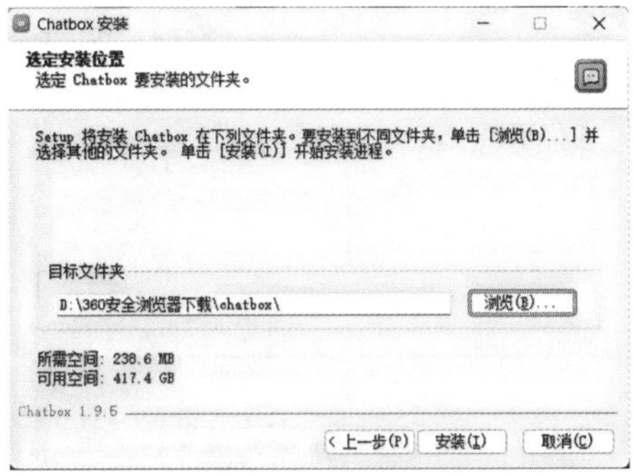

图 10-22　“选定安装位置”界面

④ 安装好后自动运行 Chatbox，单击“使用自己的 API Key 或本地模型”按钮，配置刚刚部署的模型，如图 10-23 所示。

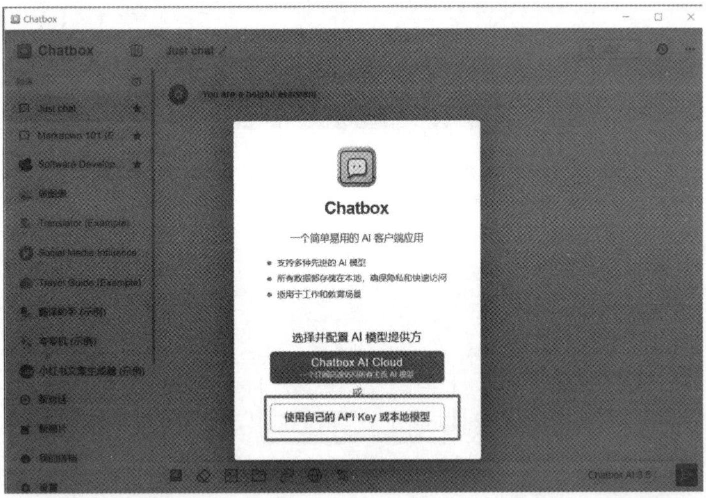

图 10-23　启动界面

⑤ 在弹出的“选择并配置 AI 模型提供方”界面中选择 Ollama API，如图 10-24 所示。

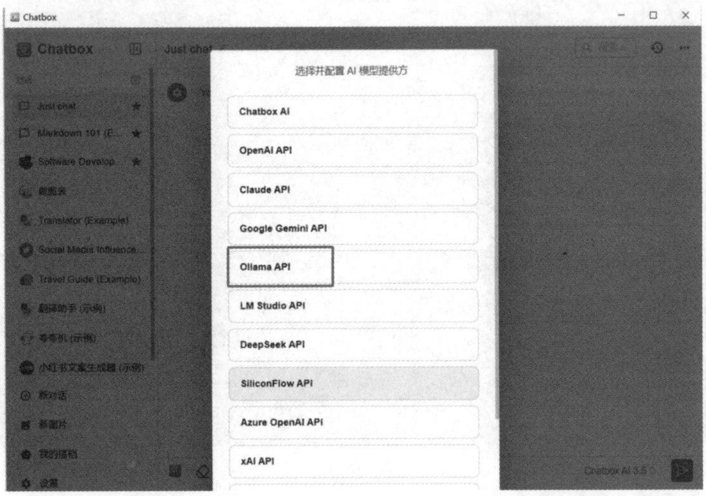

图 10-24　选择 Ollama API

⑥ 然后选择在本地已经部署好的模型，比如前面部署的 70b 版本的 DeepSeek 模型。当然也可以选择其他已经部署好的模型，例如，笔者还部署了 14b 版本的 DeepSeek 模型，如图 10-25 所示。

图 10-25　选择部署好的 DeepSeek 模型

这样就把 DeepSeek 模型部署到本地了，并且可以可视化使用 DeepSeek 进行对话，如图 10-26 所示。

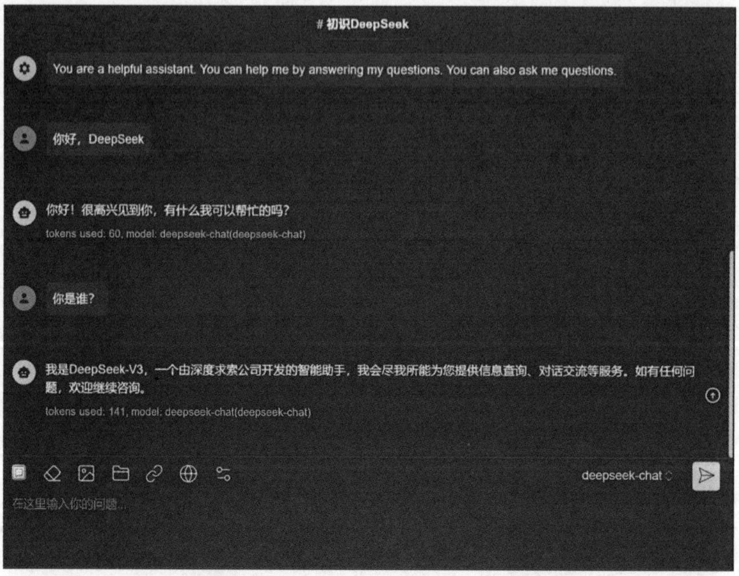

图 10-26　可视化使用 DeepSeek

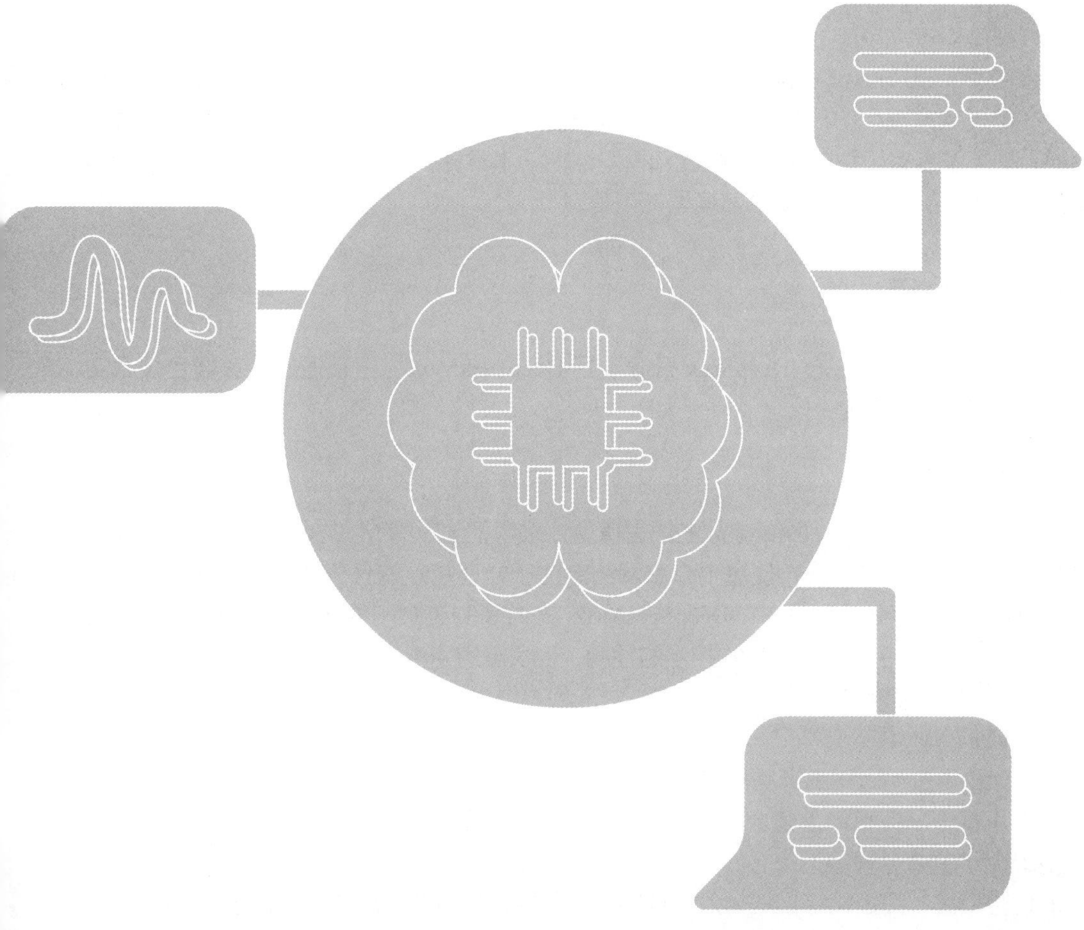

第 11 章

DeepSeek 的 MoE（混合专家模型）系统

混合专家（mixture-of-experts，MoE）模型是由 DeepSeek-AI 开发的一种创新的语言模型，旨在实现专家模型的终极专业化。该模型通过细粒度专家划分和共享专家隔离两种主要策略，提高了专家模型的专业化程度和模型性能。本章将详细剖析 DeepSeek 的开源项目 DeepSeekMoE，初步探索 MoE 语言模型的精髓。

11.1 项目介绍

MoE 语言模型最早见于 DeepSeek 开源项目 DeepSeekMoE，旨在通过专家混合技术实现高效的模型训练和推理。

11.1.1 基本特点

DeepSeekMoE 是一个 16.4B 参数的语言模型，采用了创新的 MoE 架构。MoE 架构通过将模型划分为多个专家网络，使每个专家网络专注于处理特定的任务或领域，从而在保持高性能的同时显著降低计算成本。DeepSeekMoE 在 2TB 的英文和中文数据上进行训练，表现出与 DeepSeek 7B 和 LLaMA2 7B 相当的性能，但仅需约 40% 的计算资源。

MoE 的核心优势如下：

（1）创新的 MoE 架构

MoE 架构通过动态路由机制实现高效的多模态信息处理，其核心组成如下：

① 专家模型。模型包含多个专家子模型，每个专家子模型专注于处理特定类型的输入（如图像切片、文本片段等）。

② 门控网络。门控网络根据输入特征动态选择最相关的专家模型，然后分配计算资源。其公式为

$$y=\sum_{i=1}^{n}G(x)_i E_i(x)$$

式中，$G(x)_i$ 是门控网络对第 i 个专家模型的权重；$E_i(x)$ 是第 i 个专家模型的输出。

③ 负载均衡。通过负载均衡策略，确保每个专家模型的计算负载均匀分布，避免资源浪费。

注意：在实际应用中，通过使用上述 MoE 架构可以得到如下好处。

• 高效的计算资源利用：DeepSeekMoE 16B 模型在推理时仅激活约 2B 参数，显著减少了计算资源的消耗。

• 细粒度的专家划分：模型将专家网络细粒度划分，并通过动态路由机制将输入 token 分配到一两个专家子网络，提升了模型的效率和专业化能力。

（2）开放性

① 项目提供了 DeepSeekMoE 16B Base 和 DeepSeekMoE 16B Chat 的模型检查点，可以在单个 40GB 内存的 GPU 上部署，无须量化。

② 项目基于 MIT 许可证开源，支持商业使用。

（3）高性能表现

① 基准测试表现：

• Open LLM Leaderboard：DeepSeekMoE 16B 大幅超越具有相似激活参数数量的开源模型，在计算量仅为 LLaMA2 7B 的 40% 左右时，性能与之相当。

• 内部基准测试：DeepSeekMoE 16B 在多个任务上表现出色，如语言建模、知识密集型

任务（Pile、HellaSwag、TriviaQA、NaturalQuestions）、代码生成（HumanEval 和 MBPP）、数学推理（GSM8K 和 MATH）等。

• 聊天模型评估：DeepSeekMoE 16B Chat 在语言理解、推理（PIQA、ARC、BBH）、机器阅读理解（RACE）、知识密集型任务（TriviaQA、NaturalQuestions）等方面表现出色。

② 计算量对比：

• 与 DeepSeek 7B 相比：DeepSeekMoE 16B 仅使用 40.5% 的计算量，性能相当。

• 与 LLaMA2 7B 相比：DeepSeekMoE 16B 使用 39.6% 的计算量，性能优于 LLaMA2 7B。

11.1.2 开源内容

目前，DeepSeekMoE 项目在其 GitHub 仓库中开源了以下内容：

•模型检查点：提供了 DeepSeekMoE 16B Base 和 DeepSeekMoE 16B Chat 模型的检查点，供研究和应用。

• 微调脚本：在 finetune 目录中，包含了用于在下游任务上微调模型的脚本，支持使用 DeepSpeed 进行高效训练。

• 依赖项说明：提供了 requirements.txt 文件，列出了项目所需的 Python 依赖库，方便用户快速配置环境。

• 使用指南：在 README.md 文件中，详细介绍了模型的特点、评估结果、快速开始指南、许可证信息以及引用方式，帮助用户了解和使用该模型。

• 许可证文件：包含 LICENSE-CODE 和 LICENSE-MODEL 文件，分别说明了代码和模型的使用许可，明确了使用条款和条件。

这些开源内容为研究人员和开发者提供了全面的资源，支持他们在不同的应用场景中使用和微调 DeepSeekMoE 模型。

11.2 功能模块

（1）MoE 模块

① 多头潜在注意力层（multi-head latent attention，MLA）：引入潜在向量，用于缓存自回归推理过程中的中间计算结果，优化键值缓存，减少生成任务中的计算量。

② 专家混合系统层（MoE）：采用动态路由机制，从多个专家中选择最相关的专家进行计算。同时，创新性地引入专家共享设计，部分专家在不同令牌或层间共享参数，优化模型性能。

③ RMSNorm 归一化层：用于对模型进行归一化处理，提升训练稳定性和模型性能。

（2）微调模块

本项目开源了模型微调代码，支持通过 LoRA（低秩适应）和量化技术（4/8-bit）高效微调 MoE 模型。该模型微调代码的主要功能包括：

• 数据预处理：构建指令模板、文本分词和标签掩码处理。

• 模型加载配置：支持 FlashAttention 和量化参数的配置。

• 分布式训练管理：基于 DeepSpeed 框架，实现高效的分布式训练。

• 模型保存回调：提供自定义的模型保存机制，确保训练过程中的模型检查点被正确保存。

• 混合精度训练：支持混合精度训练，优化显存使用，提升训练效率。

11.3 ZeRO 配置

ZeRO（zero redundancy optimizer）是一种显存优化技术，其核心原理在于通过将模型的不同部分（包括模型参数、梯度和优化器状态）划分到多个 GPU 上，以减少每个 GPU 上的内存占用，从而支持更大规模的深度学习模型训练。

11.3.1 ZeRO 优化器介绍

ZeRO 技术的实现分为如下三个阶段，每个阶段在显存占用和通信开销之间找到不同的平衡。

•ZeRO Stage 1：仅对优化器状态进行分片存储，每个 GPU 保留完整的梯度和模型参数，易于实现，且通信量相对较小，适用于中等规模模型的训练，但显存节省有限。

• ZeRO Stage 2：在第一阶段的基础上，进一步对梯度进行分片，每个 GPU 只存储自己负责部分的梯度和优化器状态，而模型参数仍然完整存储在每个 GPU 上，较大幅度降低显存需求，同时通信开销适中，是大多数大规模模型训练的理想选择，兼顾效率和资源节省。

• ZeRO Stage 3：对所有相关数据（包括模型参数、优化器状态和梯度）都进行分片存储，每个 GPU 只存储自己负责的一部分数据，显存需求最少，适合超大规模模型（如 GPT-3）的训练，但通信开销大，对网络带宽要求高。

ZeRO 技术特别适用于训练大规模深度学习模型，尤其是在显存资源有限的情况下。其优势包括：

• 显存节省：通过分片存储，ZeRO 能够显著减少每个 GPU 上的内存占用，使得在相同的显存条件下能够训练更大的模型。

• 计算效率提升：虽然在高阶段（如 Stage 3）可能会增加通信开销，但总体而言，ZeRO 技术通过优化显存使用，可以提高整体计算效率。

• 灵活性：ZeRO 技术提供了不同的阶段选择，用户可以根据具体需求（如模型规模、显存资源和网络带宽等）选择合适的优化策略。

11.3.2 第 2 阶段优化配置

文件 ds_config_zero2_no_offload.json 是 DeepSpeed 的配置文件，用于在训练过程中启用 BF16 精度并采用 ZeRO 优化的第二阶段（不使用 offload 方案）。在配置中设定了自动调整梯度累积步数、梯度裁剪、训练批量大小等参数，同时通过设置如 allgather、reduce_scatter、overlap_comm 等选项来优化内存占用和通信效率，从而在保持高性能的同时减少计算资源的消耗。

```
{
    "bf16": {
        "enabled": true
    },

    "zero_optimization": {
        "stage": 2,
        "allgather_partitions": true,
        "allgather_bucket_size": 1e8,
        "overlap_comm": true,
        "reduce_scatter": true,
        "reduce_bucket_size": 1e8,
```

```
        "contiguous_gradients": true
    },

    "gradient_accumulation_steps": "auto",
    "gradient_clipping": "auto",
    "steps_per_print": 2000,
    "train_batch_size": "auto",
    "train_micro_batch_size_per_gpu": "auto",
    "wall_clock_breakdown": false
}
```

对上述各个参数的具体说明如下：

① bf16：配置 BF16（Brain Floating Point 16）精度。设置为 true，表示启用 BF16 精度训练。

② zero_optimization：配置 ZeRO 优化器的相关参数，具体说明如下。

• stage：设置为 2，表示使用 ZeRO 优化的第 2 阶段，主要优化模型的内存占用。

• allgather_partitions：设置为 true，表示在需要时收集分散的模型参数分区，以减少内存占用。

• allgather_bucket_size：设置为 1e8（1 亿），指定 allgather 操作的桶大小，以控制通信开销和平衡性能。

• overlap_comm：设置为 true，表示在反向传播过程中重叠通信和计算，以提高效率。

• reduce_scatter：设置为 true，表示在反向传播时使用 reduce-scatter 操作，以优化梯度的聚合。

• reduce_bucket_size：设置为 1e8（1 亿），指定 reduce-scatter 操作的桶大小，以控制通信开销和平衡性能。

• contiguous_gradients：设置为 true，表示将梯度存储为连续的内存块，以提高内存访问效率。

③ gradient_accumulation_steps：设置为"auto"，表示自动确定梯度累积的步数，以实现所需的全局批量大小。

④ gradient_clipping：设置为"auto"，表示自动确定梯度裁剪的阈值，以防止梯度爆炸。

⑤ steps_per_print：设置为 2000，表示每训练 2000 步打印一次日志信息。

⑥ train_batch_size：设置为"auto"，表示自动确定全局训练批量大小。

⑦ train_micro_batch_size_per_gpu：设置为"auto"，表示自动确定每个 GPU 的微批量大小。

⑧ wall_clock_breakdown：设置为 false，表示不输出各部分训练时间的详细分解。

上述参数共同配置了 DeepSpeed 的训练行为，特别是在使用 ZeRO 优化和 BF16 精度时，以提高训练效率和模型性能。

11.3.3 第 3 阶段优化配置

文件 ds_config_zero3.json 也是一个 JSON 配置文件，用于 DeepSpeed 库的配置。它启用了 BF16 混合精度训练，设置了 AdamW 优化器和 WarmupLR 学习率调度器，并配置了 Zero 优化的第 3 阶段参数，包括优化器和参数的卸载、通信重叠、梯度连续性等，还设置了梯度累积步数、梯度裁剪、打印步数、训练批次大小等参数。

```
{
    "bf16": {
```

```
        "enabled": "auto"
    },
    "optimizer": {
        "type": "AdamW",
        "params": {
            "lr": "auto",
            "betas": "auto",
            "eps": "auto",
            "weight_decay": "auto"
        }
    },

    "scheduler": {
        "type": "WarmupLR",
        "params": {
            "warmup_min_lr": "auto",
            "warmup_max_lr": "auto",
            "warmup_num_steps": "auto"
        }
    },

    "zero_optimization": {
        "stage": 3,
        "offload_optimizer": {
            "device": "cpu",
            "pin_memory": true
        },
        "offload_param": {
            "device": "cpu",
            "pin_memory": true
        },
        "overlap_comm": true,
        "contiguous_gradients": true,
        "sub_group_size": 1e9,
        "reduce_bucket_size": "auto",
        "stage3_prefetch_bucket_size": "auto",
        "stage3_param_persistence_threshold": "auto",
        "stage3_max_live_parameters": 1e9,
        "stage3_max_reuse_distance": 1e9,
        "stage3_gather_16bit_weights_on_model_save": true
    },

    "gradient_accumulation_steps": "auto",
    "gradient_clipping": "auto",
    "steps_per_print": 20,
    "train_batch_size": "auto",
    "train_micro_batch_size_per_gpu": "auto",
    "wall_clock_breakdown": false
}
```

11.3.4 优化总结

在 DeepSeekMoE 项目中，ds_config_zero2_no_offload.json 和 ds_config_zero3.json 是 DeepSpeed 配置文件，分别对应 ZeRO 优化器的第 2 阶段（ZeRO Stage 2）和第 3 阶段（ZeRO Stage 3）。这两个配置文件的主要区别在于内存优化的程度和策略。

① ZeRO Stage 2（ds_config_zero2_no_offload.json）

• 优化范围：对优化器状态和梯度进行分片处理，实现了进一步的内存减少到原来的 1/8，同时通信开销和数据并行度仍然维持不变。

• 配置特点：在配置文件中，zero_optimization 的 stage 设置为 2，且未启用参数或优化器状态的卸载（offload），所有数据均保留在 GPU 的显存中。

② ZeRO Stage 3（ds_config_zero3.json）

• 优化范围：分片优化器状态、梯度和参数，内存占用减少的幅度和数据并行度成线性关系。举例来说，在 64 个 GPU（即 Nd 等于 64 情况下）的情况下，内存消耗可以降低为 1 个 GPU 时的 1/64，通信量相对会增加 50%。

• 配置特点：在配置文件中，zero_optimization 的 stage 设置为 3，并启用了参数和优化器状态的卸载（offload），将其存储在 CPU 的内存中，以进一步减少 GPU 显存的占用。

总的来说，ds_config_zero3.json 相比 ds_config_zero2_no_offload.json，通过更深入的内存优化策略，能够支持训练更大规模的模型，但也引入了更多的通信开销和复杂性。

11.4　模型微调

在本项目中，微调脚本文件 finetune.py 提供了一套全面的工具，用于对 DeepSeekMoE 预训练语言模型进行微调。支持加载特定任务的数据、对数据进行预处理和编码，以及通过多种配置选项（如 LoRA 量化、分布式训练等）对模型进行高效训练。用户可以根据自己的需求，通过命令行参数或配置文件调整微调策略，以优化模型在特定任务或数据集上的性能。

11.4.1　微调原理

在 DeepSeekMoE 项目中，文件 finetune.py 通过以下技术对预训练模型进行微调。

• LoRA 技术：通过在 MoE 模型的特定层（如 q_proj、v_proj、k_proj、o_proj 等）插入低秩矩阵，以少量的可训练参数来调整预训练模型的行为，避免了直接微调大量参数导致的灾难性遗忘和高计算成本。

• 量化技术（4/8bit）：采用量化的方式将模型的权重从浮点型（如 32bit 或 16bit）转换为更低精度的格式（4bit 或 8bit），从而显著减少模型在 GPU 或 CPU 上的内存占用，使得在资源有限的设备上也能进行大规模的后续训练。

文件 finetune.py 的具体实现流程如下：

① 模型加载与配置

• 根据配置参数加载预训练的 MoE 模型，并根据 bits 参数（如 4 或 8）决定是否进行量化。

• 启用 flash_attention_2 或 optimized 的注意力实现方式，以提高计算效率。

• 如果启用 LoRA，根据配置初始化 LoRA 模块，并对目标模块（如 trainable.split(','))应用 LoRA。

② 数据加载与预处理

• 使用 load_dataset 加载训练数据。

• 通过 train_tokenize_function 对数据进行预处理，包括构建指令提示、分词和预处理标签。

③ 训练准备

• 将预处理后的数据集传递给 Trainer，并配置学习率、批量大小、梯度累积步数等训练参数。

• 使用 DataCollatorForSupervisedDataset 对输入数据和标签进行收集和格式化。

④ 训练过程

• 利用 Hugging Face 的 Trainer 进行模型训练，支持从检查点恢复训练。

• 训练过程中使用混合精度（如 BF16 或 FP16）来加速计算并减少内存占用。

⑤ 模型保存与推理

• 在训练过程中，通过 SavePeftModelCallback 回调函数定期保存 LoRA 适配器的权重。

• 训练结束后，保存模型状态或使用 safe_save_model_for_hf_trainer 函数将模型权重安全地保存到指定目录。

11.4.2 生成提示文本

定义函数 build_instruction_prompt，用于生成包含指令和响应格式的提示文本。它接收一个字符串参数 instruction，并返回一个多行字符串，其中包含预定义的上下文说明、指令部分以及响应部分的模板。在生成的字符串中，instruction 的内容被插入到指定位置，以构建完整的提示文本。

```
# 定义常量
IGNORE_INDEX = -100  # 忽略的索引值
EOT_TOKEN = "<|EOT|>"  # 响应结束标记
•ogger = logging.getLogger(__name__)  # 创建日志记录器

# 构建指令提示的函数
def build_instruction_prompt(instruction: str):
    return f'''
You are an AI assistant, developed by DeepSeek Company. For politically sensitive questions, security and privacy issues, you will refuse to answer.
### Instruction:
{instruction.strip()}
### Response:
'''.strip()
```

11.4.3 配置模型微调参数

定义一个名为 ModelArguments 的数据类，用于配置模型微调时的参数。其中包括可训练的模型参数列表、LoRA（低秩适应）相关设置、需要保存的模块、是否使用 LoRA、预训练模型的路径、注意力机制的实现方式，以及量化相关的配置，如是否使用双量化、量化数据类型和位数等。这些配置有助于在微调过程中灵活地调整模型的各项参数，以满足不同的训练需求。

```
# 定义模型参数类
@dataclass
class ModelArguments:
    trainable: Optional[str] = field(
        default="q_proj,v_proj,k_proj,o_proj,gate_proj,down_proj,up_proj",  # 默认可训练的模型参数
        metadata={"help": "Comma-separated list of model parameters to train."}
    )
    lora_rank: Optional[int] = field(
        default=8,  # LoRA 的秩
        metadata={"help": "Rank of LoRA"}
    )
    lora_dropout: Optional[float] = field(
        default=0.1,  # LoRA 的 dropout 率
        metadata={"help": "Dropout rate for LoRA."}
    )
    lora_alpha: Optional[float] = field(
        default=32.0,  # LoRA 的 alpha 值
        metadata={"help": "Alpha value for LoRA."}
```

```
    )
    modules_to_save: Optional[str] = field(
        default="embed_tokens,lm_head",  # 需要保存的模块
        metadata={"help": "Comma-separated list of modules to save."}
    )
    use_lora: Optional[bool] = field(
        default=False,  # 是否使用 LoRA
        metadata={"help": "Whether to use LoRA."}
    )
    model_name_or_path: Optional[str] = field(
        default="deepseek-ai/deepseek-moe-16b",  # 模型路径
        metadata={"help": "Path to pretrained model or model identifier from
huggingface.co/models."}
    )
    attn_implementation: Optional[str] = field(
        default="flash_attention_2",  # 注意力实现方式
        metadata={"help": "Attention implementation to use."}
    )
    double_quant: bool = field(
        default=True,  # 是否使用双量化
        metadata={"help": "Compress the quantization statistics through double
quantization."}
    )
    quant_type: str = field(
        default="nf4",  # 量化数据类型
        metadata={"help": "Quantization data type to use. Should be one of `fp4`
or `nf4`."}
    )
    bits: int = field(
        default=16,  # 使用的位数
        metadata={"help": "How many bits to use."}
    )
```

11.4.4　设置训练数据

定义数据类 DataArguments，用于指定训练数据的路径。它包含一个名为 data_path 的字段，用于存储训练数据的位置。

```
# 定义数据参数类
@dataclass
class DataArguments:
    data_path: str = field(
        default=None,  # 数据路径
        metadata={"help": "Path to the training data."}
    )
```

11.4.5　配置超参数

TrainingArguments 类继承自 Hugging Face 的 transformers.TrainingArguments，用于配置训练过程中的超参数，如缓存目录、优化器类型和模型最大序列长度等。这些设置有助于控制训练过程的各个方面，确保模型以最佳方式进行微调。

```
# 定义训练参数类
@dataclass
class TrainingArguments(transformers.TrainingArguments):
    cache_dir: Optional[str] = field(default=None)  # 缓存目录
    optim: str = field(
        default="adamw_torch",  # 优化器类型
```

```
        metadata={"help": "Optimizer to use."}
    )
    model_max_length: int = field(
        default=512,  # 模型最大序列长度
        metadata={"help": "Maximum sequence length. Sequences will be right padded
(and possibly truncated)."}
    )
```

11.4.6 保存模型

SavePeftModelCallback 是一个自定义的回调类，旨在与 Hugging Face 的 Trainer 一起使用，以在训练过程中正确保存 PEFT（参数高效微调）模型。该回调在模型保存时，仅保存 PEFT 模型的适配器权重，而不是整个基础模型，从而节省存储空间并提高加载效率。此外，在训练结束时，它会创建一个名为 completed 的文件，指示训练已成功完成。

```
# 定义保存 LoRA 模型回调类
class SavePeftModelCallback(transformers.TrainerCallback):
    def save_model(self, args, state, kwargs):
        logger.info('Saving PEFT checkpoint...')  # 保存 LoRA 模型
        if state.best_model_checkpoint is not None:
            checkpoint_folder = os.path.join(state.best_model_checkpoint,
"adapter_model")
        else:
            checkpoint_folder = os.path.join(args.output_dir, f"{PREFIX_CHECKPOINT_
DIR}-{state.global_step}")
        peft_model_path = os.path.join(checkpoint_folder, "adapter_model")
        kwargs["model"].save_pretrained(peft_model_path)
        kwargs["tokenizer"].save_pretrained(peft_model_path)

    def on_save(self, args, state, control, **kwargs):
        self.save_model(args, state, kwargs)
        return control

    def on_train_end(self, args, state, control, **kwargs):
        def touch(fname, times=None):
            with open(fname, 'a'):
                os.utime(fname, times)
        touch(os.path.join(args.output_dir, 'completed'))
        self.save_model(args, state, kwargs)
```

在使用 PEFT 进行模型微调时，正确保存和加载适配器权重至关重要。Hugging Face 的文档建议在保存模型时，仅保存适配器权重，以避免不必要地保存整个基础模型。

另外，Hugging Face 的官方文档提供了有关如何进行回调自定义训练的详细信息。 通过实现 SavePeftModelCallback，可以确保在训练过程中正确保存 PEFT 模型的适配器权重，并在训练结束时生成一个指示训练成功完成的文件。

11.4.7 获取最新检查点

函数 get_last_checkpoint 用于获取指定目录中最新的检查点。首先检查目录是否存在一个名为“completed”的文件，如果存在，则表示训练已完成，返回 None。否则，会遍历目录中以“checkpoint-”开头的子目录，找到其中编号最大的一个，认为其是最新的检查点，并返回其路径。如果未找到任何符合条件的子目录，同样返回 None。

```
# 获取最新的检查点
def get_last_checkpoint(checkpoint_dir):
```

```
        if os.path.isdir(checkpoint_dir):
            is_completed = os.path.exists(os.path.join(checkpoint_dir, 'completed'))
            if is_completed:
                return None
            max_step = 0
            for filename in os.listdir(checkpoint_dir):
                if os.path.isdir(os.path.join(checkpoint_dir, filename)) and filename.
startswith(PREFIX_CHECKPOINT_DIR):
                    max_step = max(max_step, int(filename.replace(f'{PREFIX_CHECKPOINT_
DIR}-', '')))
            if max_step == 0:
                return None
            latest_ckpt_dir = os.path.join(checkpoint_dir, f'{PREFIX_CHECKPOINT_DIR}-
{max_step}')
            logger.info(f"Found a previous checkpoint at: {checkpoint_dir}")
            return latest_ckpt_dir
        return None
```

11.4.8　安全保存模型

函数 safe_save_model_for_hf_trainer 的主要功能是将 Hugging Face 的 Trainer 对象中的模型安全地保存到指定的目录中。在保存模型时，该函数首先将模型的状态字典（state_dict）从 GPU 内存转移到 CPU 内存，以减少 GPU 内存的占用。然后，它调用 Trainer 对象的 _save 方法，将模型的状态字典保存到指定的输出目录。这种方法确保了在使用分布式训练或混合精度训练时，模型能够被正确地保存，避免了可能的内存问题。

```
    # 安全保存模型以供 HF Trainer 使用
    def safe_save_model_for_hf_trainer(trainer: transformers.Trainer, output_dir:
str):
        state_dict = trainer.model.state_dict()
        if trainer.args.should_save:
            cpu_state_dict = {key: value.cpu() for key, value in state_dict.items()}
            del state_dict
            trainer._save(output_dir, state_dict=cpu_state_dict)
```

11.4.9　分词处理

函数 _tokenize_fn 的作用是对输入的一批字符串进行分词处理，并返回分词后的 ID 序列以及相关的长度信息。该函数通过 tokenizer 将文本转换为模型可理解的 ID 序列，并返回这些序列及其长度信息，为后续的模型训练和推理提供了数据支持。

```
    # 分词函数
    def _tokenize_fn(strings: Sequence[str], tokenizer: transformers.
PreTrainedTokenizer) -> Dict:
        tokenized_list = [
            tokenizer(
                text,
                max_length=tokenizer.model_max_length,
                truncation=True,
            )
            for text in strings
        ]
        input_ids = labels = [np.array(tokenized.input_ids) for tokenized in tokenized_
list]
        input_ids_lens = labels_lens = [len(tokenized.input_ids) for tokenized in
tokenized_list]
```

```
        return {
            "input_ids": input_ids,
            "labels": labels,
            "input_ids_lens": input_ids_lens,
            "labels_lens": labels_lens,
        }
```

11.4.10 文本预处理

函数 preprocess 实现了对输入的源文本和目标文本的预处理，主要用于为模型训练准备结构化的输入和标签数据。其核心功能是将源文本和目标文本拼接后进行分词，并通过标记源文本部分的标签为 -100（IGNORE_INDEX），使得模型在训练时仅对目标文本部分进行预测。

```
    # 预处理数据
    def preprocess(sources: Sequence[str], targets: Sequence[str], tokenizer: transformers.PreTrainedTokenizer) -> Dict:
        examples = [s + t for s, t in zip(sources, targets)]
        examples_tokenized, sources_tokenized = [_tokenize_fn(strings, tokenizer) for strings in (examples, sources)]
        input_ids = examples_tokenized["input_ids"]
        labels = copy.deepcopy(input_ids)
        for label, source_len in zip(labels, sources_tokenized["input_ids_lens"]):
            label[:source_len] = IGNORE_INDEX
        return {
            "input_ids": input_ids,
            "labels": labels,
        }
```

11.4.11 数据收集器

以下代码定义了一个名为 DataCollatorForSupervisedDataset 的数据收集器类，用于在监督微调过程中将多个数据实例整理成模型训练所需的批量数据格式。其主要功能是将输入的 input_ids 和 labels 转换为张量并进行填充（padding），以确保批量数据维度的一致，同时生成 attention_mask 用于指示模型哪些位置是有效的输入数据。

```
    # 定义监督微调的数据收集器类
    @dataclass
    class DataCollatorForSupervisedDataset(object):
        tokenizer: transformers.PreTrainedTokenizer

        def __call__(self, instances: Sequence[Dict]) -> Dict[str, torch.Tensor]:
            input_ids, labels = tuple([instance[key] for instance in instances] for key in ("input_ids", "labels"))
            input_ids = [torch.tensor(x) for x in input_ids]
            input_ids = torch.nn.utils.rnn.pad_sequence(
                input_ids, batch_first=True, padding_value=self.tokenizer.pad_token_id
            )
            labels = [torch.tensor(x) for x in labels]
            labels = torch.nn.utils.rnn.pad_sequence(labels, batch_first=True, padding_value=IGNORE_INDEX)
            return {
                "input_ids": input_ids,
                "labels": labels,
                "attention_mask": input_ids.ne(self.tokenizer.pad_token_id),
            }
```

11.4.12　训练数据的分词和预处理

以下代码定义了一个名为 train_tokenize_function 的函数，用于对训练数据进行分词和预处理。train_tokenize_function 函数接收 examples 和 tokenizer 作为输入，examples 包含用户提供的指令和对应的输出。函数首先调用 build_instruction_prompt 为每条指令构建提示文本，然后将输出拼接上结束标记 token（EOT_TOKEN）。接着，函数对这些提示和输出进行分词，并通过 preprocess 函数将分词后的 ID 序列转换为适合模型训练的格式。最后，函数返回一个包含输入 ID 和标签的数据字典，用于后续的训练过程。

```
    # 定义训练分词函数
    def train_tokenize_function(examples, tokenizer):
        sources = [build_instruction_prompt(instruction) for instruction in
examples['instruction']]
        targets = [f"{output}\n{EOT_TOKEN}" for output in examples['output']]
        data_dict = preprocess(sources, targets, tokenizer)
        return data_dict
```

11.4.13　构建和配置模型

函数 build_model 用于根据提供的参数构建和配置模型，支持量化和 LoRA（low-rank adaptation）配置。该函数的主要功能和实现细节如下：

• 确定计算数据类型：根据 training_args.bf16 的值确定计算数据类型为 torch.bfloat16 或 torch.float16。

• 加载预训练模型：使用 transformers.AutoModelForCausalLM.from_pretrained 方法加载预训练模型。根据 model_args.bits 的值决定是否进行 4 位或 8 位量化。如果启用了 LoRA，配置量化参数，包括量化类型、是否使用双量化等。

• 设置模型属性：设置模型的 model_parallel 和 is_parallelizable 属性为 True，以支持模型并行化。根据 training_args.bf16 的值，设置模型的 torch_dtype。

• LoRA 配置：如果启用了 LoRA 且量化位数小于 16，调用 prepare_model_for_kbit_training 函数准备对模型进行 k-bit 训练。如果提供了检查点目录，从检查点加载 LoRA 适配器；否则初始化 LoRA 模块，配置目标模块、LoRA 的秩、dropout 率、alpha 值等参数。

• 模型层的数据类型转换：遍历模型的所有层，根据需要将特定层的数据类型转换为 torch.bfloat16 或 torch.float32。

• 返回模型：返回配置好的模型。

```
    # 构建模型
    def build_model(model_args, training_args, checkpoint_dir):
        compute_dtype = torch.bfloat16 if training_args.bf16 else torch.float16   # 确定计
算数据类型
        model = transformers.AutoModelForCausalLM.from_pretrained(
            model_args.model_name_or_path,
            load_in_4bit=model_args.bits == 4,
            load_in_8bit=model_args.bits == 8,
            quantization_config=BitsAndBytesConfig(
                load_in_4bit=model_args.bits == 4,
                load_in_8bit=model_args.bits == 8,
                llm_int8_threshold=6.0,
                llm_int8_has_fp16_weight=False,
                bnb_4bit_compute_dtype=compute_dtype,
                bnb_4bit_use_double_quant=model_args.double_quant,
                bnb_4bit_quant_type=model_args.quant_type,
```

```
        ) if model_args.use_lora else None,
        torch_dtype=compute_dtype,
        trust_remote_code=True,
    )

    if compute_dtype == torch.float16 and model_args.bits == 4:
        if torch.cuda.is_bf16_supported():
            logger.warning("=" * 80)
            logger.warning("您的 GPU 支持 bfloat16，您可以通过添加参数 --bf16 来加速训练！
")
            logger.warning("=" * 80)
    setattr(model, 'model_parallel', True)
    setattr(model, 'is_parallelizable', True)
    model.config.torch_dtype = torch.bfloat16 if training_args.bf16 else torch.
float32

    if model_args.use_lora and model_args.bits < 16:
        model = prepare_model_for_kbit_training(model, use_gradient_
checkpointing=training_args.gradient_checkpointing)

    if model_args.use_lora:
        if checkpoint_dir is not None:
            logger.info(f"从 {checkpoint_dir} 加载适配器。")
            model = PeftModel.from_pretrained(model, checkpoint_dir, is_
trainable=True)
        else:
            logger.info("初始化 LoRA 模块...")
            target_modules = model_args.trainable.split(',')
            modules_to_save = model_args.modules_to_save
            if modules_to_save is not None:
                modules_to_save = modules_to_save.split(',')
            lora_rank = model_args.lora_rank
            lora_dropout = model_args.lora_dropout
            lora_alpha = model_args.lora_alpha
            peft_config = LoraConfig(
                task_type=TaskType.CAUSAL_LM,
                target_modules=target_modules,
                inference_mode=False,
                r=lora_rank,
                lora_alpha=lora_alpha,
                lora_dropout=lora_dropout,
                modules_to_save=modules_to_save
            )
            model = get_peft_model(model, peft_config)

    for name, module in model.named_modules():
        if isinstance(module, LoraLayer):
            if training_args.bf16:
                module = module.to(torch.bfloat16)
        if 'norm' in name or 'gate' in name:
            module = module.to(torch.float32)
        if 'lm_head' in name or 'embed_tokens' in name:
            if hasattr(module, 'weight'):
                if training_args.bf16 and module.weight.dtype == torch.float32:
                    module = module.to(torch.bfloat16)
    return model
```

11.4.14 训练模型

函数 train 是 DeepSeekMoE 项目中的主训练函数，负责整个模型的训练流程。函数 train

实现了一个完整的训练流程，用于对预训练的 MoE 语言模型进行微调。加载用户提供的数据，通过分词和预处理将其转化为模型可接收的输入格式。构建模型时应用了 LoRA（低秩适应）和量化技术，以优化显存占用和训练效率。在训练过程中，使用了梯度累积、动态损失缩放等技术，并通过检查点机制支持从断点恢复训练。训练结束后，模型的权重会被保存下来，以便后续的评估或推理使用。

```
    # 定义训练函数
    def train():
        parser = transformers.HfArgumentParser((ModelArguments, DataArguments,
TrainingArguments))
        model_args, data_args, training_args = parser.parse_args_into_dataclasses()
        log_level = training_args.get_process_log_level()
        logger.setLevel(log_level)
        datasets.utils.logging.set_verbosity(log_level)
        transformers.utils.logging.set_verbosity(log_level)
        transformers.utils.logging.enable_default_handler()
        transformers.utils.logging.enable_explicit_format()
        if training_args.local_rank == 0:
            logger.info("=" * 100)
            logger.info(training_args)

        tokenizer = transformers.AutoTokenizer.from_pretrained(
            model_args.model_name_or_path,
            model_max_length=training_args.model_max_length,
            padding_side="right",
            use_fast=True,
            trust_remote_code=True
        )

        logger.info(f"填充标记: {tokenizer.pad_token} ({tokenizer.pad_token_id})")
        logger.info(f"开始标记: {tokenizer.bos_token} ({tokenizer.bos_token_id})")
        logger.info(f"结束标记: {tokenizer.eos_token} ({tokenizer.eos_token_id})")

        resume_from_checkpoint_dir = get_last_checkpoint(training_args.output_dir)
        model = build_model(model_args, training_args, resume_from_checkpoint_dir)

        raw_train_datasets = load_dataset(
            'parquet',
            data_files=data_args.data_path,
            split="train",
            cache_dir=training_args.cache_dir
        )
        if training_args.local_rank > 0:
            torch.distributed.barrier()

        train_dataset = raw_train_datasets.map(
            train_tokenize_function,
            batched=True,
            batch_size=3000,
            num_proc=32,
            remove_columns=raw_train_datasets.column_names,
            load_from_cache_file=True,
            desc="运行编码",
            fn_kwargs={"tokenizer": tokenizer}
        )

        if training_args.local_rank == 0:
            torch.distributed.barrier()

        if training_args.local_rank == 0:
```

```
            logger.info(f"训练数据集样本数量: {len(train_dataset)}")
            for index in random.sample(range(len(train_dataset)), 3):
                logger.info(f"训练集样本 {index}: 输入ID - {train_dataset[index]['input_ids']}, 标签 - {train_dataset[index]['labels']}.")
                logger.info(f"训练集样本 {index}: 问题: {train_dataset[index]['instruction']}\n回答: {train_dataset[index]['output']}")

        data_collator = DataCollatorForSupervisedDataset(tokenizer=tokenizer)
        data_module = dict(train_dataset=train_dataset, eval_dataset=None, data_collator=data_collator)

        trainer = Trainer(model=model, tokenizer=tokenizer, args=training_args, **data_module)
        if model_args.use_lora:
            trainer.add_callback(SavePeftModelCallback)
        trainer.train(resume_from_checkpoint=resume_from_checkpoint_dir)
        trainer.save_state()
        if not model_args.use_lora:
            safe_save_model_for_hf_trainer(trainer=trainer, output_dir=training_args.output_dir)

    # 主程序入口
    if __name__ == "__main__":
        train()
```

函数 train 的具体实现流程如下：

• 解析命令行参数：使用 transformers.HfArgumentParser 解析命令行参数，将模型参数、数据参数和训练参数分别解析为 ModelArguments、DataArguments 和 TrainingArguments 类的实例。

• 设置日志记录：根据训练参数中的日志级别设置日志记录器的日志级别，并启用默认的日志处理器和显式格式。

• 加载分词器：使用 transformers.AutoTokenizer.from_pretrained 方法加载预训练的分词器，并设置分词器的最大序列长度、填充方向、是否使用快速分词器等参数。

• 加载模型：调用 build_model 函数构建和配置模型，包括加载预训练模型、设置量化参数、初始化 LoRA 模块等。

• 加载训练数据：使用 datasets.load_dataset 方法加载训练数据集，并根据数据路径、缓存目录等参数进行配置。

• 数据预处理：使用 train_tokenize_function 对训练数据进行预处理，包括构建指令提示、分词和标签处理等。

• 数据收集器：创建 DataCollatorForSupervisedDataset 实例，用于在训练过程中将数据整理成模型所需的格式。

• 初始化训练器：使用 Hugging Face 的 Trainer 类初始化训练器，传入模型、分词器、训练参数和数据模块等。

• 添加回调函数：如果启用了 LoRA，添加 SavePeftModelCallback 回调函数，用于在训练过程中保存 LoRA 适配器的权重。

• 开始训练：调用 trainer.train 方法开始训练模型，并根据需要从检查点恢复训练。

• 保存训练状态：训练结束后，调用 trainer.save_state 方法保存训练状态，包括模型权重、优化器状态等。

• 保存模型：如果未启用 LoRA，调用 safe_save_model_for_hf_trainer 函数将模型权重安全地保存到指定目录。

11.4.15　微调模型

运行下面的命令，文件 finetune.py 将启动训练过程，加载指定的模型和数据，并按照配置进行微调。训练过程中，检查点和日志将保存到指定的输出目录，并且可以通过 TensorBoard 查看训练指标。

```
DATA_PATH="<your_data_path>"
OUTPUT_PATH="<your_output_path>"
MODEL_PATH="<your_model_path>"

cd finetune
deepspeed finetune.py \
    --model_name_or_path $MODEL_PATH \
    --data_path $DATA_PATH \
    --output_dir $OUTPUT_PATH \
    --num_train_epochs 3 \
    --model_max_length 1024 \
    --per_device_train_batch_size 16 \
    --per_device_eval_batch_size 1 \
    --gradient_accumulation_steps 4 \
    --evaluation_strategy "no" \
    --save_strategy "steps" \
    --save_steps 100 \
    --save_total_limit 100 \
    --learning_rate 2e-5 \
    --warmup_steps 10 \
    --logging_steps 1 \
    --lr_scheduler_type "cosine" \
    --gradient_checkpointing True \
    --report_to "tensorboard" \
    --deepspeed configs/ds_config_zero3.json \
    --bf16 True \
    --use_lora False
```

对上述各个命令参数的具体说明如下：

- --model_name_or_path：指定预训练模型的路径或名称。
- --data_path：训练数据的路径。
- --output_dir：模型和其他输出文件的保存目录。
- --num_train_epochs：训练的轮数。
- --model_max_length：模型输入的最大序列的长度。
- --per_device_train_batch_size：每个设备上的训练批次大小。
- --per_device_eval_batch_size：每个设备上的评估批次大小。
- --gradient_accumulation_steps：梯度累积的步骤数，即在反向传播前累积多少个步骤的梯度。
- --evaluation_strategy：评估策略，此处设置为不进行评估。
- --save_strategy：模型保存策略，此处设置为按步骤保存。
- --save_steps：每隔多少步骤保存一次模型。
- --save_total_limit：保存的模型检查点的总数限制。
- --learning_rate：学习率。
- --warmup_steps：学习率预热的步骤数。
- --logging_steps：日志记录的步骤间隔。
- --lr_scheduler_type：学习率调度器类型，此处为余弦退火。

- --gradient_checkpointing：是否启用梯度检查点，以节省内存。
- --report_to：指定日志报告的工具，此处为 TensorBoard。
- --deepspeed：指定 DeepSpeed 配置文件的路径。
- --bf16：是否使用 BF16 精度进行训练。
- --use_lora：是否使用 LoRA（低秩适应）技术进行模型微调。

上述命令使用 DeepSpeed 来加速和优化模型的微调过程，通过指定 DeepSpeed 配置文件（如 configs/ds_config_zero3.json），可以利用其 ZeRO 优化器第 3 阶段（ZeRO Stage 3）来有效地管理内存和计算资源，从而支持大规模模型的训练。

此外，在上述命令中还设置了梯度累积、学习率调度、日志记录等参数，以控制训练过程的各个方面。这些参数的配置需要根据具体的硬件资源和任务需求进行调整，以获得最佳的训练效果。

11.5 下载和调用模型

DeepSeekMoE 项目的完整训练流程和训练代码并未开源，但预训练后的模型已经通过 Hugging Face 平台公开发布。接下来的内容将详细讲解使用预训练模型的知识。

11.5.1 下载模型

DeepSeekMoE 项目提供了两个版本的模型供用户下载：DeepSeekMoE 16B Base（基础模型）和 DeepSeekMoE 16B Chat（聊天模型）。

DeepSeekMoE 16B Chat 是基于 DeepSeekMoE 16B Base 微调得到的聊天模型，它在多个基准测试中表现出色，尤其是在语言理解、推理和代码生成方面。与 DeepSeek 7B Chat 和 LLaMA2 7B SFT 相比，DeepSeekMoE 16B Chat 在计算量仅为 40% 左右的情况下，仍能取得相似甚至更好的性能。该模型同样可在单个 40GB 内存的 GPU 上部署，无须量化。

我们可以直接从 Hugging Face 上获取预训练好的模型权重，而无须重新训练模型。

11.5.2 调用模型

在 DeepSeekMoE 项目的开源文件中，介绍了利用 Hugging Face 的 Transformers 实现两种不同场景（文本补全和对话生成）的推理任务的过程。两者都使用了 Transformers 库中的 AutoTokenizer 和 AutoModelForCausalLM 类，同时加载了各自对应的生成配置（GenerationConfig）并设置了填充标记（pad_token_id）为结束标记（eos_token_id），以确保生成过程正确终止。

（1）文本补全

文本补全（Text Completion）是指给定一段输入文本，模型生成后续内容，实现对连续文本的自动扩展。例如，下面的演示代码：

```
import torch
from transformers import AutoTokenizer, AutoModelForCausalLM, GenerationConfig

model_name = "deepseek-ai/deepseek-ai/deepseek-moe-16b-base"
tokenizer = AutoTokenizer.from_pretrained(model_name)
model = AutoModelForCausalLM.from_pretrained(
    model_name, torch_dtype=torch.bfloat16, device_map="auto"
```

```
    )
    model.generation_config = GenerationConfig.from_pretrained(model_name)
    model.generation_config.pad_token_id = model.generation_config.eos_token_id

    text = "An attention function can be described as mapping a query and a set of
key-value pairs to an output, where the query, keys, values, and output are all
vectors. The output is"
    inputs = tokenizer(text, return_tensors="pt")
    outputs = model.generate(**inputs.to(model.device), max_new_tokens=100)

    result = tokenizer.decode(outputs[0], skip_special_tokens=True)
    print(result)
```

对上述代码的具体说明如下：

• 加载分词器与模型：使用 AutoTokenizer.from_pretrained 和 AutoModelForCausalLM.from_pretrained 根据模型名称加载预训练模型。这里指定了 torch_dtype=torch.bfloat16 以减少内存占用，并采用 device_map="auto" 自动将模型加载到可用的设备（如 GPU）。

• 生成配置（GenerationConfig）：通过 GenerationConfig.from_pretrained 加载与模型对应的生成配置，并将 pad_token_id 设置为模型的 eos_token_id。这一操作确保在生成过程中，当生成结束标记时可以正确识别并停止生成。

• 输入文本处理：使用分词器将输入文本转换为 PyTorch 张量（return_tensors="pt"），为后续模型推理提供标准格式的输入。

• 文本生成：调用 model.generate 方法进行推理，设置 max_new_tokens=100 表示生成最多 100 个新 token。注意，输入被自动移动到模型所在设备（inputs.to(model.device)）。

• 输出解码：使用 tokenizer.decode 将生成的 token 序列转换为人类可读文本，参数 skip_special_tokens=True 用于跳过特殊控制标记。

上述代码适用于需要对给定文本续写（或填充）的场景，常用于创作、问答、代码生成等任务中。

（2）对话生成

对话生成（chat completion）是指模拟对话场景，使用专门为聊天任务微调的模型，通过“聊天模板”将用户消息格式化后生成回复。例如下面的演示代码：

```
    import torch
    from transformers import AutoTokenizer, AutoModelForCausalLM, GenerationConfig

    model_name = "deepseek-ai/deepseek-moe-16b-chat"
    tokenizer = AutoTokenizer.from_pretrained(model_name)
    model = AutoModelForCausalLM.from_pretrained(
        model_name, torch_dtype=torch.bfloat16, device_map="auto"
    )
    model.generation_config = GenerationConfig.from_pretrained(model_name)
    model.generation_config.pad_token_id = model.generation_config.eos_token_id

    messages = [
        {"role": "user", "content": "Who are you?"}
    ]
    input_tensor = tokenizer.apply_chat_template(
        messages, add_generation_prompt=True, return_tensors="pt"
    )
    outputs = model.generate(input_tensor.to(model.device), max_new_tokens=100)

    result = tokenizer.decode(outputs[0][input_tensor.shape[1]:], skip_special_
tokens=True)
    print(result)
```

对上述代码的具体说明如下：

• 加载聊天模型与分词器：与文本补全类似，但这里加载的是为对话任务微调的模型"deepseek-ai/deepseek-moe-16b-chat"，该模型经过专门的聊天数据（对话语料）训练，更适合生成对话回复。

• 聊天输入模板处理：这里与单纯的文本补全不同，输入不再是普通文本，而是以消息列表（含角色字段）形式给出。使用 tokenizer.apply_chat_template 方法对消息进行格式化处理，自动添加生成提示（generation prompt），使模型能够理解对话结构。例如，在聊天模板中通常会自动加入"User:"和"Assistant:"等提示符，帮助模型区分对话双方。

• 生成过程与输出解码：生成过程调用方式与文本补全类似，不过在解码时，需要剔除掉输入部分（通过 outputs[0][input_tensor.shape[1]:] 切片），仅保留模型生成的回复部分。

上述代码适用于构建聊天机器人或对话系统，通过对消息列表进行模板格式化，实现对话生成。

需注意的关键技术点：

① 设备和精度优化：通过设置 torch_dtype=torch.bfloat16 和 device_map="auto"，能够在推理时减少内存占用并自动选取最优设备（通常是 GPU），提高计算效率。

② 生成配置管理：使用 GenerationConfig 能够灵活控制生成过程中的参数（如采样策略、最大生成 token 数量等），同时通过设置 pad_token_id 确保特殊标记的正确处理。

③ 输入格式化与聊天模板：文本补全直接对普通字符串进行编码，而聊天生成则需要对消息列表进行特殊格式化处理（如 apply_chat_template 方法），使得模型能区分不同对话角色并在生成时输出合适的回复格式。

④ 输出解码与后处理：生成结果需要经过分词器解码为字符串，同时在聊天场景中要截取掉原始对话部分，仅保留模型生成的新回复。

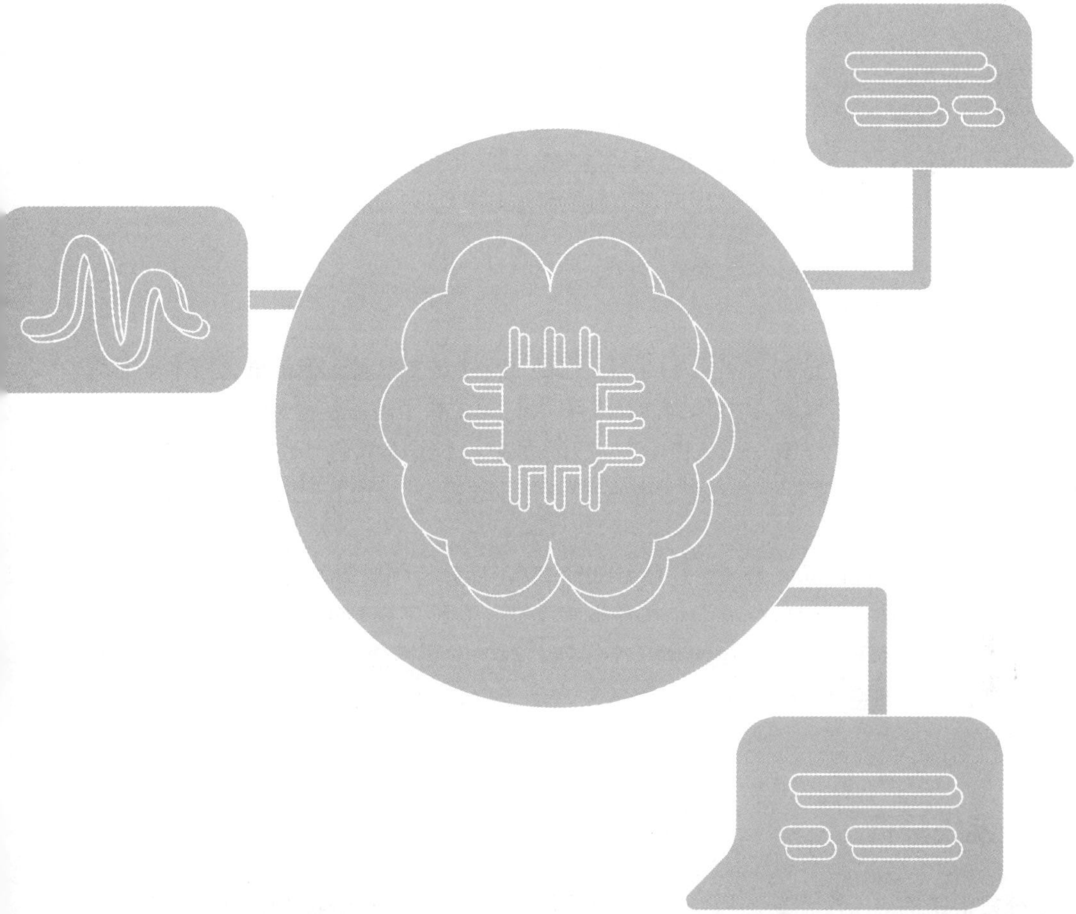

第 12 章

基于多模态大模型的文生图系统

本章详细讲解实现一个基于多模态模型的文生图系统的过程。本系统利用 CLIP 和 GAN 技术，可以在 CPU 上每秒生成多幅图像，相比传统的 Diffusion 模型具有更高的效率。系统提供了训练、评估和推理的完整流程，能够根据文本描述生成与鸟类相关的图像，并提供基于 Gradio 的交互式界面，让用户可以轻松地尝试模型的图像生成功能。

12.1 背景介绍

在深度学习领域，生成对抗网络（GAN）已经成为生成高质量图像的强大技术。然而，训练大型的 GAN 模型通常需要大量的计算资源和时间。为了解决这个问题，并且在 CPU 上也能够快速生成图像，EfficientCLIP-GAN 应运而生。本系统结合了 CLIP 的文本理解能力和 GAN 的生成能力，实现了高效的图像生成，不仅速度快，而且在生成与文本描述相关的图像方面表现出色。

本系统采用了一种创新的方法，利用 CLIP 将文本描述与图像语境结合起来，使得生成的图像更加贴近描述。通过优化模型结构和训练策略，实现了在 CPU 上也能够快速生成高质量图像的目标。本系统的背景是提供一个快速、高效的图像生成方案，使用户能够通过文本描述快速生成符合其要求的图像，为各种应用场景如创意设计、教育和娱乐等提供新的可能性。

12.2 系统分析

系统分析是指对一个系统进行全面深入的研究和评估，旨在全面理解系统的设计和运行原理，为系统的开发、优化和应用提供指导和支持。

12.2.1 需求分析

在要满足快速生成高质量图像的需求的背景下，本系统的需求分析如下。

- 快速生成图像：用户希望能够通过文本描述快速生成与描述相匹配的图像，无论是在 GPU 上还是在 CPU 上都能够实现快速响应。
- 高质量生成：生成的图像应该具有高质量，与文本描述相符合，并且清晰和真实。
- 易用性：用户希望能够通过在简单的界面中输入文本描述，即可得到所需的图像，无需复杂的设置和操作。
- 灵活性：用户希望能够根据不同的文本描述生成多样化的图像，同时也希望能够调整生成图像的数量和质量。
- 可扩展性：系统应该支持模型的持续更新和替换，以及不同数据集和任务的适配。
- 稳定性和可靠性：系统应该稳定可靠，能够处理各种类型的文本输入，并生成相应的图像，同时能在不同的硬件环境中正常运行。
- 用户反馈和改进：用户希望能够对生成的图像进行反馈，以改进模型的性能和生成效果。
- 文档和支持：提供清晰的文档和支持，帮助用户快速上手使用系统，解决可能遇到的问题。

12.2.2 功能分析

本系统的主要功能是通过文本描述生成相应的图像，并提供了一个简单的用户界面供用户交互。

① 加载模型和数据

• 加载 EfficientCLIP-GAN 模型以及 CLIP，用于文本到图像的转换。

• 加载预训练的生成器模型。

② 文本到图像生成

• 根据输入的文本描述生成图像。

• 支持批量生成，可以一次性生成多幅图像。

• 使用 CLIP 将文本描述转换为图像的语义表示。

• 通过生成器模型将随机噪声和文本表示转换为图像。

③ 持久化存储的文本到图像生成

• 将生成的图像存储在临时目录中而不是内存中。

• 可用于生成大量图像，避免内存占用过多。

④ Gradio 用户界面

• 提供了一个 Gradio 用户界面，用于演示文本到图像的生成功能。

• 用户可以输入文本提示，并点击按钮生成图像，显示生成的图像结果。

• 用户可以在文本框中输入图像的描述。

• 点击按钮后，生成相应的图像，结果展示在界面中。

⑤ CSS 样式和界面布局

• 从文件中读取 CSS 样式，用于美化界面。

• 使用 Gradio 的布局模块进行界面布局设计。

12.3　系统配置

本系统的“系统配置”模块包括配置模型参数、辅助函数和数据集处理三部分内容。其中，配置模型参数定义了训练和评估过程中的各种设置，辅助函数提供了多个功能函数以支持模型训练和评估的顺利进行，数据集处理则包括数据集加载和预处理的功能，确保数据以适当的格式供模型使用。这些部分共同组成了系统配置，保证了 EfficientCLIP-GAN 模型在训练和评估过程中的有效性和顺利运行。

12.3.1　配置模型参数

文件 birds.yml 定义了用于训练和评估 EfficientCLIP-GAN 模型的各种参数和设置，包括数据集信息（如数据目录和名称）、图像大小、噪声向量和条件向量的维度、随机种子、是否使用 CUDA 进行 GPU 加速、CLIP 的配置（用于评估、训练和文本嵌入）、训练周期和批量大小、生成器和判别器的学习率、相似性权重、生成和测试间隔、检查点保存间隔、采样次数、验证数据的路径以及训练日志的目录。这些配置共同定义了训练和评估的各个方面，确保模型在指定条件下进行有效的训练和测试。

```
CONFIG_NAME: 'bird'  # 配置名称
dataset_name: 'birds'  # 数据集名称
data_dir: '../data/birds'  # 数据集目录
imsize: 256  # 图像大小
z_dim: 100  # 噪声向量的维度
cond_dim: 512  # 条件向量的维度（CLIP嵌入的大小）
manual_seed: 100  # 手动种子以确保结果可重复
```

```
cuda: True  # 是否使用CUDA进行GPU加速
clip4evl: {'src':"clip", 'type':'ViT-B/32'}  # 用于评估的CLIP配置
clip4trn: {'src':"clip", 'type':'ViT-B/32'}  # 用于训练的CLIP配置
clip4text: {'src':"clip", 'type':'ViT-B/32'}  # 用于文本嵌入的CLIP配置
stamp: 'normal'  # 训练标记
state_epoch: 0  # 起始周期
max_epoch: 1502  # 最大训练周期数
batch_size: 32  # 批量大小
gpu_id: 0  # GPU ID

nf: 64  # 过滤器数量
ch_size: 3  # 通道数
scaler_min: 64  # 如果使用混合精度，则使用的最小缩放值，并使模型权重更小
growth_interval: 2000  # 增长间隔，调整或扩展训练过程的频率
lr_g: 0.0001  # 生成器的学习率
lr_d: 0.0004  # 判别器的学习率
sim_w: 4.0  # 控制训练过程中文本和图像嵌入相似性的影响
gen_interval: 10  # 生成样本的间隔
test_interval: 10  # 测试模型的间隔
save_interval: 10  # 保存检查点的间隔
sample_times: 12  # 训练过程中采样次数以视觉检查模型性能
npz_path: '../data/birds/npz/bird_val256_FIDK0.npz'  # 包含验证数据的NPZ文件的路径
log_dir: 'new'  # 记录训练进度的目录
```

12.3.2 辅助函数

文件 utils.py 定义了多个辅助函数，分别用于实现 EfficientCLIP-GAN 模型的选择、参数计算、时间戳生成、目录创建、文件读取和写入、模型权重加载和保存等操作。这些函数确保了模型的训练和评估的顺利进行，包括选择和加载指定的模型、计算模型参数、记录训练时间、文件系统操作、加载和保存模型和优化器的权重，以及与混合精度训练相关的操作。

• 定义函数 choose_model，功能是选择指定的模型并返回生成器（netG）、判别器（netD）、分类器（netC）以及 CLIP 图像和文本编码器。

• 定义函数 params_count，功能是计算并返回给定模型的参数总数。

• 定义函数 get_time_stamp，功能是获取当前时间并以特定格式返回时间戳。

• 定义函数 mkdir_p，功能是创建指定的目录，如果目录已存在，则不执行任何操作。

• 定义函数 load_npz，功能是加载指定路径的 NPZ 文件，并返回文件中的均值和标准差。

• 定义函数 load_yaml，功能是加载指定的 YAML 配置文件，并将其内容解析为字典格式。

• 定义函数 str2bool_dict，功能是将字典中的字符串值转换为布尔值。

• 定义函数 merge_args_yaml，功能是合并命令行参数和 YAML 配置文件中的参数。

• 定义函数 save_args，功能是在运行时将参数保存到指定路径的文件中。

• 定义函数 read_txt_file，功能是读取指定文本文件的内容，并以列表形式返回每一行内容。

• 定义函数 get_rank，功能是返回当前进程在分布式训练中的排名。

• 定义函数 load_opt_weights，功能是加载优化器的权重。

• 定义函数 load_models_opt，功能是从给定的检查点文件加载生成器、判别器和分类器，以及相应的优化器参数。

• 定义函数 load_models，功能是从给定的检查点文件加载生成器、判别器和分类器。

• 定义函数 load_netG，功能是从给定的检查点文件加载生成器。

• 定义函数 load_model_weights，功能是从给定的检查点文件加载模型权重，并根据是否使用多 GPU 训练进行适当的处理。

• 定义函数 save_models_opt，功能是保存模型和优化器的权重（如果是主 GPU 节点）。

• 定义函数 save_models，功能是在不保存优化器的情况下保存模型的权重（如果是主 GPU 节点）。

• 定义函数 save_checkpoints，功能是将模型、优化器和缩放器的状态保存为检查点文件，包括 epoch 信息（如果是主 GPU 节点）。

• 定义函数 write_to_txt，功能是将指定内容写入到指定的文本文件中。

• 定义函数 read_txt_file，功能是读取指定文本文件的内容，并以列表形式返回每一行内容。

• 定义函数 save_img，功能是将图像保存到指定路径的文件中。

• 定义函数 transf_to_CLIP_input，功能是将输入数据转换为 CLIP 兼容的格式。

• 定义类 dummy_context_mgr，功能是定义一个虚拟上下文管理器，用于处理混合精度训练失败的情况。

12.3.3　数据集处理

文件 datasets.py 自定义了一个数据集类 TextImgDataset，并提供了一系列函数用于加载和处理图像和文本数据。主要功能包括从训练和测试数据集中获取固定数据、准备和编码数据、加载图像和文本、处理边界框等。通过这些功能，可以将图像和文本数据预处理并转换为模型可以直接使用的格式，以便于训练和评估。

```
    def get_fix_data(train_dl, test_dl, text_encoder, args):
        """
        该函数用于获取训练和评估的固定数据，连接从训练和测试数据集中获得的固定图像、句子、单词和噪声向量
        """
        fixed_image_train, _, _, fixed_sent_train, fixed_word_train, fixed_key_train = 
get_one_batch_data(train_dl, text_encoder, args)
        fixed_image_test, _, _, fixed_sent_test, fixed_word_test, fixed_key_test= get_one_
batch_data(test_dl, text_encoder, args)
        fixed_image = torch.cat((fixed_image_train, fixed_image_test), dim=0)
        fixed_sent = torch.cat((fixed_sent_train, fixed_sent_test), dim=0)
        fixed_word = torch.cat((fixed_word_train, fixed_word_test), dim=0)
        fixed_noise = torch.randn(fixed_image.size(0), args.z_dim).to(args.device)
        return fixed_image, fixed_sent, fixed_word, fixed_noise


    # 获取一个批次的数据
    def get_one_batch_data(dataloader, text_encoder, args):
        """
        该函数从数据加载器中检索一个批次的数据，包括图像、标题、CLIP令牌、句子嵌入、单词嵌入和键
        """
        data = next(iter(dataloader))
        imgs, captions, CLIP_tokens, sent_emb, words_embs, keys = prepare_data(data, 
text_encoder, args.device)
        return imgs, captions, CLIP_tokens, sent_emb, words_embs, keys


    # 准备数据
    def prepare_data(data, text_encoder, device):
        """
        该函数准备从数据加载器获得的数据，将标题编码为CLIP令牌并将数据转换到适当的设备
```

```
    """
    imgs, captions, CLIP_tokens, keys = data
    imgs, CLIP_tokens = imgs.to(device), CLIP_tokens.to(device)
    sent_emb, words_embs = encode_tokens(text_encoder, CLIP_tokens)
    return imgs, captions, CLIP_tokens, sent_emb, words_embs, keys


# 使用CLIP编码令牌
def encode_tokens(text_encoder, caption):
    """
    使用CLIP文本编码器将文本令牌编码为句子和单词嵌入
    """
    # 编码文本
    with torch.no_grad():
        sent_emb,words_embs = text_encoder(caption)
        sent_emb,words_embs = sent_emb.detach(), words_embs.detach()
    return sent_emb, words_embs


# 获取图像
def get_imgs(img_path, bbox=None, transform=None, normalize=None):
    """
    该函数从文件路径加载图像，根据边界框坐标进行裁剪，应用变换并规范化图像以供模型处理
    """
    img = Image.open(img_path).convert('RGB')
    width, height = img.size
    if bbox is not None:
        r = int(np.maximum(bbox[2], bbox[3]) * 0.75)
        center_x = int((2 * bbox[0] + bbox[2]) / 2)
        center_y = int((2 * bbox[1] + bbox[3]) / 2)
        y1 = np.maximum(0, center_y - r)
        y2 = np.minimum(height, center_y + r)
        x1 = np.maximum(0, center_x - r)
        x2 = np.minimum(width, center_x + r)
        img = img.crop([x1, y1, x2, y2])
    if transform is not None:
        img = transform(img)
    if normalize is not None:
        img = normalize(img)
    return img


# 获取标题
def get_caption(cap_path,clip_info):
    """
    该函数从文本文件中读取标题，选择一个随机标题，使用CLIP进行标记化，并返回标题及其令牌
    """
    eff_captions = []
    with open(cap_path, "r") as f:
        captions = f.read().encode('utf-8').decode('utf8').split('\n')
    for cap in captions:
        if len(cap) != 0:
            eff_captions.append(cap)
    sent_ix = random.randint(0, len(eff_captions))
    caption = eff_captions[sent_ix]
    tokens = clip.tokenize(caption,truncate=True)
    return caption, tokens[0]

class TextImgDataset(data.Dataset):
    """
    这是一个用于加载文本和图像数据的自定义数据集类，处理加载文件名、边界框，并检索数据集中每个项目
的数据
```

```
    """
    def __init__(self, split, transform=None, args=None):
        self.transform = transform
        self.clip4text = args.clip4text
        self.data_dir = args.data_dir
        self.dataset_name = args.dataset_name
        self.norm = transforms.Compose([
            transforms.ToTensor(),
            transforms.Normalize((0.5, 0.5, 0.5), (0.5, 0.5, 0.5)),
            ])
        self.split=split

        if self.data_dir.find('birds') != -1:
            self.bbox = self.load_bbox()
        else:
            self.bbox = None
        self.split_dir = os.path.join(self.data_dir, split)
        self.filenames = self.load_filenames(self.data_dir, split)
        self.number_example = len(self.filenames)

    def load_bbox(self):
        """
        加载与图像关联的边界框
        """
        data_dir = self.data_dir
        bbox_path = os.path.join(data_dir, 'CUB_200_2011/bounding_boxes.txt')
        df_bounding_boxes = pd.read_csv(bbox_path,
                                        delim_whitespace=True,
                                        header=None).astype(int)

        filepath = os.path.join(data_dir, 'CUB_200_2011/images.txt')
        df_filenames = \
            pd.read_csv(filepath, delim_whitespace=True, header=None)
        filenames = df_filenames[1].tolist()
        print('Total filenames: ', len(filenames), filenames[0])

        filename_bbox = {img_file[:-4]: [] for img_file in filenames}
        numImgs = len(filenames)
        for i in range(0, numImgs):
            bbox = df_bounding_boxes.iloc[i][1:].tolist()
            key = filenames[i][:-4]
            filename_bbox[key] = bbox
        return filename_bbox

    def load_filenames(self, data_dir, split):
        """
         加载数据样本的文件名
        """
        filepath = '%s/%s/filenames.pickle' % (data_dir, split)
        if os.path.isfile(filepath):
            with open(filepath, 'rb') as f:
                filenames = pickle.load(f)
            print('Load filenames from: %s (%d)' % (filepath, len(filenames)))
        else:
            filenames = []
        return filenames

    def __getitem__(self, index):
        """
        检索特定索引的数据，包括图像、标题、CLIP令牌和键
        """
        key = self.filenames[index]
```

```
        data_dir = self.data_dir

        if self.bbox is not None:
            bbox = self.bbox[key]
        else:
            bbox = None

        if self.dataset_name.lower().find('coco') != -1:
            if self.split=='train':
                img_name = '%s/images/train2014/jpg/%s.jpg' % (data_dir, key)
                text_name = '%s/text/%s.txt' % (data_dir, key)
            else:
                img_name = '%s/images/val2014/jpg/%s.jpg' % (data_dir, key)
                text_name = '%s/text/%s.txt' % (data_dir, key)
        elif self.dataset_name.lower().find('cc3m') != -1:
            if self.split=='train':
                img_name = '%s/images/train/%s.jpg' % (data_dir, key)
                text_name = '%s/text/train/%s.txt' % (data_dir, key.split('_')[0])
            else:
                img_name = '%s/images/test/%s.jpg' % (data_dir, key)
                text_name = '%s/text/test/%s.txt' % (data_dir, key.split('_')[0])
        elif self.dataset_name.lower().find('cc12m') != -1:
            if self.split=='train':
                img_name = '%s/images/%s.jpg' % (data_dir, key)
                text_name = '%s/text/%s.txt' % (data_dir, key.split('_')[0])
            else:
                img_name = '%s/images/%s.jpg' % (data_dir, key)
                text_name = '%s/text/%s.txt' % (data_dir, key.split('_')[0])
        else:
            img_name = '%s/CUB_200_2011/images/%s.jpg' % (data_dir, key)
            text_name = '%s/text/%s.txt' % (data_dir, key)

        imgs = get_imgs(img_name, bbox, self.transform, normalize=self.norm)
        caps,tokens = get_caption(text_name,self.clip4text)
        return imgs, caps, tokens, key

    def __len__(self):
        """
        返回数据集中数据样本的总数
        """
        return len(self.filenames)
```

上述代码的主要功能如下：

① 数据获取与准备

• get_fix_data：从训练和测试数据集中获取固定数据，用于训练和评估。

• get_one_batch_data：获取数据加载器中的一个批次数据。

• prepare_data：准备从数据加载器获取的数据，包括将标题编码为 CLIP 令牌并转换到适当的设备。

• encode_tokens：使用 CLIP 文本编码器将文本令牌编码为句子和单词嵌入。

② 图像和标题处理

• get_imgs：加载图像，进行裁剪、变换和规范化处理。

• get_caption：从文本文件中读取标题，进行随机选择和 CLIP 标记化处理。

③ 自定义数据集类 TextImgDataset

• 处理加载文件名、边界框，并检索数据集中每个项目的数据。

• 提供了加载边界框、文件名的方法，以及获取数据和数据集长度的实现。

12.4　多模态生成对抗网络（GAN）模型

在本系统中，GAN 模型的作用是根据输入的文本描述生成与之匹配的高质量图像。其通过生成器网络生成图像，通过判别器网络评估图像的真实性，通过匹配网络判断生成图像与文本描述的一致性，以实现文本到图像的转换。

12.4.1　准备 CLIP

文件 perpare.py 定义了一系列函数来加载和准备 CLIP 及其相关组件，设置训练和评估所需的生成器、判别器、比较器，以及文本和图像编码器。另外，还定义了函数来准备数据集和数据加载器，以便在训练过程中能够有效地读取和处理图像和文本数据。这些功能旨在支持多 GPU 环境中的分布式训练，确保模型和数据能够高效地进行并行处理。

12.4.2　训练、评估和保存 GAN 模型

文件 modules.py 定义了一些函数，用于训练、评估和保存 GAN 模型，以及生成图像样本和计算评价指标。

① 定义函数 train，用于训练 GAN 函数。在训练过程中，通过优化器更新生成器（netG）和鉴别器（netD），同时使用匹配器（netC）来评估图像与文本描述的一致性。

```
    def train(dataloader, netG, netD, netC, text_encoder, image_encoder, optimizerG, 
optimizerD, scaler_G, scaler_D, args):
        """
        使用给定的数据集通过dataloader训练GAN网络
        """
        # 从命令行参数中获取超参数
        batch_size = args.batch_size
        device = args.device
        epoch = args.current_epoch
        max_epoch = args.max_epoch
        z_dim = args.z_dim

        # 设置模型为训练模式
        netG, netD, netC, image_encoder = netG.train(), netD.train(), netC.train(), 
image_encoder.train()

        # 如果启用了多GPU训练，则由主GPU显示进度条
        if (args.multi_gpus == True) and (get_rank() != 0):
            None
        else:
            loop = tqdm(total=len(dataloader))

        for step, data in enumerate(dataloader, 0):
            ##############################
            # 训练鉴别器（NetD）          #
            ##############################
            optimizerD.zero_grad()

            # 启用混合精度上下文
            with torch.cuda.amp.autocast() if args.mixed_precision else dummy_context_
mgr() as mpc:
                # 准备数据以进行前向传播处理
                real, captions, CLIP_tokens, sent_emb, words_embs, keys = prepare_
data(data, text_encoder, device)
                real = real.requires_grad_()
                sent_emb = sent_emb.requires_grad_()
```

```
            words_embs = words_embs.requires_grad_()

            # 预测真实图像的嵌入和特征向量
            CLIP_real, real_emb = image_encoder(real)
            real_feats = netD(CLIP_real)

            # 预测真实图像的相似度分数
            pred_real, errD_real = predict_loss(netC, real_feats, sent_emb,
negtive=False)

            # 预测与文本提示不匹配
            mis_sent_emb = torch.cat((sent_emb[1:], sent_emb[0:1]), dim=0).
detach()
            _, errD_mis = predict_loss(netC, real_feats, mis_sent_emb,
negtive=True)

            # 合成假图像和特征嵌入
            noise = torch.randn(batch_size, z_dim).to(device)
            fake = netG(noise, sent_emb)
            CLIP_fake, fake_emb = image_encoder(fake)
            fake_feats = netD(CLIP_fake.detach())

            # 预测假图像的相似度分数
            _, errD_fake = predict_loss(netC, fake_feats, sent_emb, negtive=True)

        # 计算Manifold-Aware Gradient Penalty (MAGP) 以对GAN中的文本语义进行正则化
        if args.mixed_precision:
            errD_MAGP = MA_GP_MP(CLIP_real, sent_emb, pred_real, scaler_D)
        else:
            errD_MAGP = MA_GP_FP32(CLIP_real, sent_emb, pred_real)

        # 计算鉴别器损失
        with torch.cuda.amp.autocast() if args.mixed_precision else dummy_context_
mgr() as mpc:
            errD = errD_real + (errD_fake + errD_mis) / 2.0 + errD_MAGP

        # 更新鉴别器网络权重
        if args.mixed_precision:
            scaler_D.scale(errD).backward()
            scaler_D.step(optimizerD)
            scaler_D.update()
            if scaler_D.get_scale() < args.scaler_min:
                scaler_D.update(16384.0)
        else:
            errD.backward()
            optimizerD.step()

        ###############################
        # 训练生成器 (NetG)            #
        ###############################
        optimizerG.zero_grad()
        with torch.cuda.amp.autocast() if args.mixed_precision else dummy_context_
mgr() as mpc:
            # 创建假图像的特征张量或嵌入
            fake_feats = netD(CLIP_fake)

            # 预测假图像特征与句子嵌入之间的相似度
            output = netC(fake_feats, sent_emb)

            # 计算假嵌入与句子嵌入之间的文本相似度
            text_img_sim = torch.cosine_similarity(fake_emb, sent_emb).mean()
```

```
            # 计算生成器网络的损失
            errG = -output.mean() - args.sim_w * text_img_sim

        # 更新生成器网络权重
        if args.mixed_precision:
            scaler_G.scale(errG).backward()
            scaler_G.step(optimizerG)
            scaler_G.update()
            if scaler_G.get_scale() < args.scaler_min:
                scaler_G.update(16384.0)
        else:
            errG.backward()
            optimizerG.step()

        # 显示训练信息
        if (args.multi_gpus == True) and (get_rank() != 0):
            None
        else:
            loop.update(1)
            loop.set_description(f'Train Epoch [{epoch}/{max_epoch}]')
            loop.set_postfix()

    if (args.multi_gpus == True) and (get_rank() != 0):
        None
    else:
        loop.close()
```

② 定义函数 test，用于评估 GAN 在测试数据集上的性能 [通过计算生成图像的 FID（Fréchet inception distance）和文本 - 图像相似度（TI_sim）]。

```
    def test(dataloader, text_encoder, netG, PTM, device, m1, s1, epoch, max_epoch,
times, z_dim, batch_size):
        FID, TI_sim = calculate_FID_CLIP_sim(
            dataloader, text_encoder, netG, PTM, device, m1, s1,
            epoch, max_epoch, times, z_dim, batch_size
        )
        return FID, TI_sim
```

③ 函数 save_model 的功能是将生成器（netG）、判别器（netD）、匹配器（netC）以及优化器（optG、optD）的状态保存到持久化存储中，并附带额外的信息，如当前轮数和训练步数。

```
    def save_model(netG, netD, netC, optG, optD, epoch, multi_gpus, step, save_path):
        """
        保存模型到持久化存储，并附带额外信息

        Args:
            netG: 生成器模型
            netD: 判别器模型
            netC: 匹配器模型
            optG: 生成器优化器
            optD: 判别器优化器
            epoch: 当前的训练轮数
            multi_gpus: 是否使用多GPU训练
            step: 当前训练步数
            save_path: 模型保存路径

        Returns:
            None
        """
```

```
    # 检查是否为分布式训练
    if (multi_gpus == True) and (get_rank() != 0):
        None
    else:
        # 保存生成器、判别器、匹配器模型
        state = {
            'model': {
                'netG': netG.state_dict(),
                'netD': netD.state_dict(),
                'netC': netC.state_dict()
            },
            # 保存优化器状态
            'optimizers': {
                'optimizer_G': optG.state_dict(),
                'optimizer_D': optD.state_dict()
            },
            # 保存轮数信息
            'epoch': epoch
        }
        # 保存模型检查点
        torch.save(state, '%s/state_epoch_%03d_%03d.pth' % (save_path, epoch,
step))
```

④ 函数 MA_GP_MP 的功能是计算 GAN 中的 MA-GP（manifold-aware gradient penalty）惩罚项，用于对抗器（判别器）的训练。给定真实图像、句子嵌入和判别器的相似度分数，此函数会计算输入句子关于图像的梯度，并返回 MA-GP 惩罚项。

```
def MA_GP_MP(img, sent, out, scaler):
    """
    Args:
        img: 真实图像
        sent: 句子嵌入
        out: 判别器的相似度分数
        scaler: 混合精度缩放器对象

    Returns:
        d_loss_gp: MA-GP惩罚项
    """
    # 计算关于图像和句子嵌入的得分梯度
    grads = torch.autograd.grad(
        outputs=scaler.scale(out),
        inputs=(img, sent),
        grad_outputs=torch.ones_like(out),
        retain_graph=True,
        create_graph=True,
        only_inputs=True
    )
    inv_scale = 1. / (scaler.get_scale() + float("1e-8"))
    # 重新缩放梯度以抵消缩放因子
    grads = [grad * inv_scale for grad in grads]
    with torch.cuda.amp.autocast():
        # 将梯度连接成一个张量
        grad0 = grads[0].view(grads[0].size(0), -1)
        grad1 = grads[1].view(grads[1].size(0), -1)
        grad = torch.cat((grad0, grad1), dim=1)

        # 计算MA-GP惩罚项
        grad_l2norm = torch.sqrt(torch.sum(grad ** 2, dim=1))
        d_loss_gp = 2.0 * torch.mean((grad_l2norm) ** 6)
    return d_loss_gp
```

⑤ 函数 MA_GP_FP32 的功能是在单精度（FP32）下计算 GAN 中的 MA-GP 损失。提供真实图像、句子嵌入和判别器的相似度分数，此函数会计算输入句子关于图像的梯度，并返回 MA-GP 惩罚项。

```
def MA_GP_FP32(img, sent, out):
    """
    Args:
        img: 真实图像
        sent: 句子嵌入
        out: 判别器的相似度分数
    Returns:
        d_loss_gp: MA-GP惩罚项
    """
    # 计算关于图像和句子嵌入的得分梯度
    grads = torch.autograd.grad(
        outputs=out,
        inputs=(img, sent),
        grad_outputs=torch.ones(out.size()).cuda(),
        retain_graph=True,
        create_graph=True,
        only_inputs=True
    )
    # 将梯度连接成一个张量
    grad0 = grads[0].view(grads[0].size(0), -1)
    grad1 = grads[1].view(grads[1].size(0), -1)
    grad = torch.cat((grad0, grad1), dim=1)
    # 计算MA-GP惩罚项
    grad_l2norm = torch.sqrt(torch.sum(grad ** 2, dim=1))
    d_loss_gp = 2.0 * torch.mean((grad_l2norm) ** 6)
    return d_loss_gp
```

⑥ 函数 sample 的功能是在训练后生成样本并保存，从数据加载器中获取数据，通过生成器生成假图像，并将生成的图像和相关文本保存到指定目录中的文件夹中。

```
def sample(dataloader, netG, text_encoder, save_dir, device, multi_gpus, z_dim,
stamp):
    """
    生成样本并保存
    Args:
        dataloader: 数据加载器
        netG: 生成器模型
        text_encoder: 文本编码器
        save_dir: 保存目录
        device: 设备（GPU或CPU）
        multi_gpus: 是否使用多个GPU进行训练
        z_dim: 噪声向量的维度
        stamp: 时间戳或标识符
    """
    # 将生成器设置为评估模式
    netG.eval()
    for step, data in enumerate(dataloader, 0):
        # 准备真实数据
        real, captions, CLIP_tokens, sent_emb, words_embs, keys = prepare_
data(data, text_encoder, device)
        # 生成假图像
        batch_size = sent_emb.size(0)
        with torch.no_grad():
            noise = torch.randn(batch_size, z_dim).to(device)
            fake_imgs = netG(noise, sent_emb, eval=True).float()
            # 将像素值限制在[-1, 1]范围内
```

```
                fake_imgs = torch.clamp(fake_imgs, -1., 1.)
                # 保存生成的图像，附加GPU id
                if multi_gpus == True:
                    batch_img_name = 'step_%04d.png' % (step)
                    batch_img_save_dir = osp.join(save_dir, 'batch', str('gpu%d' %
(get_rank())), 'imgs')
                    batch_img_save_name = osp.join(batch_img_save_dir, batch_img_name)
                    batch_txt_name = 'step_%04d.txt' % (step)
                    batch_txt_save_dir = osp.join(save_dir, 'batch', str('gpu%d' %
(get_rank())), 'txts')
                    batch_txt_save_name = osp.join(batch_txt_save_dir, batch_txt_name)
                else:
                    batch_img_name = 'step_%04d.png' % (step)
                    batch_img_save_dir = osp.join(save_dir, 'batch', 'imgs')
                    batch_img_save_name = osp.join(batch_img_save_dir, batch_img_name)
                    batch_txt_name = 'step_%04d.txt' % (step)
                    batch_txt_save_dir = osp.join(save_dir, 'batch', 'txts')
                    batch_txt_save_name = osp.join(batch_txt_save_dir, batch_txt_name)
                # 创建目录
                mkdir_p(batch_img_save_dir)
                vutils.save_image(fake_imgs.data, batch_img_save_name, nrow=8, value_
range=(-1, 1), normalize=True)
                mkdir_p(batch_txt_save_dir)
                # 保存图像和文本
                txt = open(batch_txt_save_name, 'w')
                for cap in captions:
                    txt.write(cap + '\n')
                txt.close()
                for j in range(batch_size):
                    im = fake_imgs[j].data.cpu().numpy()
                    im = (im + 1.0) * 127.5
                    im = im.astype(np.uint8)
                    im = np.transpose(im, (1, 2, 0))
                    im = Image.fromarray(im)
                    # 保存假图像
                    if multi_gpus == True:
                        single_img_name = 'batch_%04d.png' % (j)
                        single_img_save_dir = osp.join(save_dir, 'single', str('gpu%d'
% (get_rank())), 'step%04d' % (step))
                        single_img_save_name = osp.join(single_img_save_dir, single_
img_name)
                    else:
                        single_img_name = 'step_%04d.png' % (step)
                        single_img_save_dir = osp.join(save_dir, 'single', 'step%04d'
% (step))
                        single_img_save_name = osp.join(single_img_save_dir, single_
img_name)
                    mkdir_p(single_img_save_dir)
                    im.save(single_img_save_name)

            # 打印进度
            if (multi_gpus == True) and (get_rank() != 0):
                None
            else:
                print('Step: %d' % (step))
```

⑦ 函数 calculate_FID_CLIP_sim 的功能是计算生成器产生的图像的 FID 和 CLIP 相似度评分。它使用 InceptionV3 模型计算 FID，并使用 CLIP 计算图像和文本之间的相似度评分。

```
    def calculate_FID_CLIP_sim(dataloader, text_encoder, netG, CLIP, device, m1, s1,
```

```
epoch, max_epoch, times, z_dim,
                              batch_size):
        """
        计算FID（Fréchet Inception Distance）和CLIP相似度
        """
        # 初始化CLIP相似度
        clip_cos = torch.FloatTensor([0.0]).to(device)
        # 设置用于FID的InceptionV3模型
        dims = 2048
        block_idx = InceptionV3.BLOCK_INDEX_BY_DIM[dims]
        model = InceptionV3([block_idx])
        model.to(device)
        model.eval()
        netG.eval()
        # 定义图像转换
        norm = transforms.Compose([
            transforms.Normalize((-1, -1, -1), (2, 2, 2)),
            transforms.Resize((299, 299)),
        ])
        # 跟踪数据加载器中的图像数量
        n_gpu = dist.get_world_size()
        dl_length = dataloader.__len__()
        imgs_num = dl_length * n_gpu * batch_size * times
        # 初始化用于存储InceptionV3特征的数组
        pred_arr = np.empty((imgs_num, dims))
        # 循环进度信息
        if (n_gpu != 1) and (get_rank() != 0):
            None
        else:
            loop = tqdm(total=int(dl_length * times))
        for time in range(times):
            for i, data in enumerate(dataloader):
                start = i * batch_size * n_gpu + time * dl_length * n_gpu * batch_size
                end = start + batch_size * n_gpu
                # 准备真实数据
                imgs, captions, CLIP_tokens, sent_emb, words_embs, keys = prepare_
data(data, text_encoder, device)
                # 生成假图像
                batch_size = sent_emb.size(0)
                # 将生成器网络设置为评估模式
                netG.eval()
                with torch.no_grad():
                    noise = torch.randn(batch_size, z_dim).to(device)
                    fake_imgs = netG(noise, sent_emb, eval=True).float()
                    fake_imgs = torch.clamp(fake_imgs, -1., 1.)
                    fake_imgs = torch.nan_to_num(fake_imgs, nan=-1.0, posinf=1.0,
neginf=-1.0)

                    # 获取CLIP相似度分数
                    clip_sim = calc_clip_sim(CLIP, fake_imgs, CLIP_tokens, device)
                    clip_cos = clip_cos + clip_sim
                    # 归一化并获取InceptionV3特征
                    fake = norm(fake_imgs)
                    pred = model(fake)[0]
                    # 存储特征到数组中
                    if pred.shape[2] != 1 or pred.shape[3] != 1:
                        pred = adaptive_avg_pool2d(pred, output_size=(1, 1))
                    # 拼接来自多个GPU的pred
                    output = list(torch.empty_like(pred) for _ in range(n_gpu))
                    dist.all_gather(output, pred)
                    pred_all = torch.cat(output, dim=0).squeeze(-1).squeeze(-1)
                    pred_arr[start:end] = pred_all.cpu().data.numpy()
```

```
            # 更新评估循环信息
            if (n_gpu != 1) and (get_rank() != 0):
                None
            else:
                loop.update(1)
                if epoch == -1:
                    loop.set_description('Evaluating]')
                else:
                    loop.set_description(f'Eval Epoch [{epoch}/{max_epoch}]')
                loop.set_postfix()
    if (n_gpu != 1) and (get_rank() != 0):
        None
    else:
        loop.close()
    # 计算CLIP分数
    CLIP_score_gather = list(torch.empty_like(clip_cos) for _ in range(n_gpu))
    dist.all_gather(CLIP_score_gather, clip_cos)
    clip_score = torch.cat(CLIP_score_gather, dim=0).mean().item() / (dl_length *
times)
    # 计算FID分数
    m2 = np.mean(pred_arr, axis=0)
    s2 = np.cov(pred_arr, rowvar=False)
    fid_value = calculate_frechet_distance(m1, s1, m2, s2)
    return fid_value, clip_score
```

⑧ 函数 calc_clip_sim 的功能是计算假图像和文本特征之间的余弦相似度，用于衡量生成的图像与文本描述之间的相似程度。

```
def calc_clip_sim(clip, fake, caps_clip, device):
    """
    计算假图像和文本特征之间的余弦相似度
    """
    # 将假图像转换为CLIP输入特征
    fake = transf_to_CLIP_input(fake)
    # 为假输入创建CLIP图像特征
    fake_features = clip.encode_image(fake)
    # 为文本标题创建CLIP文本特征
    text_features = clip.encode_text(caps_clip)
    # 计算假图像和文本特征之间的余弦相似度
    text_img_sim = torch.cosine_similarity(fake_features, text_features).mean()
    return text_img_sim
```

⑨ 函数 sample_one_batch 的功能是根据训练集和测试集生成一批图像样本，并将它们保存在指定的文件夹中。

```
def sample_one_batch(noise, sent, netG, multi_gpus, epoch, img_save_dir, writer):
    """
    从训练集和测试集生成一批图像样本
    """
    if (multi_gpus == True) and (get_rank() != 0):
        None
    else:
        # 设置网络为评估模式
        netG.eval()
        with torch.no_grad():
            # 生成训练集和测试集样本
            B = noise.size(0)
            fixed_results_train = generate_samples(noise[:B // 2], sent[:B // 2],
netG).cpu()
            torch.cuda.empty_cache()
```

```
                fixed_results_test = generate_samples(noise[B // 2:], sent[B // 2:],
netG).cpu()
                torch.cuda.empty_cache()

                # 将结果连接成一个张量
                fixed_results = torch.cat((fixed_results_train, fixed_results_test),
dim=0)
            # 构造文件名
            img_name = 'samples_epoch_%03d.png' % (epoch)
            img_save_path = osp.join(img_save_dir, img_name)

            # 在8×8的网格中保存样本
            vutils.save_image(fixed_results.data, img_save_path, nrow=8, value_
range=(-1, 1), normalize=True)
```

⑩ 函数 generate_samples 的功能是使用给定的噪声、标题和模型生成样本（假图像）。

```
def generate_samples(noise, caption, model):
    """
    使用给定的噪声、标题和模型生成样本
    """
    with torch.no_grad():
        # 使用生成器网络生成假图像
        fake = model(noise, caption, eval=True)
    return fake
```

⑪ 函数 predict_loss 的功能是使用预测模型（netC）对图像特征和文本特征进行前向传播，然后基于“铰链损失”公式计算损失，用于图像和文本之间的相似度预测。

```
def predict_loss(predictor, img_feature, text_feature, negative):
    """
    预测模型（netC）进行图像文本相似度预测
    img_feature: 从鉴别器中提取的图像视觉特征
    text_feature: 编码器中的语义文本特征
    negative: 布尔值，指示图像/文本是否不匹配

    negative=True -> 使用损失惩罚高相似度分数
    negative=False -> 使用损失惩罚低相似度分数
    """
    # 通过预测模型进行前向传播图像和文本
    output = predictor(img_feature, text_feature)
    # 根据"铰链损失"公式计算损失
    err = hinge_loss(output, negative)

    # 返回相似度分数预测和计算的损失
    return output, err
```

⑫ 函数 hinge_loss 的作用是计算铰链损失，根据是否为不匹配的文本 - 图像对来确定惩罚的条件，用于训练图像和文本之间的相似度预测模型。

```
def hinge_loss(output, negative):
    """
    output: 预测的相似度分数
    negative: 布尔值，指示不匹配的文本-图像对
    """
    if negative == False:
        # 真实匹配对，如果相似度 < 1 则惩罚
        err = torch.mean(F.relu(1. - output))
    else:
        # 不匹配对，如果相似度 > -1 则惩罚
```

```
        err = torch.mean(F.relu(1. + output))
    return err
```

⑬ 函数 logit_loss 的作用是计算二元交叉熵（BCE）损失，并将相似度分数转换为逻辑概率。根据是否为不匹配的文本 - 图像对确定使用真实标签或虚假标签来计算损失。

```
def logit_loss(output, negative):
    """
    计算二元交叉熵（BCE）损失并返回逻辑概率
    """
    # 定义标签
    batch_size = output.size(0)
    real_labels = torch.FloatTensor(batch_size, 1).fill_(1).to(output.device)
    fake_labels = torch.FloatTensor(batch_size, 1).fill_(0).to(output.device)
    # 使用 sigmoid 将相似度分数转换为概率
    output = nn.Sigmoid()(output)
    if negative == False:
        # 对于匹配对使用 BCE 损失
        err = nn.BCELoss()(output, real_labels)
    else:
        # 对于不匹配对使用 BCE 损失
        err = nn.BCELoss()(output, fake_labels)
    return err
```

⑭ 函数 calculate_frechet_distance 的作用是计算 FID 分数，用于衡量两个分布之间的差异。

```
# 从InceptionV3存储库中提取的函数
def calculate_frechet_distance(mu1, sigma1, mu2, sigma2, eps=1e-6):
    """
    计算FID分数
    """
    mu1 = np.atleast_1d(mu1)
    mu2 = np.atleast_1d(mu2)
    sigma1 = np.atleast_2d(sigma1)
    sigma2 = np.atleast_2d(sigma2)
    assert mu1.shape == mu2.shape, \
        '训练和测试均值向量长度不同'
    assert sigma1.shape == sigma2.shape, \
        '训练和测试协方差维度不同'
    diff = mu1 - mu2
    '''
    print('&'*20)
    print(sigma1)#, sigma1.type())
    print('&'*20)
    print(sigma2)#, sigma2.type())
    '''
    # 产品可能几乎是奇异的
    covmean, _ = linalg.sqrtm(sigma1.dot(sigma2), disp=False)
    if not np.isfinite(covmean).all():
        msg = ('fid calculation produces singular product; '
               'adding %s to diagonal of cov estimates') % eps
        print(msg)
        offset = np.eye(sigma1.shape[0]) * eps
        covmean = linalg.sqrtm((sigma1 + offset).dot(sigma2 + offset))
    # 数值误差可能会产生轻微的虚部
    if np.iscomplexobj(covmean):
        if not np.allclose(np.diagonal(covmean).imag, 0, atol=1e-3):
            m = np.max(np.abs(covmean.imag))
            raise ValueError('Imaginary component {}'.format(m))
```

```
        covmean = covmean.real
    tr_covmean = np.trace(covmean)
    return (diff.dot(diff) + np.trace(sigma1) + np.trace(sigma2) - 2 * tr_covmean)
```

12.4.3 InceptionV3 模型的预训练

InceptionV3 是一种预训练的深度卷积神经网络模型，用于图像分类和特征提取。它由 Google 开发，是 Inception 系列的一部分，在大规模图像数据集上取得了良好的性能。该模型采用了一种名为 Inception Module 的架构，通过不同尺度的卷积核和池化操作来提取图像特征，具有较强的表征能力和参数效率。InceptionV3 通常用于图像识别、目标检测、图像生成等任务，在多模态应用中也经常用于提取图像特征，作为 GAN 等模型的组成部分。

预训练的 InceptionV3 网络模型与前面的多模态 GAN 模型可以有密切关系。InceptionV3 作为一个强大的视觉特征提取器，可以用于多模态 GAN 中的几个方面：首先，它可以提取真实图像和生成图像的视觉特征，供生成器和鉴别器使用；其次，它可以用于计算 FID 等评价指标，评估生成图像的质量；此外，它还能用于文本 - 图像匹配任务，通过计算图像与文本之间的相似度来提高模型的性能。因此，InceptionV3 在多模态 GAN 中扮演着关键的角色，有助于提高生成图像的质量、多样性，并指导模型的训练过程。

在本项目中，文件 inception.py 实现了一个预训练的 InceptionV3 网络模型，用于提取图像特征。该模型可以返回指定层的特征图，支持对输入图像进行大小调整和归一化处理，并且可以选择是否将参数设置为可训练，适用于图像分类、特征提取等任务。

12.4.4 实现多模态 GAN 模型

文件 CLIP-GAN.py 实现了条件 GAN 模型，并在 GAN 模型中集成了 CLIP（对比性语言 - 图像预训练）功能，最终实现了多模态 GAN 模型。集成 CLIP 实现了文本与图像之间的紧密联系，使得生成的图像不仅在视觉上与描述相符，而且在语义上也更加一致。因此，集成 CLIP 可以提高生成图像的质量、多样性和语义准确性，为 GAN 引入了更多的语义理解能力。

注意：在本项目中，集成 CLIP 的主要原因是实现多模态，即让 GAN 模型能够同时处理文本和图像信息，从而生成与给定文本描述相匹配的图像。通过将文本和图像嵌入到一个共同的语义空间中，CLIP 使得文本和图像之间的语义关联得以建模。这样一来，GAN 模型可以利用 CLIP 提供的文本描述信息来指导生成器生成更符合描述要求的图像。

文件 CLIP-GAN.py 的具体实现流程如下。

① 定义类 CLIP_IMG_ENCODER 实现 CLIP 图像编码器模块，用于将图像编码为 CLIP 可理解的格式，并提取图像的局部特征和编码的图像嵌入。模块首先对输入图像进行预处理和标准化，然后通过 CLIP 的视觉 transformer 模型提取特征。最终输出局部特征和编码的图像嵌入。

```
class CLIP_IMG_ENCODER(nn.Module):
    """
        CLIP_IMG_ENCODER 模块用于使用 CLIP 的视觉 transformer 对图像进行编码
    """
    def __init__(self, CLIP):
        """
        初始化 CLIP_IMG_ENCODER 模块
        Args:
            CLIP (CLIP): 预训练的 CLIP
```

```
        """
        super(CLIP_IMG_ENCODER, self).__init__()
        model = CLIP.visual
        self.define_module(model)
        # 冻结 CLIP 的参数
        for param in self.parameters():
            param.requires_grad = False

    def define_module(self, model):
        """
        定义 CLIP 视觉 transformer 模型的各个层和模块
        Args:
            model (nn.Module): CLIP 视觉 transformer 模型
        """
        # 从 CLIP 中提取所需的模块
        self.conv1 = model.conv1  # 卷积层
        self.class_embedding = model.class_embedding  # 类别嵌入层
        self.positional_embedding = model.positional_embedding  # 位置嵌入层
        self.ln_pre = model.ln_pre  # 预归一化线性归一化层
        self.transformer = model.transformer  # Transformer 块
        self.ln_post = model.ln_post  # 后归一化线性归一化层
        self.proj = model.proj  # 投影矩阵

    @property
    def dtype(self):
        """
        获取卷积层权重的数据类型
        """
        return self.conv1.weight.dtype

    def transf_to_CLIP_input(self, inputs):
        """
        将输入图像转换为 CLIP 预期的格式
        Args:
            inputs (torch.Tensor): 输入图像

        Returns:
            torch.Tensor: 转换后的图像
        """
        device = inputs.device
        # 检查输入图像张量的大小
        if len(inputs.size()) != 4:
            raise ValueError('期望 (B, C, X, Y) 张量。')
        else:
            # 标准化输入图像
            mean = torch.tensor([0.48145466, 0.4578275, 0.40821073]).
unsqueeze(-1).unsqueeze(-1).unsqueeze(0).to(device)
            var = torch.tensor([0.26862954, 0.26130258, 0.27577711]).
unsqueeze(-1).unsqueeze(-1).unsqueeze(0).to(device)
            inputs = F.interpolate(inputs * 0.5 + 0.5, size=(224, 224))
            inputs = ((inputs + 1) * 0.5 - mean) / var
            return inputs

    def forward(self, img: torch.Tensor):
        """
        CLIP_IMG_ENCODER 模块的前向传播
        Args:
            img (torch.Tensor): 输入图像
        Returns:
            torch.Tensor: 从图像中提取的局部特征
            torch.Tensor: 编码的图像嵌入
        """
```

```
        # 将输入图像转换为 CLIP 预期的格式，并将其数据类型设置为适当的类型
        x = self.transf_to_CLIP_input(img)
        x = x.type(self.dtype)
        # 通过卷积层传递图像
        x = self.conv1(x)  # shape = [*, width, grid, grid]
        grid = x.size(-1)

        # 重塑并对换张量以进行 transformer 输入
        x = x.reshape(x.shape[0], x.shape[1], -1)  # shape = [*, width, grid ** 2]
        x = x.permute(0, 2, 1)  # shape = [*, grid ** 2, width]
        # 添加类别和位置嵌入
        x = torch.cat(
            [self.class_embedding.to(x.dtype) + torch.zeros(x.shape[0], 1,
x.shape[-1], dtype=x.dtype, device=x.device),
             x], dim=1)  # shape = [*, grid ** 2 + 1, width]
        x = x + self.positional_embedding.to(x.dtype)
        x = self.ln_pre(x)

        # NLD (Batch Size - Length - Dimension) -> LND (Length - Batch Size -
Dimension)
        x = x.permute(1, 0, 2)
        # 使用 transformer 块提取局部特征
        selected = [1, 4, 8]
        local_features = []
        for i in range(12):
            x = self.transformer.resblocks[i](x)
            if i in selected:
                local_features.append(
                    x.permute(1, 0, 2)[:, 1:, :].permute(0, 2, 1).reshape(-1, 768,
grid, grid).contiguous().type(
                        img.dtype))
        x = x.permute(1, 0, 2)  # LND -> NLD
        x = self.ln_post(x[:, 0, :])
        if self.proj is not None:
            x = x @ self.proj  # 使用投影矩阵和张量执行矩阵乘法
        return torch.stack(local_features, dim=1), x.type(img.dtype)
```

② 定义类 CLIP_TXT_ENCODER 实现 CLIP 文本编码器模块，用于将文本输入编码为 CLIP 可理解的格式，并提取句子嵌入和 transformer 输出。模块首先对输入文本进行标记嵌入，并添加位置嵌入，然后通过 CLIP 的 transformer 模型进行前向传播。最终输出编码的句子嵌入和 transformer 输出。

```
class CLIP_TXT_ENCODER(nn.Module):
    """
        CLIP_TXT_ENCODER 模块用于使用 CLIP 的 transformer 对文本输入进行编码
    """
    def __init__(self, CLIP):
        """
        初始化 CLIP_TXT_ENCODER 模块
        Args:
            CLIP (CLIP): 预训练的 CLIP
        """
        super(CLIP_TXT_ENCODER, self).__init__()
        self.define_module(CLIP)
        # 冻结 CLIP 的参数
        for param in self.parameters():
            param.requires_grad = False

    def define_module(self, CLIP):
        """
```

```
        定义 CLIP transformer 模型的各个模块
        Args:
            CLIP (CLIP): 预训练的 CLIP
        """
        self.transformer = CLIP.transformer  # Transformer 块
        self.vocab_size = CLIP.vocab_size  # Transformer 词汇表的大小
        self.token_embedding = CLIP.token_embedding  # token 嵌入块
        self.positional_embedding = CLIP.positional_embedding  # 位置嵌入块
        self.ln_final = CLIP.ln_final  # 线性归一化层
        self.text_projection = CLIP.text_projection  # 文本的投影矩阵

    @property
    def dtype(self):
        """
        获取 transformer 中第一层权重的数据类型
        """
        return self.transformer.resblocks[0].mlp.c_fc.weight.dtype

    def forward(self, text):
        """
        CLIP_TXT_ENCODER 模块的前向传播
        Args:
            text (torch.Tensor): 输入文本标记

        Returns:
            torch.Tensor: 编码的句子嵌入
            torch.Tensor: 输入文本的 transformer 输出
        """
        # 嵌入输入文本标记
        x = self.token_embedding(text).type(self.dtype)  # [batch_size, n_ctx, d_
model]
        # 添加位置嵌入
        x = x + self.positional_embedding.type(self.dtype)
        # 对 transformer 输入进行维度转换
        x = x.permute(1, 0, 2)  # NLD -> LND
        # 通过 transformer 进行前向传播
        x = self.transformer(x)
        # 将维度重新排列为原始形状
        x = x.permute(1, 0, 2)  # LND -> NLD
        # 应用层归一化
        x = self.ln_final(x).type(self.dtype)  # shape = [batch_size, n_ctx,
transformer.width]
        # 从文本末尾（eot_token：每个序列中的最高数字）提取句子嵌入
        sent_emb = x[torch.arange(x.shape[0]), text.argmax(dim=-1)] @ self.text_
projection

        # 返回句子嵌入和 transformer 输出
        return sent_emb, x
```

③ 定义类 CLIP_Mapper 实现 CLIP 映射器模块，用于将图像和提示映射为 CLIP 可理解的特征。模块首先将输入图像和提示转换为适当的数据类型，并通过 CLIP 的 transformer 模型进行前向传播。最终输出映射的特征。

```
class CLIP_Mapper(nn.Module):
    """
    CLIP_Mapper 模块用于使用 CLIP 的 transformer 对图像和提示进行映射
    """
    def __init__(self, CLIP):
        """
        初始化 CLIP_Mapper 模块
        Args:
```

```
            CLIP (CLIP): 预训练的 CLIP
        """
        super(CLIP_Mapper, self).__init__()
        model = CLIP.visual
        self.define_module(model)
        # 冻结 CLIP 视觉模型的参数
        for param in model.parameters():
            param.requires_grad = False

    def define_module(self, model):
        """
        定义 CLIP 视觉模型的各个模块
        Args:
            model: 预训练的 CLIP 视觉模型
        """
        self.conv1 = model.conv1
        self.class_embedding = model.class_embedding
        self.positional_embedding = model.positional_embedding
        self.ln_pre = model.ln_pre
        self.transformer = model.transformer

    @property
    def dtype(self):
        """
        获取第一个卷积层权重的数据类型
        """
        return self.conv1.weight.dtype

    def forward(self, img: torch.Tensor, prompts: torch.Tensor):
        """
        CLIP_Mapper 模块的前向传播
        Args:
            img (torch.Tensor): 输入图像张量
            prompts (torch.Tensor): 用于映射的提示标记

        Returns:
            torch.Tensor: 从 CLIP 中映射的特征
        """
        # 将输入图像和提示转换为适当的数据类型
        x = img.type(self.dtype)
        prompts = prompts.type(self.dtype)
        grid = x.size(-1)
        # 重塑输入图像张量
        x = x.reshape(x.shape[0], x.shape[1], -1)  # shape = [*, width, grid ** 2]
        x = x.permute(0, 2, 1)  # shape = [*, grid ** 2, width]
        # 将类别嵌入附加到输入张量
        x = torch.cat(
            [self.class_embedding.to(x.dtype) + torch.zeros(x.shape[0], 1,
x.shape[-1], dtype=x.dtype, device=x.device),
             x],
            dim=1
        )  # shape = [*, grid ** 2 + 1, width]

        # 将位置嵌入附加到输入张量
        x = x + self.positional_embedding.to(x.dtype)
        # 执行层归一化
        x = self.ln_pre(x)
        # NLD -> LND
        x = x.permute(1, 0, 2)
        # 本地特征
        selected = [1, 2, 3, 4, 5, 6, 7, 8]
        begin, end = 0, 12
```

```
        prompt_idx = 0
        for i in range(begin, end):
            # 将提示添加到输入张量
            if i in selected:
                prompt = prompts[:, prompt_idx, :].unsqueeze(0)
                prompt_idx = prompt_idx + 1
                x = torch.cat((x, prompt), dim=0)
                x = self.transformer.resblocks[i](x)
                x = x[:-1, :, :]
            else:
                x = self.transformer.resblocks[i](x)
        # 重塑并返回映射的特征
        return x.permute(1, 0, 2)[:, 1:, :].permute(0, 2, 1).reshape(-1, 768,
grid, grid).contiguous().type(img.dtype)
```

④ 定义类 CLIP_Adapter 实现 CLIP 调整期模块，用于将生成器的特征调整为与 CLIP 的输入要求相匹配。它接收来自生成器的输出特征和条件向量作为输入，通过多个映射块的特征块对特征进行调整，并将其融合。然后，将融合的特征映射到 CLIP 的输入空间，并返回处理后的特征。

```
class CLIP_Adapter(nn.Module):
    """
    CLIP_Adapter 模块用于调整来自生成器的特征以匹配 CLIP 的输入要求
    """
    def __init__(self, in_ch, mid_ch, out_ch, G_ch, CLIP_ch, cond_dim, k, s, p,
map_num, CLIP):
        """
        初始化 CLIP_Adapter 模块
        Args:
            in_ch (int): 输入通道数
            mid_ch (int): 中间层的通道数
            out_ch (int): 输出通道数
            G_ch (int): 生成器输出的通道数
            CLIP_ch (int): CLIP 输入的通道数
            cond_dim (int): 条件向量的维度
            k (int): 卷积层的核大小
            s (int): 卷积层的步长
            p (int): 卷积层的填充
            map_num (int): 映射块的数量
            CLIP: 预训练的 CLIP
        """
        super(CLIP_Adapter, self).__init__()
        self.CLIP_ch = CLIP_ch
        self.FBlocks = nn.ModuleList([])
        # 定义映射块（M_Block）并将它们添加到给定数量的特征块（FBlock）中
        self.FBlocks.append(M_Block(in_ch, mid_ch, out_ch, cond_dim, k, s, p))
        for i in range(map_num - 1):
            self.FBlocks.append(M_Block(out_ch, mid_ch, out_ch, cond_dim, k, s, p))
        # 用于融合适应特征的卷积层
        self.conv_fuse = nn.Conv2d(out_ch, CLIP_ch, 5, 1, 2)
        # CLIP 映射器模块，将适应特征映射到 CLIP 的输入空间
        self.CLIP_ViT = CLIP_Mapper(CLIP)
        # 用于进一步处理映射特征的卷积层
        self.conv = nn.Conv2d(768, G_ch, 5, 1, 2)
        # 用于条件的全连接层
        self.fc_prompt = nn.Linear(cond_dim, CLIP_ch * 8)

    def forward(self, out, c):
        """
        CLIP_Adapter 模块的前向传播。接收来自生成器的输出特征和条件向量作为输入，
```

```
        使用具有多个映射块的特征块对特征进行调整，融合它们，将其映射到 CLIP 的输入空间，并返回处
理后的特征
        Args:
            out (torch.Tensor): 生成器的输出特征
            c (torch.Tensor): 条件向量
        Returns:
            torch.Tensor: 为生成器调整和映射的特征
        """
        # 从条件向量生成提示
        prompts = self.fc_prompt(c).view(c.size(0), -1, self.CLIP_ch)
        # 通过包含多个映射块的特征块传递特征
        for FBlock in self.FBlocks:
            out = FBlock(out, c)
        # 融合适应特征
        fuse_feat = self.conv_fuse(out)
        # 将融合特征映射到 CLIP 的输入空间
        map_feat = self.CLIP_ViT(fuse_feat, prompts)
        # 进一步处理映射特征并返回
        return self.conv(fuse_feat + 0.1 * map_feat)
```

⑤ 定义类 NetG 实现生成器网络模块，用于根据文本和噪声合成图像。将输入噪声向量通过全连接层转换为特征图，并使用 CLIP Mapper 适配特征。然后，通过 GBlocks 逐渐上采样特征表示，并融合文本和视觉特征。最终将特征表示转换为 RGB 图像。

```
class NetG(nn.Module):
    """
    用于根据文本和噪声合成图像的生成器网络
    """
    def __init__(self, ngf, nz, cond_dim, imsize, ch_size, mixed_precision, CLIP):
        """
        初始化生成器网络
        参数:
            ngf (int): 生成器滤波器的数量
            nz (int): 输入噪声向量的维度
            cond_dim (int): 条件向量的维度
            imsize (int): 生成图像的大小
            ch_size (int): 生成图像的输出通道数
            mixed_precision (bool): 是否使用混合精度训练
            CLIP: 用于特征适配的 CLIP
        """
        super(NetG, self).__init__()
        # 定义属性
        self.ngf = ngf
        self.mixed_precision = mixed_precision
        # 构建 CLIP Mapper
        self.code_sz, self.code_ch, self.mid_ch = 7, 64, 32
        self.CLIP_ch = 768
        # 将噪声向量转换为特征图的全连接层（维度为 code_sz * code_sz * code_ch）
        self.fc_code = nn.Linear(nz, self.code_sz * self.code_sz * self.code_ch)
        self.mapping = CLIP_Adapter(self.code_ch, self.mid_ch, self.code_ch, ngf *
8, self.CLIP_ch, cond_dim + nz, 3, 1, 1, 4, CLIP)
        # 构建 GBlocks
        self.GBlocks = nn.ModuleList([])
        in_out_pairs = list(get_G_in_out_chs(ngf, imsize))
        imsize = 4
        for idx, (in_ch, out_ch) in enumerate(in_out_pairs):
            if idx < (len(in_out_pairs) - 1):
                imsize = imsize * 2
            else:
                imsize = 224
            self.GBlocks.append(G_Block(cond_dim + nz, in_ch, out_ch, imsize))
```

```
        # 使用带有 leakyReLU 激活函数的序列层进行 RGB 图像转换
        self.to_rgb = nn.Sequential(
            nn.LeakyReLU(0.2, inplace=True),
            nn.Conv2d(out_ch, ch_size, 3, 1, 1),
        )

    def forward(self, noise, c, eval=False):  # x=noise, c=ent_emb
        """
        生成器网络的前向传播
        Args:
            noise (torch.Tensor): 输入噪声向量
            c (torch.Tensor): 条件信息，通常是表示输出属性的嵌入
            eval (bool, optional): 指示网络是否处于评估模式的标志。默认为 False
        Returns:
            torch.Tensor: 生成的 RGB 图像
        """
        # 启用自动混合精度训练的上下文管理器
        with torch.cuda.amp.autocast() if self.mixed_precision and not eval else
dummy_context_mgr() as mp:
            # 将噪声和条件信息连接起来
            cond = torch.cat((noise, c), dim=1)
            # 通过全连接层传递噪声以生成特征图，并使用 CLIP Mapper 适配特征
            out = self.mapping(self.fc_code(noise).view(noise.size(0), self.code_
ch, self.code_sz, self.code_sz), cond)
            # 应用 GBlocks 逐渐上采样特征表示，融合文本和视觉特征
            for GBlock in self.GBlocks:
                out = GBlock(out, cond)

            # 将最终特征表示转换为 RGB 图像
            out = self.to_rgb(out)
        return out
```

⑥ 定义类 NetD 实现鉴别器网络模块，用于评估图像的真实性。NetD 包含了一系列 D_Block 模块用于处理特征图，并使用主要的 D_Block 进行最终处理。

```
class NetD(nn.Module):
    """
    用于评估图像真实性的鉴别器网络
    Attributes:
        DBlocks (nn.ModuleList): 用于处理特征图的 D_Block 模块列表
        main (D_Block): 主要的 D_Block 模块用于最终处理
    """
    def __init__(self, ndf, imsize, ch_size, mixed_precision):
        """
        初始化鉴别器网络
        Args:
        ndf (int): 初始特征中的通道数
        imsize (int): 输入图像的大小（假设为正方形）
        ch_size (int): 输出特征图中的通道数
        mixed_precision (bool): 是否使用混合精度训练的标志
        """
        super(NetD, self).__init__()
        self.mixed_precision = mixed_precision
        # 定义 DBlock
        self.DBlocks = nn.ModuleList([
            D_Block(768, 768, 3, 1, 1, res=True, CLIP_feat=True),
            D_Block(768, 768, 3, 1, 1, res=True, CLIP_feat=True),
        ])
        # 定义主要的 DBlock 用于最终处理
        self.main = D_Block(768, 512, 3, 1, 1, res=True, CLIP_feat=False)
```

```
    def forward(self, h):
        """
        鉴别器网络的前向传播
        Args:
            h (torch.Tensor): 输入特征图
        Returns:
            torch.Tensor: 鉴别器输出
        """
        with torch.cuda.amp.autocast() if self.mixed_precision else dummy_context_
mgr() as mpc:
            # 初始特征图
            out = h[:, 0]
            # 通过每个 DBlock 传递输入特征
            for idx in range(len(self.DBlocks)):
                out = self.DBlocks[idx](out, h[:, idx + 1])
            # 通过主要的 DBlock 进行最终处理
            out = self.main(out)
        return out
```

⑦ 定义类 NetC 实现分类器 / 比较器网络模块，用于对生成器输出和条件文本的联合特征进行分类。类 NetC 包含了一系列卷积层用于特征提取，并使用这些特征进行分类。

```
class NetC(nn.Module):
    """
    分类器/比较器网络，用于对生成器输出和条件文本的联合特征进行分类
    Attributes:
        cond_dim (int): 条件信息的维度
        mixed_precision (bool): 是否使用混合精度训练的标志
        joint_conv (nn.Sequential): 定义分类器层的序列模块
    """
    def __init__(self, ndf, cond_dim, mixed_precision):
        super(NetC, self).__init__()
        self.cond_dim = cond_dim
        self.mixed_precision = mixed_precision
        # 定义分类器层，包括连续的二维卷积层和 LeakyReLU 作为激活函数
        self.joint_conv = nn.Sequential(
            nn.Conv2d(512 + 512, 128, 4, 1, 0, bias=False),
            nn.LeakyReLU(0.2, inplace=True),
            nn.Conv2d(128, 1, 4, 1, 0, bias=False),
        )

    def forward(self, out, cond):
        """
        分类器网络的前向传播
        Args:
            out (torch.Tensor): 生成器输出的特征图
            cond (torch.Tensor): 条件信息向量
        """
        with torch.cuda.amp.autocast() if self.mixed_precision else dummy_context_
mgr() as mpc:
            # 重新整形并重复条件信息向量以匹配特征图大小
            cond = cond.view(-1, self.cond_dim, 1, 1)
            cond = cond.repeat(1, 1, 7, 7)
            # 连接特征图和条件信息
            h_c_code = torch.cat((out, cond), 1)

            # 通过分类器层
            out = self.joint_conv(h_c_code)
        return out
```

⑧ 定义类 M_Block 实现了多尺度块（M_Block）模块，用于实现生成器中的特征映射

处理，包含两个卷积层和条件模块，实现了残差连接和快捷连接，可以根据输入的条件信息调整特征映射，用于生成器网络中的特征处理和条件信息融合。

```
class M_Block(nn.Module):
    """
    多尺度块，由卷积层和条件模块组成
    Attributes:
        conv1 (nn.Conv2d): 第一个卷积层
        fuse1 (DFBlock): 第一个卷积层的条件模块
        conv2 (nn.Conv2d): 第二个卷积层
        fuse2 (DFBlock): 第二个卷积层的条件模块
        learnable_sc (bool): 指示快捷连接是否可学习的标志。
        c_sc (nn.Conv2d): 用于快捷连接的卷积层。
    """
    def __init__(self, in_ch, mid_ch, out_ch, cond_dim, k, s, p):
        """
        初始化多尺度块
        Args:
            in_ch (int): 输入通道数
            mid_ch (int): 中间层的通道数
            out_ch (int): 输出通道数
            cond_dim (int): 条件信息的维度
            k (int): 卷积层的核大。
            s (int): 卷积层的步幅
            p (int): 卷积层的填充
        """
        super(M_Block, self).__init__()
        # 定义卷积层和条件模块
        self.conv1 = nn.Conv2d(in_ch, mid_ch, k, s, p)
        self.fuse1 = DFBLK(cond_dim, mid_ch)
        self.conv2 = nn.Conv2d(mid_ch, out_ch, k, s, p)
        self.fuse2 = DFBLK(cond_dim, out_ch)
        # 可学习的快捷连接
        self.learnable_sc = in_ch != out_ch
        if self.learnable_sc:
            self.c_sc = nn.Conv2d(in_ch, out_ch, 1, stride=1, padding=0)

    def shortcut(self, x):
        """
        定义快捷连接
        Args:
            x (torch.Tensor): 输入张量
        Returns:
            torch.Tensor: 快捷连接的输出
        """
        if self.learnable_sc:
            x = self.c_sc(x)
        return x

    def residual(self, h, text):
        """
        定义带有条件的残差路径
        Args:
            h (torch.Tensor): 输入张量
            text (torch.Tensor): 条件信息
        Returns:
            torch.Tensor: 残差路径的输出
        """
        h = self.conv1(h)
        h = self.fuse1(h, text)
        h = self.conv2(h)
        h = self.fuse2(h, text)
```

```
        return h

    def forward(self, h, c):
        """
        多尺度块的前向传播
        Args:
            h (torch.Tensor): 输入张量
            c (torch.Tensor): 条件信息
        Returns:
            torch.Tensor: 输出张量
        """
        return self.shortcut(h) + self.residual(h, c)
```

⑨ 定义生成器中的一个生成块（G_Block），包含了两个卷积层和条件模块，用于处理特征映射和融合条件信息，实现了残差连接和可学习的快捷连接，用于实现生成器网络中的特征处理和条件信息融合功能，并生成输出图像。

```
class G_Block(nn.Module):
    """
    生成器块，包含卷积层和条件模块
    属性:
        imsize (int): 输出图像的尺寸
        learnable_sc (bool): 标志是否可学习的快捷连接
        c1 (nn.Conv2d): 第一个卷积层
        c2 (nn.Conv2d): 第二个卷积层
        fuse1 (DFBLK): 第一个卷积层的条件模块
        fuse2 (DFBLK): 第二个卷积层的条件模块
        c_sc (nn.Conv2d): 用于快捷连接的卷积层
    """
    def __init__(self, cond_dim, in_ch, out_ch, imsize):
        """
        初始化生成器块
        Args:
            cond_dim (int): 条件信息的维度
            in_ch (int): 输入通道数
            out_ch (int): 输出通道数
            imsize (int): 输出图像的尺寸
        """
        super(G_Block, self).__init__()
        # 初始化属性
        self.imsize = imsize
        self.learnable_sc = in_ch != out_ch
        # 定义卷积层和条件模块
        self.c1 = nn.Conv2d(in_ch, out_ch, 3, 1, 1)
        self.c2 = nn.Conv2d(out_ch, out_ch, 3, 1, 1)
        self.fuse1 = DFBLK(cond_dim, in_ch)
        self.fuse2 = DFBLK(cond_dim, out_ch)
        # 可学习的快捷连接
        if self.learnable_sc:
            self.c_sc = nn.Conv2d(in_ch, out_ch, 1, stride=1, padding=0)

    def shortcut(self, x):
        """
        定义快捷连接
        Args:
            x (torch.Tensor): 输入张量
        Returns:
            torch.Tensor: 快捷连接的输出
        """
        if self.learnable_sc:
            x = self.c_sc(x)
```

```
        return x

    def residual(self, h, y):
        """
        定义带条件的残差路径
        Args:
            h (torch.Tensor): 输入张量
            y (torch.Tensor): 条件信息
        Returns:
            torch.Tensor: 残差路径的输出
        """
        h = self.fuse1(h, y)
        h = self.c1(h)
        h = self.fuse2(h, y)
        h = self.c2(h)
        return h

    def forward(self, h, y):
        """
        生成器块的前向传播
        Args:
            h (torch.Tensor): 输入张量
            y (torch.Tensor): 条件信息
        Returns:
            torch.Tensor: 输出张量
        """
        h = F.interpolate(h, size=(self.imsize, self.imsize))
        return self.shortcut(h) + self.residual(h, y)
```

⑩ 以下代码定义了判别器中的一个块，包含了卷积层和残差连接，可以选择是否包含 CLIP 特征，用于处理输入特征和特征融合，输出判别器的特征表示。

```
class D_Block(nn.Module):
    """
    判别器块
    """
    def __init__(self, fin, fout, k, s, p, res, CLIP_feat):
        """
        初始化判别器块
        Args:
        - fin (int): 输入通道数
        - fout (int): 输出通道数
        - k (int): 卷积层的核大小
        - s (int): 卷积层的步长
        - p (int): 卷积层的填充
        - res (bool): 是否使用残差连接
        - CLIP_feat (bool): 是否使用CLIP特征
        """
        super(D_Block, self).__init__()
        self.res, self.CLIP_feat = res, CLIP_feat
        self.learned_shortcut = (fin != fout)

        # 用于残差路径的卷积层
        self.conv_r = nn.Sequential(
            nn.Conv2d(fin, fout, k, s, p, bias=False),
            nn.LeakyReLU(0.2, inplace=True),
            nn.Conv2d(fout, fout, k, s, p, bias=False),
            nn.LeakyReLU(0.2, inplace=True),
        )
        # 用于快捷连接的卷积层
        self.conv_s = nn.Conv2d(fin, fout, 1, stride=1, padding=0)
```

```
        # 用于学习的残差和CLIP特征参数
        if self.res == True:
            self.gamma = nn.Parameter(torch.zeros(1))
        if self.CLIP_feat == True:
            self.beta = nn.Parameter(torch.zeros(1))

    def forward(self, x, CLIP_feat=None):
        """
        判别器块的前向传播
        Args:
        - x (torch.Tensor): 输入张量
        - CLIP_feat (torch.Tensor): 可选的CLIP特征张量
        Returns:
        - torch.Tensor: 输出张量
        """
        # 计算残差特征
        res = self.conv_r(x)

        # 计算快捷连接
        if self.learned_shortcut:
            x = self.conv_s(x)
        # 如果启用了学习的残差和CLIP特征，则加入
        if (self.res == True) and (self.CLIP_feat == True):
            return x + self.gamma * res + self.beta * CLIP_feat
        elif (self.res == True) and (self.CLIP_feat != True):
            return x + self.gamma * res
        elif (self.res != True) and (self.CLIP_feat == True):
            return x + self.beta * CLIP_feat
        else:
            return x
```

⑪ 以下代码定义了生成器网络中的扩散块，其中包含了条件特征块，用于处理输入特征和条件信息的仿射变换，并应用激活函数，输出特征表示。

```
class DFBLK(nn.Module):
    """
    生成器网络的扩散块，带有条件特征块
    """
    def __init__(self, cond_dim, in_ch):
        """
        初始化DFBlock的条件特征块
        Args:
        - cond_dim (int): 条件输入的维度
        - in_ch (int): 输入通道数
        """
        super(DFBLK, self).__init__()
        # 定义条件仿射变换
        self.affine0 = Affine(cond_dim, in_ch)
        self.affine1 = Affine(cond_dim, in_ch)

    def forward(self, x, y=None):
        """
        条件特征块的前向传播
        Args:
        - x (torch.Tensor): 输入张量
        - y (torch.Tensor, optional): 条件输入张量。默认为None

        Returns:
        - torch.Tensor: 输出张量
        """
        # 应用第一个仿射变换和激活函数
```

```
        h = self.affine0(x, y)
        h = nn.LeakyReLU(0.2, inplace=True)(h)
        # 应用第二个仿射变换和激活函数
        h = self.affine1(h, y)
        h = nn.LeakyReLU(0.2, inplace=True)(h)
        return h
```

⑫ 以下代码定义了 QuickGELU 激活函数，这是 GELU 的高效和更快速的版本，用于非线性变换，有助于网络学习复杂的模式。

```
class QuickGELU(nn.Module):
    """
    GELU的高效和更快速的版本，
    用于非线性变换和学习复杂模式
    """
    def forward(self, x: torch.Tensor):
        """
        QuickGELU激活函数的前向传播
        Args:
        - x (torch.Tensor): 输入张量
        Returns:
        - torch.Tensor: 输出张量
        """
        # 应用QuickGELU激活函数
        return x * torch.sigmoid(1.702 * x)
```

⑬ 以下代码定义了一个仿射变换模块，用于在输入特征上应用条件缩放和平移，以便根据输入条件对生成的输出进行额外控制。模块包含两个全连接网络来计算 gamma 和 beta 参数，然后将这些参数应用于输入特征，以实现仿射变换。

```
class Affine(nn.Module):
    """
    仿射变换模块，对输入特征应用条件缩放和平移，
    以根据输入条件对生成的输出进行额外控制
    """
    def __init__(self, cond_dim, num_features):
        """
        初始化仿射变换模块
        Args:
            cond_dim (int): 条件信息的维度
            num_features (int): 输入特征的数量
        """
        super(Affine, self).__init__()
        # 定义两个全连接网络来计算 gamma 和 beta 参数，
        # 每个网络由两个线性层和中间的ReLU激活组成
        self.fc_gamma = nn.Sequential(OrderedDict([
            ('linear1', nn.Linear(cond_dim, num_features)),
            ('relu1', nn.ReLU(inplace=True)),
            ('linear2', nn.Linear(num_features, num_features)),
        ]))
        self.fc_beta = nn.Sequential(OrderedDict([
            ('linear1', nn.Linear(cond_dim, num_features)),
            ('relu1', nn.ReLU(inplace=True)),
            ('linear2', nn.Linear(num_features, num_features)),
        ]))
        # 初始化网络的权重和偏置
        self._initialize()

    def _initialize(self):
        """
```

```
        初始化用于计算 gamma 和 beta 的线性层的权重和偏置
        """
        nn.init.zeros_(self.fc_gamma.linear2.weight.data)
        nn.init.ones_(self.fc_gamma.linear2.bias.data)
        nn.init.zeros_(self.fc_beta.linear2.weight.data)
        nn.init.zeros_(self.fc_beta.linear2.bias.data)

    def forward(self, x, y=None):
        """
        仿射变换模块的前向传播
        Args:
            x (torch.Tensor): 输入张量
            y (torch.Tensor, optional): 条件信息张量，默认为 None
        Returns:
            torch.Tensor: 应用仿射变换后的变换张量
        """
        # 计算 gamma 和 beta 参数
        weight = self.fc_gamma(y)
        bias = self.fc_beta(y)

        # 确保权重和偏置张量的形状正确
        if weight.dim() == 1:
            weight = weight.unsqueeze(0)
        if bias.dim() == 1:
            bias = bias.unsqueeze(0)
        # 将权重和偏置张量扩展到与输入张量相匹配的形状
        size = x.size()
        weight = weight.unsqueeze(-1).unsqueeze(-1).expand(size)
        bias = bias.unsqueeze(-1).unsqueeze(-1).expand(size)

        # 应用仿射变换
        return weight * x + bias
```

⑭ 以下代码定义了函数 get_G_in_out_chs 和 get_D_in_out_chs，这两个函数用于根据给定的通道数和图像大小计算生成器和判别器块的输入输出通道对。生成器块和判别器块的通道数随着层数变化而变化，最高通道数为输入通道数的 8 倍，然后逐渐减小。

```
def get_G_in_out_chs(nf, imsize):
    """
    根据给定的通道数和图像大小，计算生成器块的输入输出通道对
    Args:
        nf (int): 输入通道数
        imsize (int): 输入图像的大小

    Returns:
        list: 包含生成器块的输入输出通道对的元组列表
    """
    # 根据图像大小确定层数
    layer_num = int(np.log2(imsize)) - 1
    # 计算每一层的通道数
    channel_nums = [nf * min(2 ** idx, 8) for idx in range(layer_num)]
    # 反转通道数列表，从最高通道数开始
    channel_nums = channel_nums[::-1]
    # 生成生成器块的输入输出通道对
    in_out_pairs = zip(channel_nums[:-1], channel_nums[1:])
    return in_out_pairs

def get_D_in_out_chs(nf, imsize):
    """
    根据给定的通道数和图像大小，计算判别器块的输入输出通道对
    Args:
```

```
        nf (int): 输入通道数
        imsize (int): 输入图像的大小
    Returns:
        list: 包含判别器块的输入输出通道对的元组列表
    """
    # 根据图像大小确定层数
    layer_num = int(np.log2(imsize)) - 1
    # 计算每一层的通道数
    channel_nums = [nf * min(2 ** idx, 8) for idx in range(layer_num)]
    # 生成判别器块的输入输出通道对
    in_out_pairs = zip(channel_nums[:-1], channel_nums[1:])
    return in_out_pairs
```

12.4.5 训练模型

文件 train.py 用于训练我们前面实现的图像生成模型，其中包含了模型的构建、数据加载、训练循环和模型保存等功能。它接收命令行参数以及一个 YAML 配置文件来设置训练的各种参数，然后执行模型训练并保存模型和日志。

```
def parse_args():
    """
    解析命令行参数
    """
    # 训练设置
    parser = argparse.ArgumentParser(description='Text2Img')
    parser.add_argument('--cfg', dest='cfg_file', type=str, default='../cfg/birds.
yml',
                        help='config file')
    parser.add_argument('--num_workers', type=int, default=4,
                        help='number of workers(default: {0})'.format(mp.cpu_
count() - 1))
    parser.add_argument('--stamp', type=str, default='normal',
                        help='the stamp of model')
    parser.add_argument('--pretrained_model_path', type=str, default='model',
                        help='the model for training')
    parser.add_argument('--log_dir', type=str, default='new',
                        help='file path to log directory')
    parser.add_argument('--model', type=str, default='CLIP-GAN',
                        help='the model for training')
    parser.add_argument('--state_epoch', type=int, default=0,
                        help='starting epoch')
    parser.add_argument('--batch_size', type=int, default=32,
                        help='batch size')
    parser.add_argument('--train', type=str, default='True',
                        help='if train model')
    parser.add_argument('--mixed_precision', type=str, default='False',
                        help='if uses multi-gpu then mixed precision while
computing gradients')
    parser.add_argument('--multi_gpus', type=str, default='False',
                        help='if use multi-gpu')
    parser.add_argument('--gpu_id', type=int, default=1,
                        help='gpu id')
    parser.add_argument('--local_rank', default=-1, type=int,
                        help='node rank for distributed training')
    parser.add_argument('--random_sample', action='store_true',default=True,
                        help='whether to sample the dataset with random sampler')
    args = parser.parse_args()
    return args

def main(args):
```

```
    """
    测试的主要函数
    """
    time_stamp = get_time_stamp()
    # 用于训练会话的唯一标识
    stamp = '_'.join([str(args.model),'nf'+str(args.nf),str(args.stamp),str(args.
CONFIG_NAME),str(args.imsize),time_stamp])

    # 构造用于保存模型的目录路径
    args.model_save_file = osp.join(ROOT_PATH, 'saved_models', str(args.CONFIG_
NAME), stamp)

    # 确定日志目录路径
    log_dir = args.log_dir
    if log_dir == 'new':
        log_dir = osp.join(ROOT_PATH, 'logs/{0}'.format(osp.join(str(args.CONFIG_
NAME), 'train', stamp)))
    # 构造用于保存图像的目录路径
    args.img_save_dir = osp.join(ROOT_PATH, 'imgs/{0}'.format(osp.join(str(args.
CONFIG_NAME), 'train', stamp)))
    # 如果不使用多个 GPU 或者主节点在执行，则创建必要的目录
    if (args.multi_gpus==True) and (get_rank() != 0):
        None
    else:
        mkdir_p(osp.join(ROOT_PATH, 'logs'))
        mkdir_p(args.model_save_file)
        mkdir_p(args.img_save_dir)
    # 准备 TensorBoard 用于记录日志
    if (args.multi_gpus==True) and (get_rank() != 0):
        writer = None
    else:
        writer = SummaryWriter(log_dir)
    # 准备数据加载器和数据
    train_dl, valid_dl ,train_ds, valid_ds, sampler = prepare_dataloaders(args)
    # 准备模型
    CLIP4trn, CLIP4evl, image_encoder, text_encoder, netG, netD, netC = prepare_
models(args)
    # 打印可训练参数的数量
    print('**** Trainable G_paras: ',params_count(netG))
    print('**** Trainable D_paras: ',params_count(netD)+params_count(netC))
    # 从数据加载器中获取固定数据
    fixed_img, fixed_sent, fixed_words, fixed_z = get_fix_data(train_dl, valid_dl,
text_encoder, args)
    # 如果不使用多个 GPU 或者主节点在执行，则保存真实图像
    if (args.multi_gpus==True) and (get_rank() != 0):
        None
    else:
        fixed_grid = make_grid(fixed_img.cpu(), nrow=8, normalize=True)
        img_name = 'gt.png'
        img_save_path = osp.join(args.img_save_dir, img_name)
        vutils.save_image(fixed_img.data,         img_save_path, nrow=8,
normalize=True)
    # 准备优化器
    D_params = list(netD.parameters()) + list(netC.parameters())
    optimizerD = torch.optim.Adam(D_params, lr=args.lr_d, betas=(0.0, 0.9))
    optimizerG = torch.optim.Adam(netG.parameters(), lr=args.lr_g, betas=(0.0,
0.9))
    # 如果使用混合精度训练，则初始化 GradScaler
    if args.mixed_precision==True:
        scaler_D = torch.cuda.amp.GradScaler(growth_interval=args.growth_interval)
        scaler_G = torch.cuda.amp.GradScaler(growth_interval=args.growth_interval)
    else:
```

```
            scaler_D = None
            scaler_G = None
        # 从 numpy 数组 zip 文件加载归一化参数
        m1, s1 = load_npz(args.npz_path)
        # 开始时的起始周期
        start_epoch = 1
        # 如果指定了状态周期，则从检查点加载
        if args.state_epoch!=1:
            start_epoch = args.state_epoch + 1
            # 确定 .pth 文件路径，并从中加载模型
            path = osp.join(args.pretrained_model_path, 'state_epoch_%03d.pth'%(args.
state_epoch))
            netG, netD, netC, optimizerG, optimizerD = load_models_opt(netG, netD,
netC, optimizerG, optimizerD, path, args.multi_gpus)
        # 如果不使用多个 GPU 或者主 GPU 在执行，则打印参数
        if (args.multi_gpus==True) and (get_rank() != 0):
            None
        else:
            pprint.pprint(args)
            arg_save_path = osp.join(log_dir, 'args.yaml')
            save_args(arg_save_path, args)
            print("Start Training >>>")
        # 加载评估、采样和保存模型的间隔时间
        test_interval, gen_interval, save_interval = args.test_interval, args.gen_
interval, args.save_interval
        # 开始训练循环
        for epoch in range(start_epoch, args.max_epoch, 1):
            if (args.multi_gpus==True):
                sampler.set_epoch(epoch)
            # 记录当前周期的开始时间
            start_t = time.time()
            # 设置当前周期
            args.current_epoch = epoch
            # 训练
            torch.cuda.empty_cache()
            train(train_dl, netG, netD, netC, text_encoder, image_encoder, optimizerG,
optimizerD, scaler_G, scaler_D, args)
            torch.cuda.empty_cache()
            # 保存模型
            if epoch%save_interval==0:
                save_models_opt(netG, netD, netC, optimizerG, optimizerD, epoch, args.
multi_gpus, args.model_save_file)
                torch.cuda.empty_cache()
            # 采样图像
            if epoch%gen_interval==0:
                sample(fixed_z, fixed_sent, netG, args.multi_gpus, epoch, args.img_save_
dir, writer)
                torch.cuda.empty_cache()
            # 评估模型
            if epoch%test_interval==0:
                FID, TI_score = test(valid_dl, text_encoder, netG, CLIP4evl, args.
device, m1, s1, epoch, args.max_epoch, args.sample_times, args.z_dim, args.batch_size)
                torch.cuda.empty_cache()
            # 如果不是多 GPU 或者主 GPU 在执行，则更新训练信息
            if (args.multi_gpus==True) and (get_rank() != 0):
                None
            else:
                if epoch%test_interval==0:
                    writer.add_scalar('FID', FID, epoch)
                    writer.add_scalar('CLIP_Score', TI_score, epoch)
                    print('The %d epoch FID: %.2f, CLIP_Score: %.2f' % (epoch,FID,TI_
score*100))
```

```
            # 记录当前周期结束时间
            end_t = time.time()
            # 计算当前周期所需的时间
            print('The epoch %d costs %.2fs'%(epoch, end_t-start_t))
            print('*'*40)
if __name__ == "__main__":
    # 将命令行参数与 YAML 配置合并
    args = merge_args_yaml(parse_args())
    # 设置种子
    if args.manual_seed is None:
        args.manual_seed = 100
    random.seed(args.manual_seed)
    np.random.seed(args.manual_seed)
    torch.manual_seed(args.manual_seed)
    if args.cuda:
        if args.multi_gpus:
            torch.cuda.manual_seed_all(args.manual_seed)
            torch.distributed.init_process_group(backend="nccl")
            local_rank = torch.distributed.get_rank()
            torch.cuda.set_device(local_rank)
            args.device = torch.device("cuda", local_rank)
            args.local_rank = local_rank
        else:
            torch.cuda.manual_seed_all(args.manual_seed)
            torch.cuda.set_device(args.gpu_id)
            args.device = torch.device("cuda")
    else:
        args.device = torch.device('cpu')
    # 调用主函数
    main(args)
```

12.5　Gradio 模型部署和展示

Gradio 是一个用于快速构建机器学习界面的 Python 库，它可以帮助开发者轻松地将机器学习模型部署为交互式 Web 应用程序。通过 Gradio，用户可以使用简单的代码将模型与用户界面集成，无须深入了解前端开发知识，实现模型输入和输出的可视化，并在 Web 上进行实时交互，从而使机器学习模型更易于理解和使用。Gradio 提供了丰富的界面组件，支持文本、图像、音频和视频等多种数据类型的输入和输出。

在本项目的“gradio app”目录中包含了用于实现模型部署和演示的 Gradio 应用程序，该应用程序提供了一个用户界面，允许用户输入文本描述，然后生成与描述相对应的图像输出，从而展示了模型的生成能力。Gradio 应用程序使用户能够直观地与模型进行交互，并观察模型生成的图像效果，从而更好地理解模型的工作原理和性能。

12.5.1　加载模型

文件 utils.py 包含了加载模型权重、处理混合精度失败情况以及从文件中读取 CSS 样式的功能。其中函数 load_model_weights 用于从给定的检查点文件加载模型权重，并根据模型是否在多个 GPU 上训练以及是否处于训练模式进行适当的调整。类 dummy_context_mgr 是一个上下文管理器，用于处理混合精度训练失败的情况。函数 read_css_from_file 用于从文件中读取 CSS 样式。

```
def load_model_weights(model, weights, multi_gpus, train=True):
    """
```

```
    从给定的检查点文件加载模型权重
    Args:
        model (nn.Module): 要加载权重的模型
        weights (dict): 包含权重的字典
        multi_gpus (bool): 是否使用多个 GPU 进行训练
        train (bool): 是否处于训练模式。默认为True

    Returns:
        nn.Module: 加载了权重的模型
    """
    # 如果模型最初是在单个 GPU 上训练但需要加载到多个 GPU 上，则从权重键中移除 "module" 前缀
    if list(weights.keys())[0].find('module') == -1:
        pretrained_with_multi_gpu = False
    else:
        pretrained_with_multi_gpu = True

    if (multi_gpus is False) or (train is False):
        if pretrained_with_multi_gpu:
            state_dict = {
                key[7:]: value
                for key, value in weights.items()
            }
        else:
            state_dict = weights
    else:
        state_dict = weights
    # 从 state_dict 中加载模型
    model.load_state_dict(state_dict)
    return model

# 处理混合精度失败情况的上下文管理器类
class dummy_context_mgr():
    def __enter__(self):
        return None

    def __exit__(self, exc_type, exc_value, traceback):
        return False

# 从文件中读取 CSS 样式的函数
def read_css_from_file(filename):
    """
    从文件中读取 CSS 样式
    Args:
        filename (str): CSS 文件的路径

    Returns:
        str: 读取的 CSS 样式
    """
    with open(filename, 'r') as file:
        return file.read()
```

12.5.2 深度生成对抗网络（GAN）模型

文件 model.py 定义了一个深度 GAN 模型，包括生成器（generator）、判别器（discriminator）以及相关的辅助模块，用于图像生成任务。本章前面的内容曾经介绍过一个相似的文件 modules.py，也包含了深度 GAN 模型的组件，但它们之间有一些区别：

• model.py：主要用于定义整个模型的架构，提供了完整的训练和推理所需的功能。其定义了完整的 GAN 模型，包括生成器、判别器以及相关的辅助模块，组织了它们的结构和

互相的连接关系，以及前向传播方法。

• modules.py：主要用于定义模型中的各个组件，包括不同层级的块、条件特征块等，提供了这些组件的具体实现和功能。其包含了构成生成器和判别器等模块的具体实现，如多尺度块（M_Block）、生成器块（G_Block）、判别器块（D_Block）等。

总之，文件 model.py 用来组织和管理整个模型的架构，而文件 modules.py 则定义了构成模型的各个模块的具体实现。在实际使用中，model.py 会导入 modules.py 中定义的模块来构建完整的模型。

在文件 model.py 中定义了如下的类和方法：

• 定义类 CLIP_IMG_ENCODER，功能是使用 CLIP 的视觉 transformer 对图像进行编码，包括图像的预处理、特征提取和编码。

• 定义类 CLIP_TXT_ENCODER，功能是使用 CLIP 的 transformer 对文本输入进行编码，包括文本的嵌入、位置编码和特征提取。

• 定义类 CLIP_Mapper，功能是将图像和提示映射到 CLIP 的输入空间，以便在生成器和 CLIP 之间进行特征适配。

• 定义类 CLIP_Adapter，功能是将生成器的特征映射到 CLIP 的输入要求，包括特征适配、融合和映射。

• 定义类 NetG，功能是生成器网络，用于根据文本和噪声合成图像，包括特征映射、逐渐上采样和生成图像。

• 定义类 NetD，功能是判别器网络，用于评估图像的真实程度，包括特征处理和判别图像真实性。

• 定义类 NetC，功能是定义用于分类 / 比较的网络，用于分类生成器输出和条件文本的联合特征。它包括了条件维度、是否使用混合精度训练等属性，并实现了前向传播方法 forward，将生成器输出特征图和条件信息进行级联，并通过分类器层进行处理。

• 定义类 M_Block，功能是多尺度块，由卷积层和条件组成。它包括了两个卷积层和对应的条件块，还有可学习的快捷连接，实现了快捷路径和残差路径的前向传播。

• 定义类 G_Block，功能是生成器块，由卷积层和条件组成。它包括了两个卷积层和对应的条件块，以及可学习的快捷连接，实现了前向传播方法用于生成器块的处理。

• 定义类 D_Block，功能是判别器块。它包括了卷积层用于残差路径和快捷连接，可以选择是否使用残差连接和是否结合 CLIP 特征，实现了判别器块的前向传播。

• 定义类 DFBLK，功能是生成器网络中的扩散块与条件特征块。它包括了条件特征块的定义，其中实现了两个条件仿射变换。

• 定义类 QuickGELU，功能是快速版本的 GELU 激活函数，用于非线性操作和学习复杂模式。

• 定义类 Affine，功能是仿射变换模块，对输入特征应用条件缩放和偏移，以便根据输入条件对生成的输出进行额外控制。

• 定义函数 get_G_in_out_chs，功能是根据给定的通道数和图像大小，计算生成器块的输入输出通道对。

• 定义函数 get_D_in_out_chs，功能是根据给定的通道数和图像大小，计算判别器块的输入输出通道对。

12.5.3　文本生成图像

文件 inference.py 实现了从文本生成图像的功能，首先检查设备是否可用，然后加载预训练的 CLIP 和自定义编码器，从指定存储库加载模型并提取生成器模型。然后提供了两个函数，一个用于根据输入的文本生成图像，另一个在生成图像时使用了持久存储。这两个函数都利用了生成器模型和 CLIP 编码器来生成图像，并返回生成的 PIL 图像。

```
# 检查设备是否可用
device = 'cuda:0' if torch.cuda.is_available() else 'cpu'
# 模型的存储库
repo_id = "VinayHajare/EfficientCLIP-GAN"
file_name = "saved_models/state_epoch_1480.pth"

# 使用自定义编码器包装的 CLIP 模型
clip_text = "ViT-B/32"
clip_model, preprocessor = clip.load(clip_text, device=device)
clip_model = clip_model.eval()
text_encoder = CLIP_TXT_ENCODER(clip_model).to(device)

# 从存储库加载模型并提取生成器模型
model_path = hf_hub_download(repo_id=repo_id, filename=file_name)
checkpoint = torch.load(model_path, map_location=torch.device(device))
netG = NetG(64, 100, 512, 256, 3, False, clip_model).to(device)
generator = load_model_weights(netG, checkpoint['model']['netG'], multi_gpus=False)

# 从文本生成图像的函数
def generate_image_from_text(caption, batch_size=4):
    # 创建噪声向量
    noise = torch.randn((batch_size, 100)).to(device)
    with torch.no_grad():
        # 对标题进行标记化
        tokenized_text = clip.tokenize([caption]).to(device)
        # 从自定义 CLIP 编码器中提取句子和词嵌入
        sent_emb, word_emb = text_encoder(tokenized_text)
        # 重复句子嵌入以匹配批量大小
        sent_emb = sent_emb.repeat(batch_size, 1)
        # 生成图像
        generated_images = generator(noise, sent_emb, eval=True).float()

        # 将张量图像转换为 PIL 格式
        pil_images = []
        for image_tensor in generated_images.unbind(0):
            # 重新缩放张量值到 [0, 1]
            image_tensor = image_tensor.data.clamp(-1, 1)
            image_tensor = (image_tensor + 1.0) / 2.0

            # 将张量转换为 numpy 数组
            image_numpy = image_tensor.permute(1, 2, 0).cpu().numpy()

            # 将 numpy 数组的值裁剪到 [0, 1]
            image_numpy = np.clip(image_numpy, 0, 1)

            # 从 numpy 数组创建 PIL 图像
            pil_image = Image.fromarray((image_numpy * 255).astype(np.uint8))

            pil_images.append(pil_image)

        return pil_images

# 带有持久存储的文本生成图像的函数
def generate_image_from_text_with_persistent_storage(caption, batch_size=4):
    # 创建噪声向量
    noise = torch.randn((batch_size, 100)).to(device)
    with torch.no_grad():
```

```
        # 对标题进行标记化
        tokenized_text = clip.tokenize([caption]).to(device)
        # 从自定义 CLIP 编码器中提取句子和词嵌入
        sent_emb, word_emb = text_encoder(tokenized_text)
        # 重复句子嵌入以匹配批量大小
        sent_emb = sent_emb.repeat(batch_size, 1)
        # 生成图像
        generated_images = generator(noise, sent_emb, eval=True).float()

        # 创建临时目录
        with tempfile.TemporaryDirectory() as temp_dir:
            pil_images = []
            for idx, image_tensor in enumerate(generated_images.unbind(0)):
                # 将图像张量保存到临时文件
                image_path = os.path.join(temp_dir, f"image_{idx}.png")
                torchvision.utils.save_image(image_tensor.data, image_path, value_
range=(-1, 1), normalize=True)

                # 使用 Pillow 加载保存的图像
                pil_image = Image.open(image_path)
                pil_images.append(pil_image)

            return pil_images
```

对上述代码的具体说明如下：

• 函数 generate_image_from_text：用于根据输入的文本生成图像。函数首先加载预训练的 CLIP 和自定义的 CLIP 文本编码器，然后加载预训练的生成器模型。接着，根据输入的文本生成图像，过程包括将文本标记化、提取句子嵌入、生成噪声向量并将其与文本嵌入一起输入生成器模型，最后将生成的图像转换为 PIL 图像格式并返回。

• 函数 generate_image_from_text_with_persistent_storage：与函数 generate_image_from_text 的功能相似，不同之处在于它会将生成的图像保存到临时目录中，然后再加载并返回。

12.5.4　Gradio 主界面

文件 app.py 实现了一个 Gradio 界面应用程序，用于通过文本提示直接生成图像。界面包括一个文本框用于输入提示文本，一个按钮用于触发图像生成，以及四个图像输出框用于显示生成的图像。用户输入文本提示后，点击按钮即可生成相应的图像并显示在界面上。

```
    from utils import read_css_from_file
    from inference import generate_image_from_text, generate_image_from_text_with_
persistent_storage

    # 从文件中读取 CSS 样式
    css = read_css_from_file("style.css")

    # 描述信息，用于界面显示
    DESCRIPTION = '''
        <div id="content_align">
            <span style="color:darkred;font-size:32px:font-weight:bold">
            EfficientCLIP-GAN 模型图像生成演示
            </span>
        </div>
        <div id="content_align">
            <span style="color:blue;font-size:16px:font-weight:bold">
            直接从文本提示生成图像
            </span>
        </div>
```

```
        <div id="content_align" style="margin-top: 10px;">
        </div>
    '''
    # 创建 Gradio 界面
    with gr.Blocks(css=css) as app:
        gr.Warning("This 💻 demo uses the EfficientCLIP-GAN model which is trained on
CUB dataset 🐦🐤.\nKeep your prompt coherent to the birds domain.\nIf you like the
demo, don't forget to click on the like 💖 button.")
        gr.Markdown(DESCRIPTION)
        with gr.Row():
            with gr.Column():
                text_prompt = gr.Textbox(label="输入提示", placeholder="", lines=3)
        generate_button = gr.Button("生成图像", variant='primary')

        with gr.Row():
            with gr.Column():
                image_output1 = gr.Image(type="pil", label="图像输出 1")
                image_output2 = gr.Image(type="pil", label="图像输出 2")

            with gr.Column():
                image_output3 = gr.Image(type="pil", label="图像输出 3")
                image_output4 = gr.Image(type="pil", label="图像输出 4")

        generate_button.click(generate_image_from_text, inputs=[text_prompt],
outputs=[image_output1, image_output2, image_output3, image_output4])

    # 启动应用程序
    app.launch()
```

12.6 调试运行

到此为止，本项目的主要源码介绍完毕，以下为调试运行本项目的步骤。

① 安装依赖，通过如下命令安装

```
pip install -r requirements.txt
```

② 安装 CLIP

• 首先下载经过预处理的鸟类元数据，并将其提取到“data/”目录下。然后下载鸟类图像数据，并将其提取到 data/birds/ 目录下。

• 或者下载经过预处理的元数据和 CUB 数据集的压缩包，解压到“data/”目录下。

③ 训练模型

• 通过如下命令进入代码目录：

```
cd EfficientCLIP-GAN/code/
```

• 通过如下命令训练 EfficientCLIP-GAN 模型：

```
bash scripts/train.sh ./cfg/bird.yml
```

④ 推理模型

• 首先下载预训练的模型，然后保存到“code/saved_models/pretrained/”目录下。

• 然后推理 EfficientCLIP-GAN 模型，通过如下命令进入代码目录：

```
cd EfficientCLIP-GAN/code/
```

• 通过如下命令设置 test.sh 中的 pretrained_model 为模型路径：

```
bash scripts/test.sh ./cfg/bird.yml
```

• 使用 inference.ipynb 文件进行推理，根据文本描述 / 提示生成图像。

⑤ 文生图

• 通过如下命令来到 gradio 界面：

```
cd EfficientCLIP-GAN/gradio app
pip install -r requirements.txt
```

• 通过如下命令启动测试界面：

```
python app.py
```

此时可以得到生成的图像效果，执行效果如图 12-1 所示。

图 12-1　执行效果